高等职业技术教育技能型人才培养“十四五”精品教材
高等职业技术教育校企合作双元开发教材

工程力学

（智媒体版）

主　编　黄　颖　许永吉
副主编　王桂茵　刘冠国
主　审　陈志为　李成辉

西南交通大学出版社
·成　都·

图书在版编目（CIP）数据

工程力学：智媒体版 / 黄颖，许永吉主编．—成都：西南交通大学出版社，2022.6（2024.12 重印）
ISBN 978-7-5643-8567-5

Ⅰ．①工… Ⅱ．①黄… ②许… Ⅲ．①工程力学－高等职业教育－教材 Ⅳ．①TB12

中国版本图书馆 CIP 数据核字（2021）第 281454 号

Gongcheng Lixue (Zhimeiti Ban)
工程力学（智媒体版）
主编　黄　颖　许永吉

责任编辑　陈　斌
封面设计　GT 工作室

出版发行　西南交通大学出版社
（四川省成都市金牛区二环路北一段 111 号
西南交通大学创新大厦 21 楼）
邮政编码　610031
发行部电话　028-87600564　028-87600533
网址　http://www.xnjdcbs.com
印刷　四川煤田地质制图印务有限责任公司

成品尺寸　185 mm × 260 mm
印张　16.25
字数　385 千
版次　2022 年 6 月第 1 版
印次　2024 年 12 月第 2 次
定价　45.00 元
书号　ISBN 978-7-5643-8567-5

课件咨询电话：028-81435775
图书如有印装质量问题　本社负责退换

前 言

PREFACE

工程力学课程介绍

《工程力学》是土木建筑类、交通运输类专业一门重要的专业基础课。本书适应目前高等职业教育“校企合作，工学结合”的人才培养模式改革，坚持产教融合、校企双元开发原则，围绕深化教学改革和“互联网+职业教育”发展需求，结合相关编者多年的教学和实践工作经验，同时吸取了兄弟院校教材的宝贵经验。本书在编写过程中，突出了知识的实践性和应用性要求，以满足交通土建施工、运维管理第一线的高素质技术技能型人才培养的需求。本书适用于道路与桥梁工程技术、建筑工程技术、市政工程技术、建设工程监理等专业。

本书 1 ~ 10 章通过对章节内容思维导图的构建，为学生预习和自学提供帮助，章节内容的编排更具有针对性和实用性，通过学习和任务训练后，学生具有一定的力学知识应用能力，尤其是将力学分析能力与交通土建类专业其他相关课程相结合的能力，具备今后在生产第一线运用力学方法解决实际工程中遇到简单力学问题的能力。同时增加了能力提升学习和训练，供教学和学生自学选用，为学习者学历提升提供帮助。

本书总课时为 50 学时左右，各院校可根据实际情况进行取舍。

参加本书编写工作的有：第 0、1、9、10 章由福建船政交通职业学院黄颖、福建省交通建设工程试验检测有限公司许永吉编写；第 2、3、4 章由福建船政交通职业学院王桂茵编写；第 5、6 章由福建船政交通职业学院何潞薇编写；第 7 章由福建船政交通职业学院陈朝慰编写；第 8 章由福建船政交通职业学院陈勇烽编写。本书中第 1 ~ 3 章课后训练、课堂小测、能力提升由王桂茵提供；第 4 ~ 6 章课后训练、课堂小测、能力提升由何潞薇提供；第 7 ~ 8 章课后训练、课堂小测、能力提升由陈勇烽提供；第 9 ~ 10 章课后训练、课堂小测、能力提升由黄颖提供。苏交科集团股份有限公司高级工程师刘冠国，中铁十六局集团路桥工程有限公司教授级高级工程师郑宏利、庞拓提供了本书及配套资源中的工程案例。

全书由黄颖、许永吉担任主编并负责策划和统稿，由厦门大学建筑与土木工程学院陈志为教授和西南交通大学土木工程学院李成辉教授担任主审。本书在编写过程中还得到有关单位和个人的大力支持，在此表示感谢。

由于编者水平和时间有限，书中难免存在疏漏和不足之处，恳望同行和读者批评指正。

编　者

2022 年 2 月

本书数字资源目录

序号	章	资源名称	资源类型	资源页码
1	1	工程力学课程介绍	视频	前言
2		力的概念	视频	004
3		力系的概念	视频	004
4		静力学基本公理	视频	005
5		约束类型与约束反力的概念	视频	008
6		受力图的画法	视频	012
7		受力图例题讲解	视频	013
8	2	平面力系简介	视频	024
9		平面力系的概念	视频	024
10		平面力系的合成与分解	视频	025
11		平面汇交力系的平衡	视频	026
12		平面力系的合成与分解例题讲解	视频	027
13		平面汇交力系的平衡例题讲解	视频	029
14		力矩的概念与性质	视频	031
15		力偶的概念	视频	033
16		力的平移定理	视频	036
17		平面任意力系的平衡及应用	视频	038
18		单跨梁的反力求法	视频	041
19	4	静矩和形心	视频	075
20		惯性矩	视频	077
21		惯性矩的平行移轴公式	视频	079
22	5	轴向拉伸与压缩	视频	087
23		轴拉（压）杆件内力计算	视频	088
24		轴拉（压）杆件内力计算例题讲解	视频	088
25		轴拉（压）杆件应力计算	视频	090
26		轴拉（压）杆件应力计算例题讲解	视频	091
27		轴拉（压）杆件变形计算	视频	095
28		轴拉（压）杆件变形计算例题讲解	视频	097

续表

序号	章	资源名称	资源类型	资源页码
29	5	轴拉（压）杆件强度计算	视频	103
30		轴拉（压）杆件强度计算例题讲解	视频	106
31	7	梁的概述	视频	154
32		荷载的概念	视频	154
33		梁的内力	视频	156
34		剪力图和弯矩图	视频	160
35		均布力作用下的内力图规律	视频	161
36		集中力作用下的内力图规律	视频	163
37		集中力偶作用下的内力图规律	视频	164
38		画梁内力图的步骤	视频	165
39		弯矩、剪力、荷载集度间的关系	视频	166
40		梁的内力图例题讲解	视频	167
41		内力图的一般规律	视频	169
42		叠加法作弯矩图	视频	170
43	8	纯弯曲梁横截面上的正应力	视频	183
44		梁的正应力计算例题讲解	视频	186
45		梁的正应力强度条件	视频	188
46		提高梁弯曲强度的措施	视频	195

目 录

CONTENTS

0 绪 论 …… 001

1 静力学基础 …… 003

1.1 静力学基本概念 …… 004

1.2 静力学基本公理 …… 005

1.3 约束与约束反力 …… 008

1.4 物体的受力分析和受力图 …… 011

本章小结 …… 016

课后训练 …… 017

课堂小测 …… 019

能力提升 …… 021

2 平面力系 …… 023

2.1 平面汇交力系的合成与平衡 …… 025

2.2 平面力对点的矩 …… 031

2.3 平面力偶系合成与平衡 …… 033

2.4 平面任意力系的合成与平衡 …… 035

2.5 物体系统的平衡 …… 042

本章小结 …… 046

课后训练 …… 047

课堂小测 …… 049

能力提升 …… 051

3 空间力系与重心 …… 053
3.1 力在空间直角坐标系上的投影 …… 054
3.2 力对轴的矩 …… 056
3.3 空间力系的平衡方程 …… 057
3.4 物体的重心 …… 059
本章小结 …… 064
课后训练 …… 065
课堂小测 …… 067
能力提升 …… 069
4 材料力学基础 …… 071
4.1 材料力学基本概念 …… 072
4.2 截面的几何性质 …… 075
本章小结 …… 080
课后训练 …… 081
课堂小测 …… 083
能力提升 …… 085
5 拉伸与压缩 …… 087
5.1 轴向拉伸与压缩的概念 …… 088
5.2 轴力与轴力图 …… 088
5.3 横截面上的应力 …… 090
5.4 轴向拉（压）杆的变形及胡克定律 …… 095
5.5 材料拉伸与压缩的力学性质 …… 098
5.6 轴力杆的强度计算 …… 103
本章小结 …… 109
课后训练 …… 111
课堂小测 …… 113
能力提升 …… 115
6 剪切、挤压、扭转 …… 117
6.1 剪切和挤压、扭转的概念 …… 118
6.2 剪切和挤压的实用计算 …… 120
6.3 剪应变及剪切胡克定律 …… 125

6.4 扭转实用计算 ······126
本章小结 ······143
课后训练 ······145
课堂小测 ······147
能力提升 ······151

7 弯曲内力 ······153

7.1 平面弯曲的概念 ······154
7.2 梁的内力——剪力和弯矩 ······156
7.3 剪力方程和弯矩方程、剪力图和弯矩图 ······160
7.4 荷载集度、剪力和弯矩之间的微分关系及其应用 ······166
7.5 用叠加法作剪力图和弯矩图 ······170
本章小结 ······174
课后训练 ······175
课堂小测 ······177
能力提升 ······179

8 弯曲强度和弯曲刚度 ······181

8.1 平面弯曲时横截面上的正应力 ······182
8.2 弯曲正应力的强度条件 ······188
8.3 弯曲剪应力简介 ······192
8.4 提高梁弯曲强度的措施 ······195
8.5 梁的变形 ······199
本章小结 ······207
课后训练 ······209
课堂小测 ······211
能力提升 ······213

9 组合变形的强度计算 ······215

9.1 拉伸（压缩）与弯曲的组合变形的强度计算 ······216
9.2 弯扭组合变形时的强度计算 ······219
本章小结 ······224
课后训练 ······225
课堂小测 ······227
能力提升 ······229

10 压杆稳定 …… 231
10.1 压杆稳定的概念 …… 232
10.2 压杆的临界荷载和临界应力 …… 233
10.3 压杆稳定性校核 …… 237
10.4 提高压杆稳定的措施 …… 240
本章小结 …… 242
课后训练 …… 243
课堂小测 …… 245
能力提升 …… 247
参考文献 …… 249

0 绪 论

在道路、桥梁工程中，有大量的建筑物如桥梁、涵洞、房屋、水工结构物等，都是由构件（梁、桁架、拱、墙、柱、基础等）所组成。这些构件在建筑物中互相支承、互相约束，直接或间接、单独或协同地承受各种荷载作用，构成了一个结构整体——建筑结构。建筑结构是建筑物的骨架，是建筑物赖以存在的物质基础，它的质量好坏，对于建筑物的适用性、安全性和使用寿命等具有决定性的作用。

在荷载的作用下，构件可能保持平衡，也可能发生运动状态的改变，与此同时，构件也发生变形。每个构件都是由一定的材料制成的，若构件所承受的荷载超过材料的承载能力，就会使构件产生过大的变形或断裂而不能正常地工作，即失效。

1. 工程力学的主要内容和任务

工程力学是研究构件在荷载作用下的运动规律和平衡规律及构件承载能力的一门学科，主要内容包括以下四部分。

（1）静力分析。平衡是指物体处于静止或匀速直线运动状态，是机械运动的特殊形式，所以在工程力学中首先要研究物体受力后的平衡条件以及平衡条件在工程中的应用。

（2）构件的承载能力分析。主要研究构件在外力作用下的变形、受力和破坏规律，为合理设计构件提供有关强度、刚度和稳定性分析的基本理论和方法。

（3）运动学分析。主要研究质点的运动和刚体的基本运动。

（4）动力学分析。动力学对物体的机械运动进行全面的分析，研究作用于物体的力与物体运动之间的关系，建立物体机械运动的普遍规律。

2. 工程力学的研究对象及其模型

工程中各种各样的建筑物都是由结构或构件按照一定的规律组合而成的，它们是工程力学的研究对象。

固态物体（固体）在力的作用下都将发生变形，但在大多数工程问题中，这种变形是极其微小的，在研究物体的平衡问题时，将它略去不计，认为物体不发生变形，这样不会影响计算结果的精确性。这种在力的作用下形状、大小保持不变的物体称为刚体，它是一种理想的力学模型。

在研究构件的强度、刚度、稳定性等问题时，由于这些问题与构件的变形密切相关，因而即使变形很小也必须加以考虑，这时将物体抽象为在外力作用下会产生变形的固体，称为变形固体。并对变形固体做如下假设：

（1）连续性假设：变形固体在其体积内连续不断地充满着物质，毫无空隙。

（2）均匀性假设：物体内各处的力学性质相同。

（3）各向同性假设：变形固体在各个方向上具有相同的力学性质。

变形固体在外力的作用下会产生两种变形：弹性变形和塑性变形。所谓弹性变形，是指当外力卸除时变形也随着消失的变形。塑性变形是指外力卸除后，变形不能全部消失，所残留的变形称为塑性变形。一般情况下，物体受力后既有弹性变形，又有塑性变形。一般工程材料，当外力不超过一定范围时，仅仅产生弹性变形，称为理想弹性体。由于工程力学研究的物体的变形是小变形，所以在考虑构件的平衡和运动时，可以忽略其变形。而且在研究构件的承载能力时，计算构件的尺寸时可以忽略其变形，按照构件变形前的尺寸和形状来计算，其受力也按照静力分析的结果计算。

构件所受的外力不同，变形也不同，本课程研究的杆件变形的基本形式有以下四种：① 轴向拉伸与压缩（见图 0-1）；② 剪切（见图 0-2）；③ 扭转（见图 0-3）；④弯曲（见图 0-4）。

图 0-1

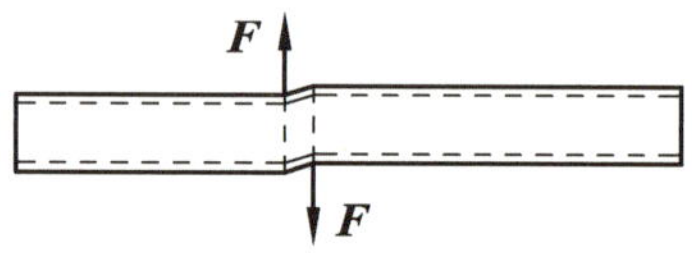

图 0-2

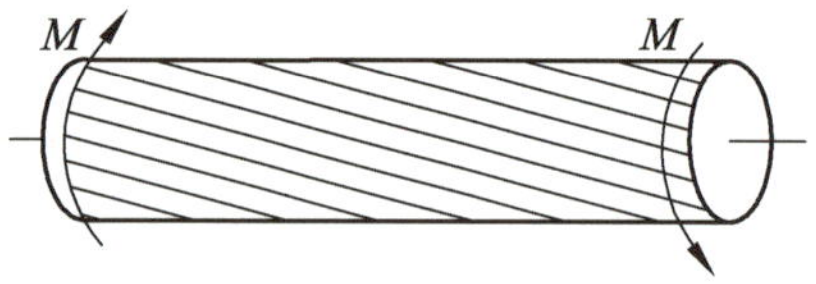

图 0-3

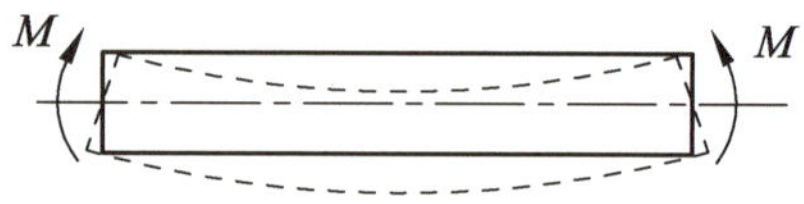

图 0-4

3. 工程力学的研究方法

现代工程力学的研究方法有理论解析方法、实验力学方法及计算力学方法三大类。

（1）理论解析方法。

工程力学研究的物体，大多是工程结构物及其构件，这些结构物和构件的形状、大小、组成各异。在研究它们时，首先是根据问题的性质，借助于实验与观察，抓住主要矛盾，略去次要因素，合理简化，抽象为力学模型。

如在研究物体的平衡规律时，由于物体变形量很小或变形因素对所研究的问题影响很小，可忽略物体的变形而将其抽象为“刚体”。又如在研究运动学时，因物体的运动范围远远大于物体本身的大小，则可将物体抽象为一个“质点”，或由质点组成的“质点系”。但在研究物体的变形与受力之间的关系时，则不能再将物体视为刚体，而应看成可变形的固体。

建立力学模型之后，采用数学方法对其进行解析分析与计算。这种解决工程力学问题的方法称为理论解析方法。

（2）实验力学方法。

这种方法是借助于加载设备及测量仪器，直接通过对构件或结构物加载、激振与测量，得到实际工程结构及构件中的力学量。目前用得较多的是电测法与光测法。

此方法的优点是可直接获得关于实际工程结构或试验模型的较真实的力学分析结果，缺点是费时、费力、不经济。

（3）计算力学方法。

随着电子计算机技术的迅速发展，计算机分析方法在工程力学领域中已得到日益广泛的应用，并促进着工程力学研究方法的更新，现已产生了以有限元技术为核心的计算力学方法，并发展了一批功能强大的 CAE 软件，如 MSC/NASTRAN、ANSYS 等，已能解决工程界所提出的各种极其复杂的工程力学问题。

1 静力学基础

学习指南

静力学是研究物体在力系作用下的平衡规律的科学，重点解决刚体在满足平衡条件的基础上如何求解未知力的问题。静力学理论是从生产实践中发展起来的，是工程中结构计算的基础，在工程技术中有着广泛的应用。

本章重点研究物体的受力分析，即分析某个物体共受几个力，以及每个力的大小、方向和作用线的位置。为了正确分析物体的受力情况，本章先介绍静力学的一些基本概念和公理，然后介绍工程中常见的几种典型约束及其约束力，最后重点讲解物体受力分析和画受力图的方法。本章的基本内容如下思维导图所示。

- 静力学基础
  - 静力学基本概念
    - 了解工程力学的研究对象
    - 掌握刚体、力的基本概念
    - 熟悉平衡的基本概念
  - 静力学基本公理
    - 掌握静力学基本公理以及推论
    - 了解推论的推导过程
  - 约束与约束反力
    - 了解工程力学的约束类型
    - 掌握约束对应的约束反力以及反力的绘制
  - 物体的受力分析和受力图
    - 理解受力分析的概念
    - 掌握受力分析的步骤
    - 熟悉单个物体以及物体系统的受力分析

1.1 静力学基本概念

1.1.1 刚体的概念

所谓刚体，是指在力的作用下不发生变形的物体，即刚体受力作用时，其内部任意两点间的距离永远保持不变。这是一个理想化的力学模型。实际物体在力的作用下，都会产生不同程度的变形。但在一般情况下，工程上的结构构件的变形都是很微小的，这种微小的变形对构件的受力平衡影响甚微，可以略去不计，所以可以将结构构件抽象为刚体。

1.1.2 力的概念

力的概念

力是物体间相互的机械作用，这种作用使物体的运动状态发生改变或引起物体变形。其效应有二：一种是使物体的运动速度大小或运动方向发生变化的效应，称为力的运动效应或外效应；另一种是使物体变形的效应，称为力的变形效应或内效应。例如踢球或打铁，由于人对物体施加了力，使球的速度大小或运动方向发生改变，或使铁块产生了变形。一般来说，这两种效应是同时存在的。但是，为了使问题的研究简化，通常将外效应和内效应分开来研究。静力学部分主要研究物体的外效应。

力的作用效果取决于力的三要素：① 力的大小；② 力的方向；③ 力的作用点。实践表明，力对物体的作用效果，完全取决于这三个因素，如果改变这三个因素中的任意一个，都会改变力对物体的作用效果。

需要指出的是，力的作用点是力的作用位置的抽象，实际上力的作用位置一般来说并不是一个点，而是分布地作用于物体的一定面积上。当作用面积很小时，可将其抽象为一个点，将作用于物体上某个点上的力称为集中力，通过力的作用点代表力的方位的直线称为力的作用线。如果力的作用面积较大，不能抽象为点时，则将作用于这个面积上的力称为分布力。分布力的作用强度用单位面积上力的大小 q（N/cm^2）来度量，称为荷载集度。

在国际单位制中，力的单位是牛顿或千牛顿，其符号为 N 或 kN。

力是矢量，所以可以用一个定位的有向线段来表示力。如图 1-1 所示，线段的长度按一定的比例尺表示力的大小，线段的方位和箭头的指向表示力的方向，线段的起点（或终点）表示力的作用点，与线段重合的直线称为力的作用线。通常用黑体字母 $\boldsymbol{F}$ 来表示力的矢量。

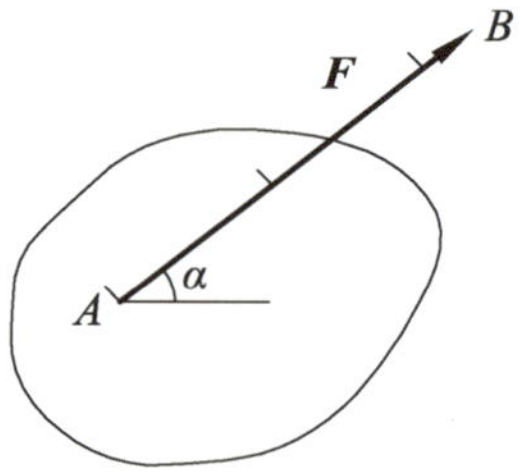

图 1-1

1.1.3 力系的概念

力系的概念

力系是指作用于物体上的一群力。力系中力的作用形式是千变万化的，可能是一个力，也可能是多个力，力的作用线可能在同一个平面内，也可能作用在三维空间内。一个力是一种最简单的力系。但在解决复杂力系的问题时，应该在保持对刚体作用效果不变的前提下，用一个简单力系代替一个复杂力系，从而使问题简化，这个过程称为力系的简化。如果一个力与一个力系等效，则称此力为该力系的合力，该力系中各力称为其合力的分力或分量；求合力的过程称为力系的合成。

1.1.4　平衡的概念

所谓平衡，是指物体相对于惯性参考系保持静止或做匀速直线运动。在工程问题中，平衡通常是指物体相对地球静止或做匀速直线运动，也就是将惯性参考系固连在地球上，这时作用于物体上的力系称为平衡力系。实际上，物体的平衡总是暂时的、相对的，绝对的平衡是不存在的。研究物体的平衡问题，就是研究物体在各种力系作用下的平衡条件，并应用这些平衡条件解决工程技术问题。为了便于寻求各种力系对于物体作用的总效应，需要将力系进行简化，使其变换为另一个与其作用效应相同的简单力系。这种等效简化力系的方法称为力系的简化。所以在静力学中主要研究以下三个问题：物体的受力分析；力系的简化；力系的平衡条件及其应用。

1.2　静力学基本公理

静力学
基本公理

静力学公理是人们在生活和生产活动中长期积累起来的、经过实践反复检验的、证明是符合客观实际的普遍规律。静力学公理是对力的基本性质的概括和总结，是静力学全部理论的基础，是解决力系的简化、平衡条件以及物体的受力分析等问题的关键。

1.2.1　公理 1　力的平行四边形法则

作用于物体上同一点的两个力，可以合成为一个合力。其合力仍作用于该点上，合力的大小和方向，由以这两个力为邻边所构成的平行四边形的对角线来确定。

如图 1-2（a）所示，$\boldsymbol{F}_1$，$\boldsymbol{F}_2$ 为作用于 O 点的两个力，以这两个力为邻边作出平行四边形 $OACB$，则对角线 OC 即为 $\boldsymbol{F}_1$ 与 $\boldsymbol{F}_2$ 的合力 $\boldsymbol{R}$，或者说，合力 $\boldsymbol{R}$ 等于原两个力 $\boldsymbol{F}_1$ 与 $\boldsymbol{F}_2$ 的矢量和，可用矢量式来表示

$$\boldsymbol{R}=\boldsymbol{F}_1+\boldsymbol{F}_2 \tag{1-1}$$

合力的大小，可由余弦定理求出，即

$$R=\sqrt{F_1^2+F_2^2+2F_1F_2\cos\alpha} \tag{1-2}$$

其中，α 为 $\boldsymbol{F}_1$ 与 $\boldsymbol{F}_2$ 的夹角。

这个公理总结了最简单的力系简化的规律，它是较复杂力系简化的基础。

为了便于求两个汇交力系的合力，也可不画整个平行四边形，而是从 O 点作一条与 $\boldsymbol{F}_1$ 大小相等、方向相同的矢线 OB，再过 B 点作一条与 $\boldsymbol{F}_2$ 大小相等、方向相同的矢线 BC，则矢线 OC 即表示合力 $\boldsymbol{R}$ 的大小和方向，如图 1-2（b）所示。这种求合力的方法称为力的三角

形法则。必须清楚，在力△*OBC*中，各矢线只表示力的大小和方向，而不能表示力的作用点或作用线。

（a）　　　　（b）

图 1-2

利用力的平行四边形法则也可将一个力分解成作用于同一点的两个分力。显然，一个力可以沿任意两个方向分解。在工程问题中，常将力沿互相垂直的两个方向分解，这种分解称为正交分解。

1.2.2　公理 2　二力平衡公理

作用在刚体上的两个力，使刚体处于平衡状态的充分必要条件是：这两个力大小相等，方向相反，且作用在同一直线上。如图 1-3 所示，即

$$\boldsymbol{F}_1=-\boldsymbol{F}_2 \tag{1-3}$$

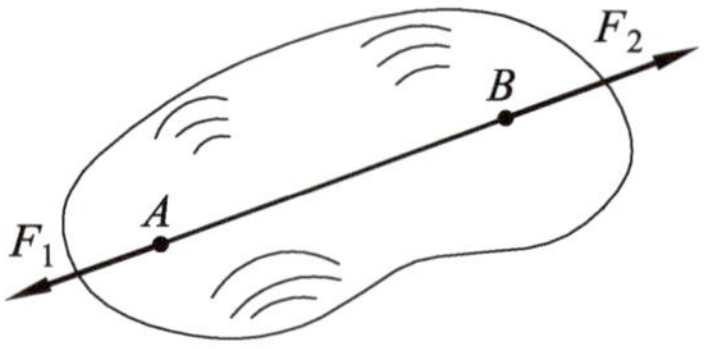

图 1-3

需要强调的是，本公理只适用于刚体。对于刚体，等值、反向、共线作为二力平衡条件是必要的，也是充分的；但对于变形体，这个条件是不充分的。例如：软绳受两个等值、反向的拉力作用可以平衡，而受两个等值、反向的压力作用就不能平衡。工程上常遇到只受两个力作用而平衡的构件，称为二力杆件或二力杆。二力构件平衡时，二力必沿作用点的连线，且两作用力的大小相等，方向相反。如图 1-4 中的杆 *CD*，若杆自重不计，即是一个二力杆；又如图 1-5 中的构件 *BC*，在不计自重时，也可以看作二力构件。

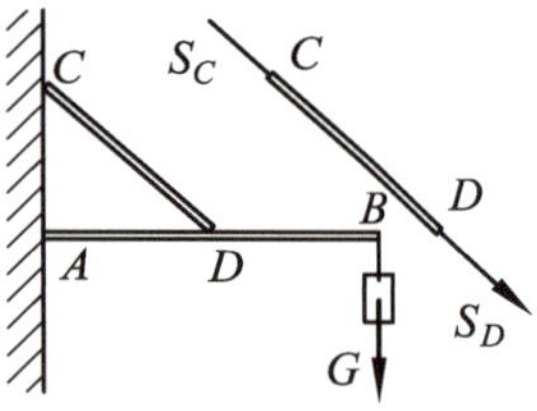

图 1-4

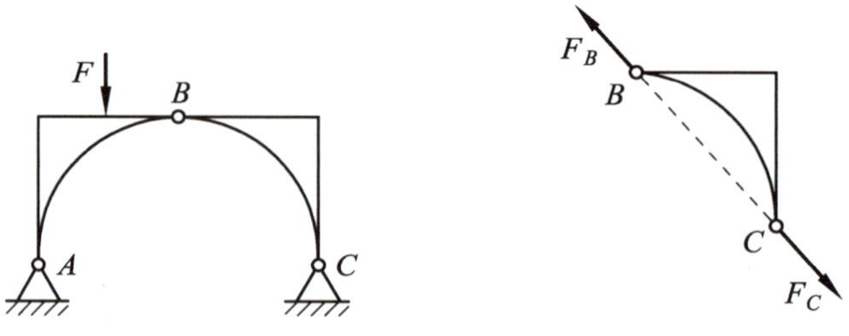

（a）　　　　（b）

图 1-5

1.2.3　公理 3　加减平衡力系公理

在作用于刚体的力系中，加上或减去任意的平衡力系，并不改变原力系对刚体的作用效应。这个公理是力系简化的重要理论依据。根据此公理可以导出下列推论：

推论 1 力的可传性原理

作用于刚体上的力，可以沿着它的作用线移到刚体内任意一点，而不改变该力对刚体的作用效果。

证明：设有力 $\boldsymbol{F}$ 作用于刚体上的 A 点，如图 1-6（a）所示。根据加减平衡力系公理，可在力的作用线上任取一点 B，并加上两个相互平衡的力 $\boldsymbol{F}_1$ 与 $\boldsymbol{F}_2$，使 $\boldsymbol{F}=\boldsymbol{F}_2=-\boldsymbol{F}_1$，如图 1-6（b）所示。由于力 $\boldsymbol{F}$ 和 $\boldsymbol{F}_1$ 也是一个平衡力系，故可除去，这样只剩下一个力 $\boldsymbol{F}_2$，如图 1-6（c）所示。于是，原来的这个力 $\boldsymbol{F}$ 与力系（$\boldsymbol{F}$，$\boldsymbol{F}_1$，$\boldsymbol{F}_2$）以及力 $\boldsymbol{F}_2$ 互等。而力 $\boldsymbol{F}_2$ 就是原来的力 $\boldsymbol{F}$，只是作用点已移到了点 B。

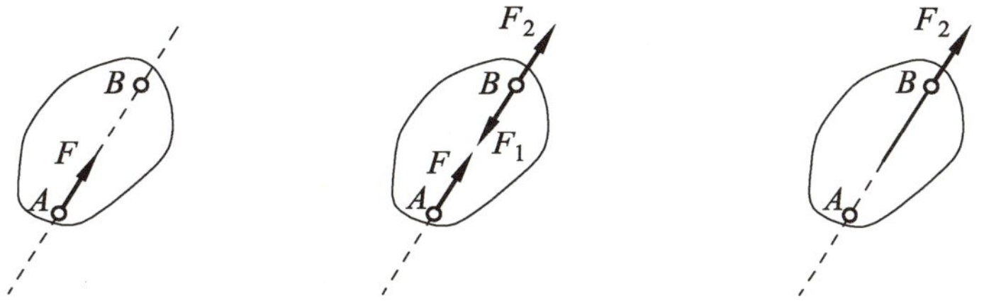

图 1-6

由此可见，对于刚体来说，力的作用点已不是决定力的作用效果的要素，它已为作用线所代替。因此，作用于刚体上的力的三要素是：力的大小、方向和作用线。

必须注意，力的可传性原理只适用于刚体；而且力只能在刚体自身上沿其作用线移动，而不能移到其他刚体上去。

推论 2 三力平衡汇交定理

刚体在三个力的作用下平衡，若其中两力作用线相交，则第三个力的作用线必过该交点，且三力共面。

证明：如图 1-7 所示，刚体上 A，B，C 三点分别作用力 $\boldsymbol{F}_1$，$\boldsymbol{F}_2$ 和 $\boldsymbol{F}_3$，其中 $\boldsymbol{F}_1$ 与 $\boldsymbol{F}_2$ 的作用线相交于 O 点，刚体在此三力作用下处于平衡状态。根据力的可传性原理，将力 $\boldsymbol{F}_1$ 与 $\boldsymbol{F}_2$ 合成得 $\boldsymbol{R}_{12}$，则力 $\boldsymbol{F}_3$ 应与 $\boldsymbol{R}_{12}$ 平衡，因而 $\boldsymbol{F}_3$ 必与 $\boldsymbol{R}_{12}$ 共线，即是说 $\boldsymbol{F}_3$ 作用线也通过 O 点。

另外，因为 $\boldsymbol{F}_1$，$\boldsymbol{F}_2$ 与 $\boldsymbol{R}_{12}$ 共面，所以 $\boldsymbol{F}_1$，$\boldsymbol{F}_2$ 与 $\boldsymbol{F}_3$ 也共面。于是定理得证。

利用三力平衡汇交定理可以确定刚体在三力作用下平衡时未知力的方向。

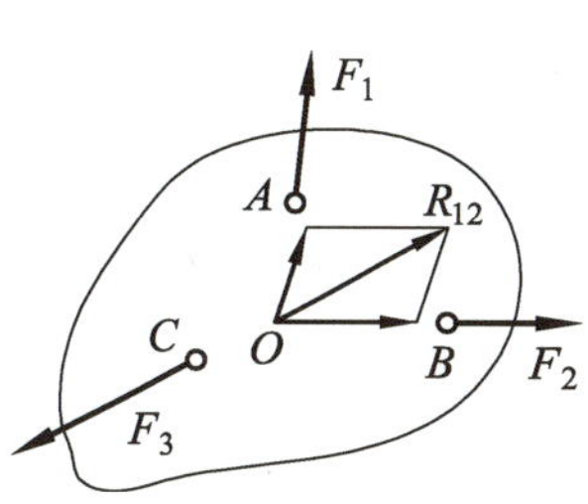

图 1-7

1.2.4　公理 4　作用与反作用公理

两物体间的作用力与反作用力总是同时存在的，且两力的大小相等、方向相反、沿着同一直线，分别作用在相互作用的两个物体上。

如图 1-8 所示，起吊一重物，$\boldsymbol{G}$ 为重物所受的重力，$\boldsymbol{T}$ 为钢丝绳作用于重物上的拉力。因为 $\boldsymbol{G}$ 与 $\boldsymbol{T}$ 都作用在重物上而使重物保持静止，所以它们构成二力平衡，至于拉力 $\boldsymbol{T}$ 和重力 $\boldsymbol{G}$ 的反作用力在哪里，则首先要弄清哪个是受力物体，哪个是施力物体，也就是要分清是“谁对谁”的作用。由于拉力 $\boldsymbol{T}$ 是钢丝绳拉重物的力，所以 $\boldsymbol{T}$ 的反作用力一定是重物拉钢丝绳的力 $\boldsymbol{T}'$，它与 $\boldsymbol{T}$ 大小相等、方向相反、作用在一条直线上。因为 $\boldsymbol{G}$ 是地球对重物的引力，所以它的反作用力必定是重物吸引地球的力 $\boldsymbol{G}'$（图中未画出），$\boldsymbol{G}'$ 与 $\boldsymbol{G}$ 大小相等、方向相反、作用在一条直线上。

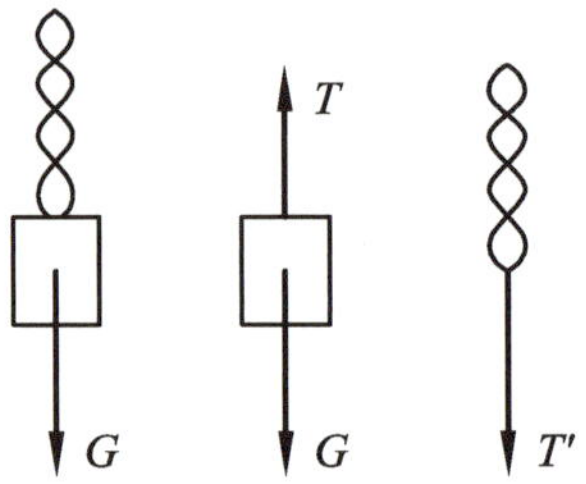

图 1-8

由此可见，力总是成对地以作用与反作用的形式存在于物体之间，有作用力必有反作用力，它们同时出现、同时消失，分别作用在两个相互作用的物体上。应用作用力与反作用力公理，可以把一个物体的受力分析与相邻物体的受力分析联系起来。

必须注意公理 2 与公理 4 的区别。后者是作用力与反作用力分别作用在两个物体上，前者则是作用在一个物体上。

1.3 约束与约束反力

约束类型与约束反力的概念

如果物体在空间沿任何方向的运动都不受限制，这种物体称为自由体，例如：飞行的飞机、火箭等。在日常生活和工程中，物体通常总是以各种形式与周围的物体互相联系并受到周围物体的限制而不能做任意运动，我们称其为非自由体。如：转轴受到轴承的限制；卧式车床的刀架受床身导轨的限制；悬挂的重物受到吊绳的限制等。

凡是限制物体运动的其他物体称为约束。例如上面提到的轴承是转轴的约束；导轨是刀架的约束；吊绳是重物的约束。既然约束限制物体的运动，也就是能够起到改变物体运动状态的作用，所以实际上就是力的作用。这种作用在物体上的限制物体运动的力称为约束力。约束力来自约束，它的作用取决于主动力的作用情况和约束的形式；又因为它对物体的运动起限制作用，因而约束力的方向必定与该约束所能够阻碍的运动方向相反。应用这个准则，在受力分析中，可以确定约束力的方向或作用线的位置。约束力的大小总是未知的，在静力学中，如果约束力和物体受的其他已知力构成平衡力系，则可通过平衡条件来求解未知力的大小。

下面介绍工程上常见的几种约束类型及确定约束力的方法。

1.3.1 柔性约束

由柔软的绳索、链条、皮带等构成的约束统称为柔性约束。这类约束的特点是：柔软易变形，不能抵抗弯曲，只能受拉，不能受压，并且只能限制物体沿约束伸长方向的运动，而不能限制其他方向的运动。因此，柔性约束的约束力只能是拉力，作用在与物体的连接点上，作用线沿着绳索背离物体。通常用 $\boldsymbol{T}$ 或 $\boldsymbol{S}$ 表示这类约束力。如图 1-9 所示，$\boldsymbol{T}$ 即为绳索给球的约束力。

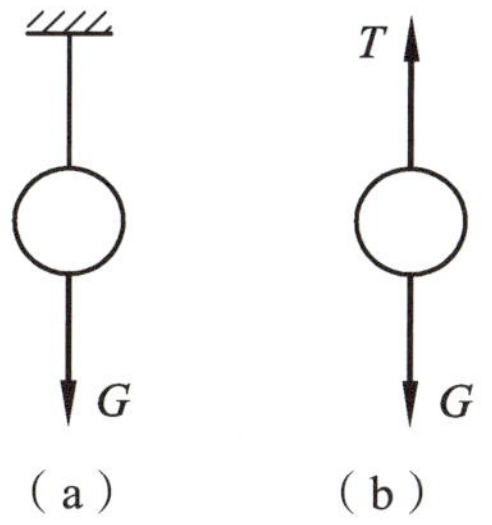

图 1-9

1.3.2 光滑接触面约束

两个互相接触的物体，如果略去接触面间的摩擦就可以认为相互间隔约束是光滑接触面约束。这类约束不能限制物体沿接触面切线方向的运动，只能限制物体沿接触面公法线方向的运动，并且只能受压不能受拉。因此，光滑接触面约束对物体的约束力作用在接触点处，作用线沿公法线方向指向物体，通常用 $\boldsymbol{N}$ 表示。

如图 1-10 所示，$\boldsymbol{N}$ 即为曲面 A 对小球的约束力；又如图 1-11 所示，直杆 A，B，C 三处的约束力分别为 $\boldsymbol{N}_A$，$\boldsymbol{N}_B$，$\boldsymbol{N}_C$。

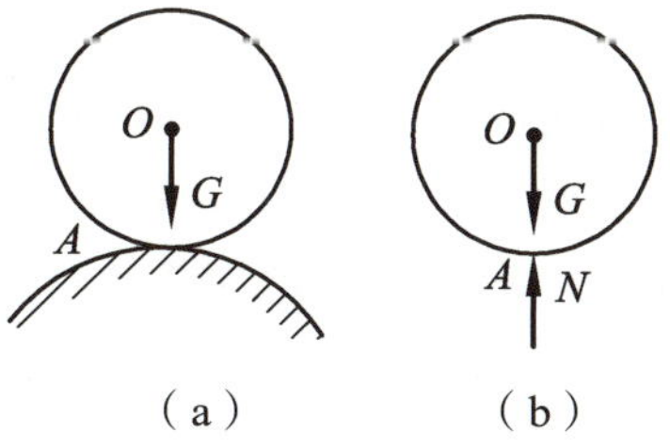

图 1-10

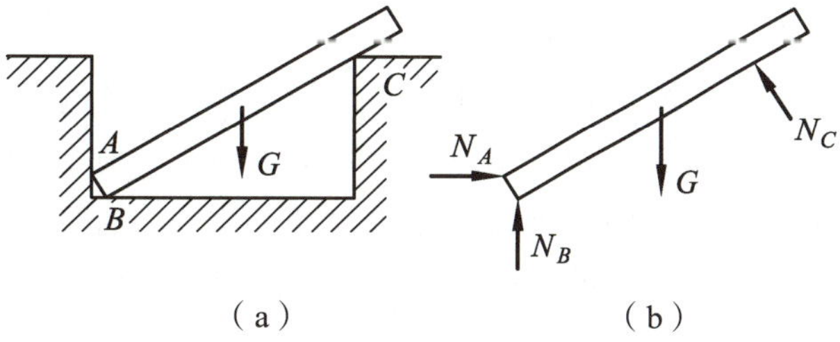

图 1-11

1.3.3 圆柱铰链约束

这类约束包括中间铰链约束、固定铰链支座、活动铰链支座、链杆约束以及固定端支座。

1. 中间铰链约束

在机器中，经常用圆柱形销钉将两个带孔零件连接在一起，如图 1-12（a)、图 1-12（b）

所示。这种铰链只能限制物体间的相对径向移动，不能限制物体绕圆柱销轴线的转动和平行于圆柱销轴线的移动，图 1-12（c）是中间铰链的简化示意图。由于圆柱销与圆柱孔是光滑曲面接触，则约束力应在沿接触线上的一点到圆柱销中心的连线上，垂直于轴线，如图 1-12（d）所示。因为接触线的位置不能预先确定，因而约束力的方向也不能预先确定。通常把它分解为两个相互垂直的约束力，作用在圆心上，如图 1-12（e）所示。

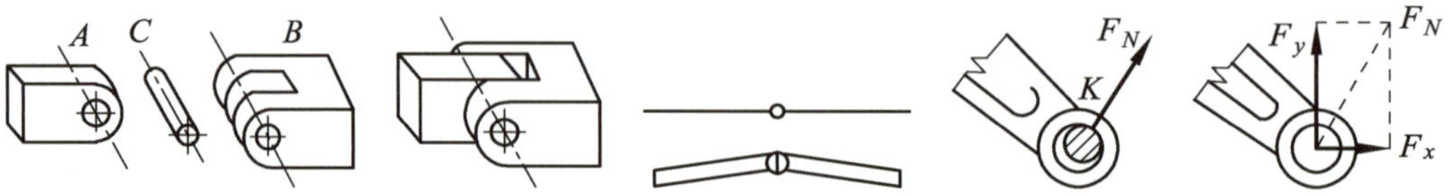

（a）（b）（c）（d）（e）

图 1-12

2. 固定铰链支座

图 1-13（a）所示是一种常用的圆柱铰链连接，它由一个固定底座和一个构件用销钉连接而成，简称铰支座。这种支座的简图如图 1-13（b）所示。铰支座约束的约束力作用在垂直于圆柱销轴线的平面内，通过圆柱销的中心，方向不能确定，通常用相互垂直的两个分力表示，如图 1-13（c）所示。

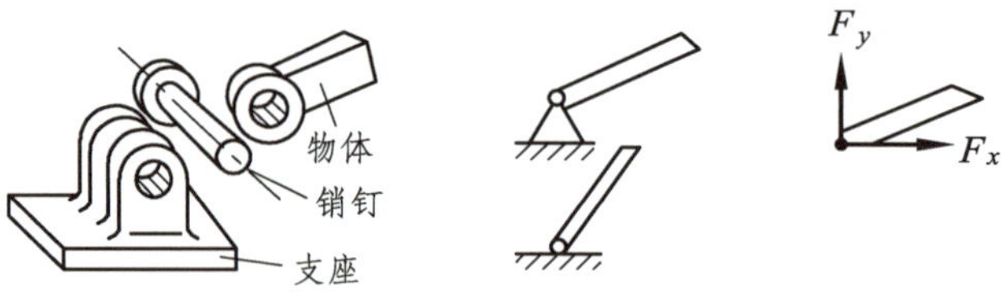

（a）（b）（c）

图 1-13

3. 活动铰链支座

如果在固定铰链支座的底部安装一排滚轮，如图 1-14（a）所示，就可使支座沿固定支承面移动。这是工程中常见的一种复合约束，称为活动铰链支座，这种支座常用于桥梁、屋架或天车等结构中，可以避免由温度变化而引起结构内部变形应力。这类约束的简化示意图如图 1-14（b）所示。在不计摩擦的情况下，活动铰链支座只能限制构件沿支承面垂直方向的移动。因此活动铰链支座的约束力方向必垂直于支承面，且通过铰链中心，常用字母 **N** 表示，如图 1-14（c）所示。

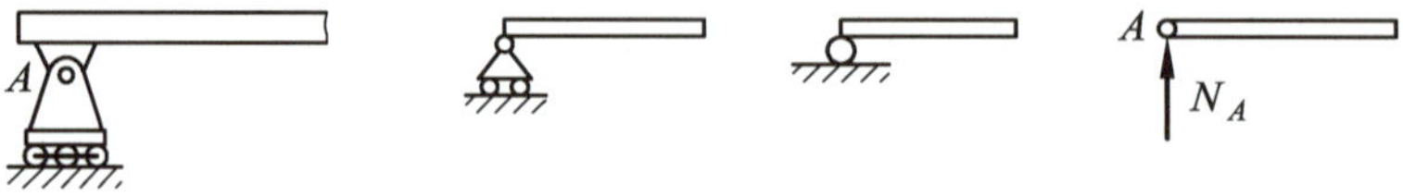

（a）（b）（c）

图 1-14

4. 链杆约束

两端用光滑铰链与其他构件连接且不考虑自重的刚体杆称为链杆，链杆是二力杆，如图 1-15（a）所示，常被用来作为拉杆或撑杆。简化示意图如图 1-15（b）所示。由于链杆是二力杆，因此约束力的作用线一定是沿着链杆两端铰链的连线，如图 1-15（c）所示。指向如果不能预先确定，通常可先假设，求解后通过力的正负再具体确定力的指向。

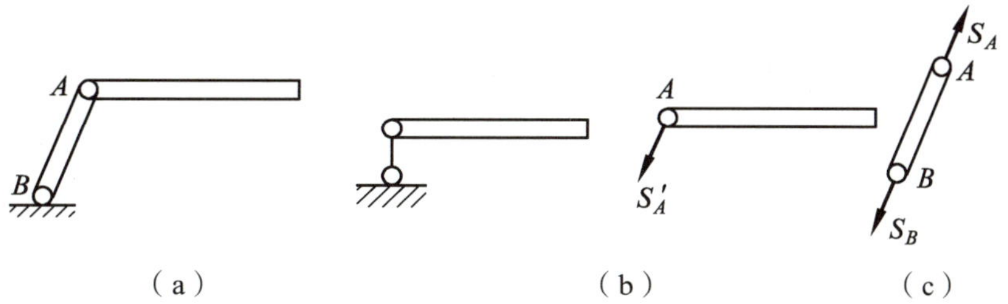

图 1-15

5. 固定端支座

房屋建筑中的挑梁如图 1-16（a）所示，它的一端嵌固在墙壁内，墙壁对挑梁的约束，既限制它沿任何方向移动，又限制它的转动，这样的约束称为固定端支座。它的构造简图如图 1-16（b）所示，计算简图如图 1-16（c）所示。由于这种支座既限制构件的移动，又限制构件的转动，所以，它除了产生水平和竖向约束反力外，还有一个阻止转动的约束反力偶，如图 1-16（d）所示。

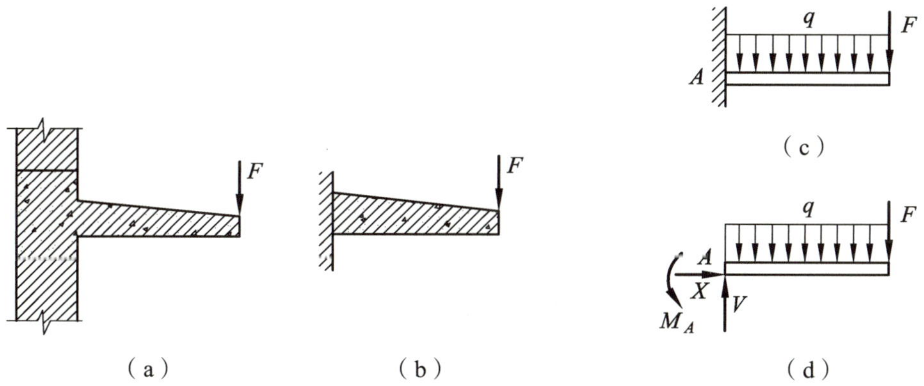

图 1-16

1.4 物体的受力分析和受力图

1.4.1 概 述

在工程实际中，为了进行力学计算，首先要对物体进行受力分析，即分析物体受了哪些力的作用，哪些是已知的、哪些是未知的，以及每个力的作用位置和作用方向。

为了清晰地表示物体受力情况，我们把需要研究的物体从周围物体中分离出来，单独画出它的简图，这个步骤叫作取研究对象。被分离出来的研究对象称为分离体。在研究对象上画出它受到的全部作用力（包括主动力和约束反力），这种表示物体受力的简明图形称为受力图。正确地画出受力图是解决力学问题的关键，是进行力学计算的依据。

1.4.2 单个物体的受力分析及受力图

受力图的画法

在画单个物体受力图之前，先要明确研究对象，再根据实际情况，弄清与研究对象有联系的是哪些物体，这些和研究对象有联系的物体就是研究对象的约束，然后根据约束性质用相应的约束反力来代替约束对研究物体的作用。经过这样的分析后就可画出单个物体的受力图。其一般步骤是：先画出研究对象的简图，再将已知的主动力画在简图上，最后在各相互作用点上画出相应的约束反力。下面举例说明受力图的画法。

【例 1-1】 用力 $\boldsymbol{F}$ 拉动碾子以压平路面，碾子受到一石块的阻碍，如图 1-17（a）所示。试画出碾子的受力图。

解： 取碾子为研究对象，取分离体并画简图。

（1）画主动力。有重力 $\boldsymbol{G}$ 和杆对碾子中心的拉力 $\boldsymbol{F}$。

（2）画约束力。因碾子在 A 和 B 两处受到石块和地面的约束，如不计摩擦，则均为光滑表面接触，故在 A 处受石块的法向力 $\boldsymbol{N}_A$ 的作用，在 B 处受地面的法向力 $\boldsymbol{N}_B$ 的作用，它们都沿着碾子上接触点的公法线而指向圆心。

碾子的受力图如图 1-17（b）所示。

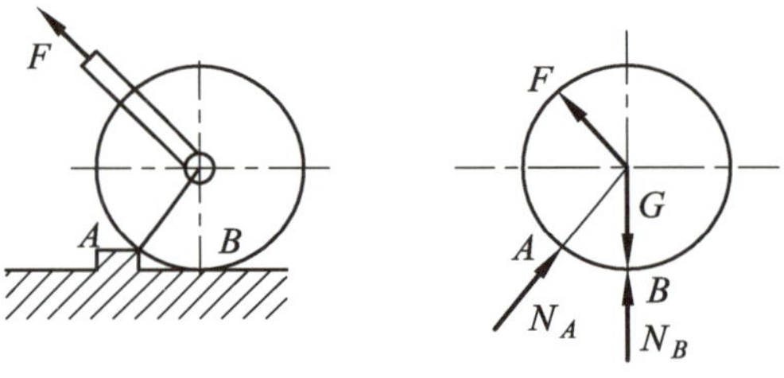

（a）　（b）

图 1-17

【例 1-2】 悬臂吊车如图 1-18（a）所示。简图中 A，B，C 三点为铰链，起吊重力为 $\boldsymbol{P}$，横梁 AB 和斜杆 BC 的自重可略去不计。试画出横梁 AB 的受力图。

解： 先以横梁为研究对象，取分离体。

（1）画主动力。因起吊重物重力为 $\boldsymbol{P}$，所以在 D 点的已知力 $\boldsymbol{P}$ 为主动力。

（2）画约束力。因斜杆 BC 是二力杆，因此对横梁作用的约束力为拉力 $\boldsymbol{F}_B$，沿着 BC 杆方向。A 处为铰链约束，其约束力通过铰链中心，但方向不能确定，故用两个互相垂直的分力 $\boldsymbol{F}_{Ax}$ 和 $\boldsymbol{F}_{Ay}$ 表示。

横梁受力图如图 1-18（b）所示。

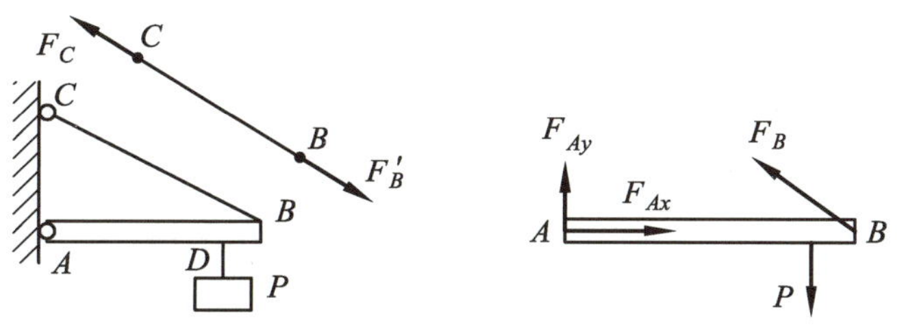

（a）　　　　　　　　（b）

图 1-18

【例 1–3】 水平梁 AB 两端用固定支座 A 和活动支座 B 支承，如图 1-19（a）所示，梁在中点 C 处承受一斜向集中力 $\boldsymbol{F}$，与梁成 α 角，若不考虑梁的自重，试画出梁 AB 的受力图。

解： 取梁 AB 为研究对象。作用于梁上的力 $\boldsymbol{F}$ 为集中力，B 端是活动支座，它的支座反力 $\boldsymbol{F}_B$ 垂直于支承面铅垂向上，A 端是固定支座，约束反力用通过 A 点的互相垂直的两个正交分力 $\boldsymbol{F}_{Ax}$ 和 $\boldsymbol{F}_{Ay}$ 表示。受力图如图 1-19（b）所示。

梁 AB 的受力图还可以画成如图 1-19（c）所示。根据三力平衡汇交定理，已知力 $\boldsymbol{F}$ 和 $\boldsymbol{F}_B$ 相交于 D 点，则其余一力 $\boldsymbol{F}_A$ 也必交于 D 点，从而确定约束反力 $\boldsymbol{F}_A$ 沿 A，D 两点连线。

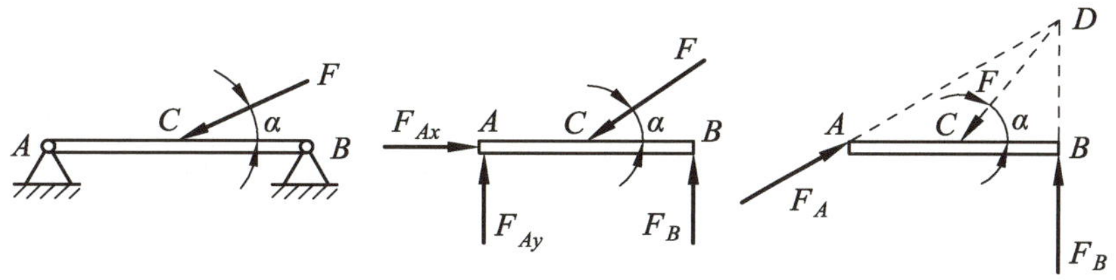

（a）　　　　　　　　（b）　　　　　　　　（c）

图 1-19

1.4.3 物体系统的受力分析及受力图

物体系统受力图的画法与单个物体的受力图画法基本相同，区别只在于所取的研究对象是由两个或两个以上的物体联系在一起的物体系统。研究时只需将物体系统看作一个整体，在其上画出主动力和约束反力，注意物体系统内各部分之间的相互作用力属于作用力和反作用力，其作用效果互相抵消，不画出来。

受力图
例题讲解

【例 1–4】 如图 1-20（a）所示的三铰拱桥，由左、右两拱铰接而成。设各拱自重不计，在拱 AC 上作用有荷载 $\boldsymbol{P}$。试分别画出拱 AC 和 CB 的受力图。

解：（1）先分析拱 BC 的受力。由于拱 BC 自重不计，且只在 B，C 两处受到铰链的约束，因此拱 BC 为二力构件。在铰链中心 B，C 处分别受 $\boldsymbol{S}_B$，$\boldsymbol{S}_C$ 两力的作用，且 $\boldsymbol{S}_B=\boldsymbol{S}_C$。这两个力的方向如图 1-20（b）所示。

（2）取拱 AC 为研究对象。由于自重不计，因此主动力只有荷载 $\boldsymbol{P}$。拱在铰链 C 处受拱 BC 给它的约束力 $\boldsymbol{S}_C'$ 的作用，根据作用力和反作用力公理，$\boldsymbol{S}_C' = \boldsymbol{S}_C$。拱在 A 处受固定铰支给它的约束力 $\boldsymbol{N}_A$ 的作用，由于方向未定，可用两个大小未知的正交分力 $\boldsymbol{F}_{Ax}$ 和 $\boldsymbol{F}_{Ay}$ 代替。拱 AC 的受力图如图 1-20（c）所示。再进一步分析可知，由于拱 AC 在 $\boldsymbol{P}$，$\boldsymbol{S}_C'$ 和 $\boldsymbol{N}_A$ 三个力作用下平衡，故可根据三力平衡汇交定理，确定铰链 A 处约束力 $\boldsymbol{N}_A$ 的方向。点 D 为力 $\boldsymbol{P}$ 和 $\boldsymbol{S}_C'$ 作用线的交点，当拱 AC 平衡时，力 $\boldsymbol{N}_A$ 的作用线必通过点 D，如图 1-20（d）所示；至于 $\boldsymbol{N}_A$ 的指向，可由平衡条件确定。

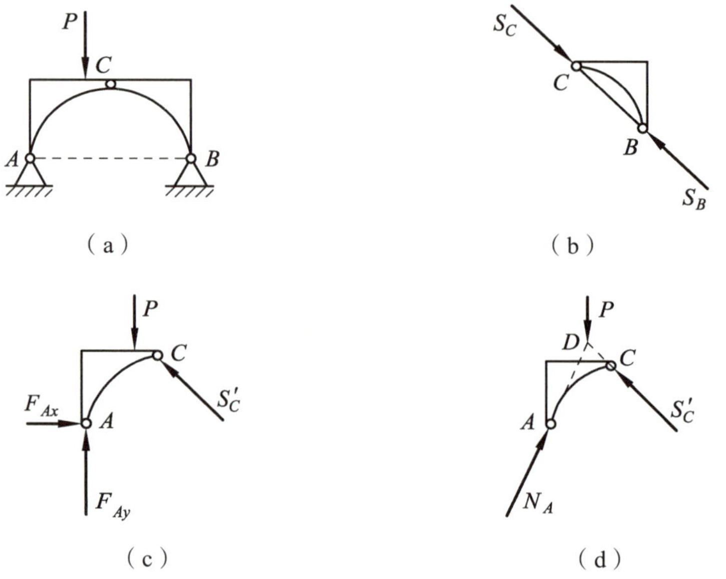

图 1-20

【例 1-5】 如图 1-21（a）所示的结构，由 AB 和 CD 两杆铰接而成，在 AB 杆上作用有荷载 $\boldsymbol{F}$。设各杆自重不计，α 角已知，试分别画出 AB 和 CD 杆的受力图。

解： 首先分析 CD 杆的受力情况。由于 CD 杆自重不计，只有 C，D 两铰链处受力，因此，CD 杆为二力杆。在 C，D 处分别受 $\boldsymbol{F}_C'$ 和 $\boldsymbol{F}_D'$ 两力作用，根据二力平衡条件得 $\boldsymbol{F}_C' = \boldsymbol{F}_D'$，如图 1-21（b）所示。

然后取 AB 杆为研究对象。AB 杆自重不计，AB 杆在主动力 $\boldsymbol{F}$ 作用下，有绕铰链 A 转动的趋势，但在 C 点处有 CD 杆支撑，给 CD 杆的作用力为 $\boldsymbol{F}_C$。根据作用力与反作用力公理，给 AB 杆的反作用力 $\boldsymbol{F}_C'$，$\boldsymbol{F}_C = \boldsymbol{F}_C'$。杆 AB 在 A 处为固定铰链支座，约束反力用两个正交分力 $\boldsymbol{F}_{Ax}$ 和 $\boldsymbol{F}_{Ay}$ 表示，如图 1-21（c）所示。

也可采用下述方法进行受力分析。由于 AB 杆在 $\boldsymbol{F}$，$\boldsymbol{F}_C$ 和 $\boldsymbol{F}_A$ 三力作用下平衡，根据三力平衡汇交定理，$\boldsymbol{F}$ 和 $\boldsymbol{F}_C$ 二力作用线的交点为 E，$\boldsymbol{F}_A$ 的作用线也必通过 E 点，从而确定了铰链 A 处的约束反力，如图 1-21（d）所示。

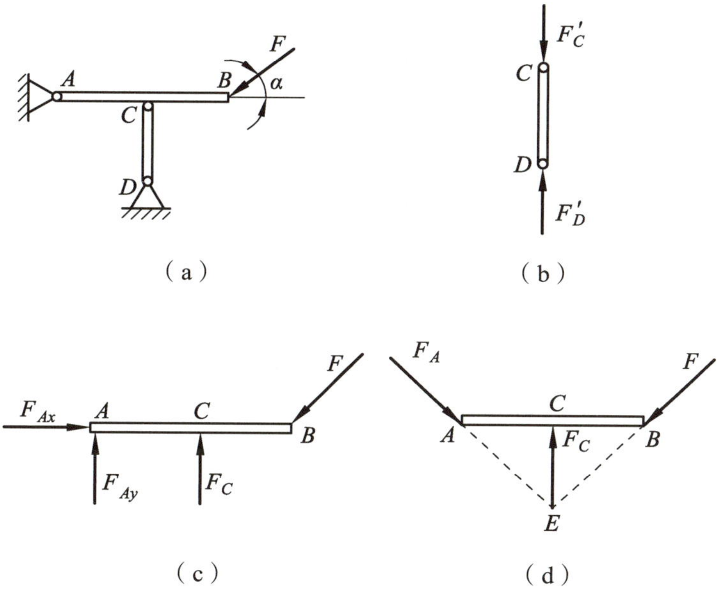

图 1-21

通过以上各例的分析，画受力图时须注意以下几点：

（1）首先要明确是画哪个物体的受力图，确定受力物体及施力物体。要求一个研究对象画一个受力图。

（2）在分离体的简图上要画出全部主动力和约束力，明确力的数量，不能多画，也不能少画。若选取的研究对象是物体系统，则系统内物体与物体间的作用力对物体系统而言是内力，受力图上不画内力。

（3）画约束力时，一定要注意，一个物体往往同时受到几个约束的作用，这时应分别根据每个约束单独作用时，由该约束本身特性来确定约束力的方向，而不能凭主观臆测。

（4）受力图上要标明各力的名称及其作用点的位置，不要任意改变力的作用位置。

（5）一般情况下，不要将力分解或合成。如果需要分解或合成，分力与合力不要同时画在同一受力图上，以免重复。必要时，用虚线表示分力与合力中的一种。

（6）画受力图时，要注意应用二力平衡公理、三力平衡汇交定理及作用力与反作用力公理。

本章小结

1. 静力学是研究物体在力系作用下的平衡条件的科学。主要研究的三个问题是:（1）物体的受力分析;（2）力系的简化;（3）力系的平衡条件。

2. 刚体、质点、力、力系、平衡是静力学的基本概念，要深入理解各个概念的含义。

3. 静力学公理是静力学理论的基础。公理 2、公理 3 和力的可传性原理只适用于刚体。

4. 静力学主要研究非自由刚体的平衡，因此研究约束并分析约束力的性质很重要。

5. 受力分析、画受力图，是解决力学问题的关键。具体步骤是：取分离体、画主动力、画约束力、检查。

课后训练

班级：__________ 学号：__________ 姓名：__________ 成绩：__________

一、填空题

1. 力对物体的作用效应主要有两个方面，理论力学主要研究力的________效应。

2. 杆件的四种基本变形形式有轴向拉伸与压缩、__________、__________和__________。

3. 平面力系中各力作用线汇交于一点的称为__________力系，各力作用线既不平行，也不汇交于同一点的称为平面__________力系。

4. 刚体在不平行的三力作用下平衡时，这三力的作用线__________。

二、判断题

1. 一对等值、反向、共线的力一定是作用力与反作用力。(　　)

2. 所谓刚体，就是在力的作用下，其内部任意两点之间的距离始终保持不变的物体。(　　)

3. 画物体整体受力时，不需要画出各物体间的相互作用力。(　　)

4. 力的三要素中仅一个或两个变化，力对物体的作用效果不一定改变。(　　)

三、选择题

1. 共面三个力作用于刚体上，使刚体平衡的必要条件是这共面的三个力（　　）。

A. 作用线汇交于一点　　B. 作用线平行

C. 作用线共线　　D. 作用线相交

2. 既限制物体任何方向移动，又限制物体转动的支座称（　　）支座。

A. 固定铰　　B. 可动铰

C. 固定端　　D. 光滑面

3. 三个力 $\boldsymbol{F}_1$、$\boldsymbol{F}_2$、$\boldsymbol{F}_3$ 的大小均不等于零，其中 $\boldsymbol{F}_1$ 和 $\boldsymbol{F}_2$ 沿同一作用线，刚体处于（　　）。

A. 平衡状态　　B. 不平衡状态

C. 可能平衡，也可能不平衡　　D. 以上均有可能

4. 作用有等值、反向、共线二外力的某刚体（　　）状态。

A. 一定处于平衡状态　　B. 一定处于不平衡状态

C. 不一定处于平衡　　D. 以上均有可能

5. 限制受力物体运动的物体称为（　　）。

A. 研究对象　　B. 参考物体

C. 刚体　　D. 约束

6. 力是物体之间相互的（　　）。

A. 机械运动　　B. 机械作用

C. 冲击和摩擦　　D. 约束

四、作图题

试作图 1-22 中结构各部分及整体的受力图，结构自重不计。

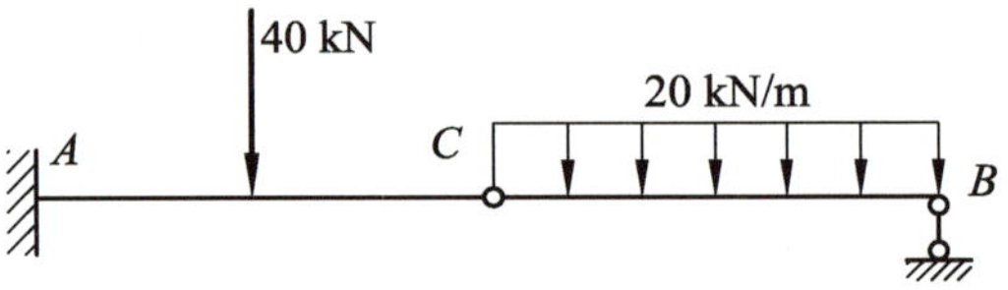

图 1-22

课堂小测

班级：__________ 学号：__________ 姓名：__________ 成绩：__________

一、填空题（每空 2.5 分，共计 35 分）

1. 力使物体的形状发生改变，称为力的__________效应或____________效应。

2. 两物体间相互作用的力总是__________、___________、____________，并分别而且同时作用在这两个物体上。

3. 物体只受两个力作用并处于平衡，则这两个力必沿_____________的连线，且_____________相等，_____________相反。

4. 固定端支座既能约束物体的___________，又能约束物体的___________。

5. 力的三要素为___________、____________、___________。

6. 在任一力系中加上或减去一个_______________，并不改变原力系对刚体的效应。

二、判断题（每题 3 分，共计 18 分）

1. 力可以沿着作用线移动而不改变它对物体的运动效应。(　　)

2. 刚体受任意三个力作用而平衡，则该三力必在同一平面内且交于一点。(　　)

3. 在两个力作用下处于平衡的杆件称为二力杆，二力杆一定是直杆。(　　)

4. 作用于刚体上的平衡力系，如果作用到变形体上，该变形体也一定平衡。(　　)

5. 固定铰支座不仅可以限制物体的移动，还能限制物体的转动。(　　)

6. 平衡状态是物体特殊的机械运动状态，处于平衡状态下的物体一定相对于参考系统静止。(　　)

三、选择题（每题 4 分，共计 16 分）

1. 柔体约束反力，作用在连接点处，方向沿柔体（　　）。

A. 指向被约束的物体，恒为拉力

B. 背离被约束的物体，恒为拉力

C. 指向被约束的物体，恒为压力

D. 背离被约束的物体，恒为压力

2. 作用和反作用定律的适用范围是（　　）。

A. 只适用刚体　　B. 只适用于变形体

C. 任何物体均适用　　D. 只适用于处于平衡状态的物体

3. 物体系统的受力图上一定不能画出（　　）。

A. 系统外力　　　　B. 系统内力

C. 主动力　　　　D. 约束反力

4. 图 1-23 中平衡力是（　　），作用力与反作用力是（　　）。

A. $\boldsymbol{T}$ 与 $\boldsymbol{G}$　　B. $\boldsymbol{T}$ 与 $\boldsymbol{T}'$　　C. $\boldsymbol{G}$ 与 $\boldsymbol{T}'$

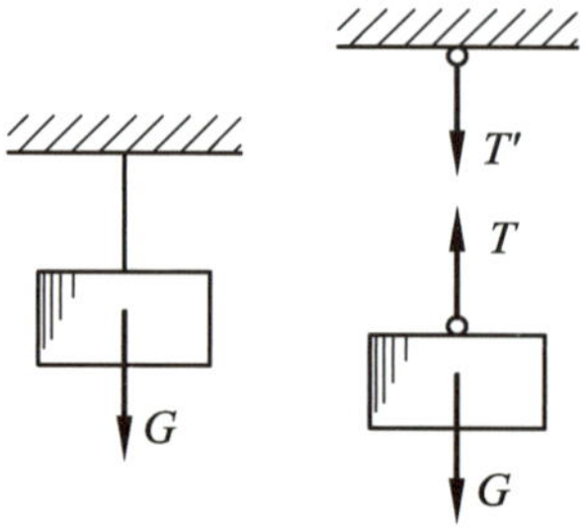

图 1-23

四、作图题：试作图 1-24、1-25 中各梁的受力图，梁的自重不计。（第一题 16 分，第二题 15 分，共计 31 分）

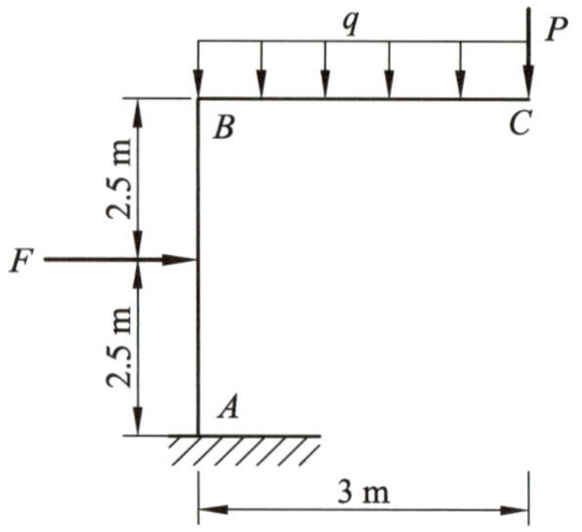

图 1-24

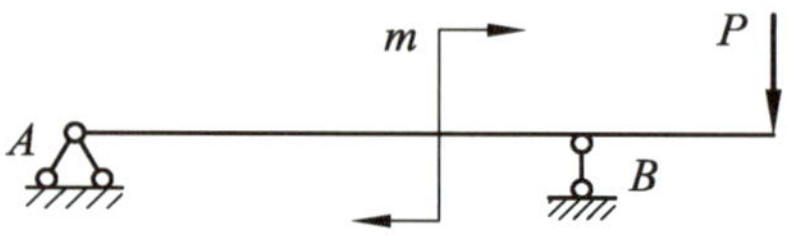

图 1-25

能力提升

班级：__________ 学号：__________ 姓名：__________ 成绩：__________

一、思考题

1. 构件 AB 受力如图 1-26 所示，在 A 点作用了一个力 $\boldsymbol{F}$，能否在 B 点处加一个力使之平衡？

2. 二力平衡条件和作用与反作用公理都是说二力等值、反向、共线，请问二者有什么区别？

3. 如图 1-27 所示，在某物体 A 与 B 两点上分别作用两个力 $\boldsymbol{F}_1$ 与 $\boldsymbol{F}_2$，若这两个力大小相等、方向相反且共线，试问该物体是否一定平衡？

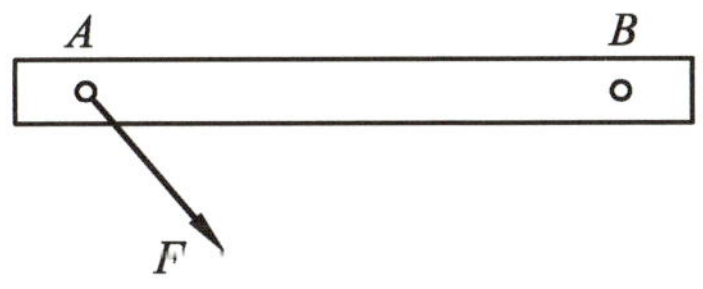

图 1-26

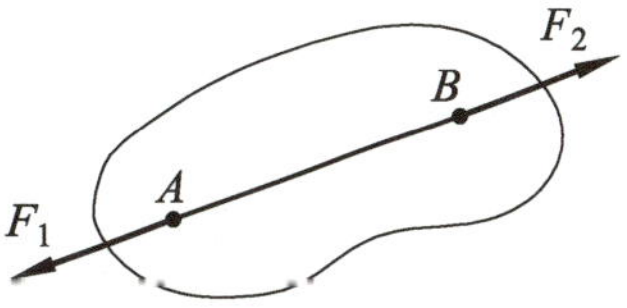

图 1-27

4. 什么叫二力构件？分析二力构件受力时与构件的形状有无关系？

二、作图题

1. 画出图 1-28 所示 *AB* 杆的受力图。

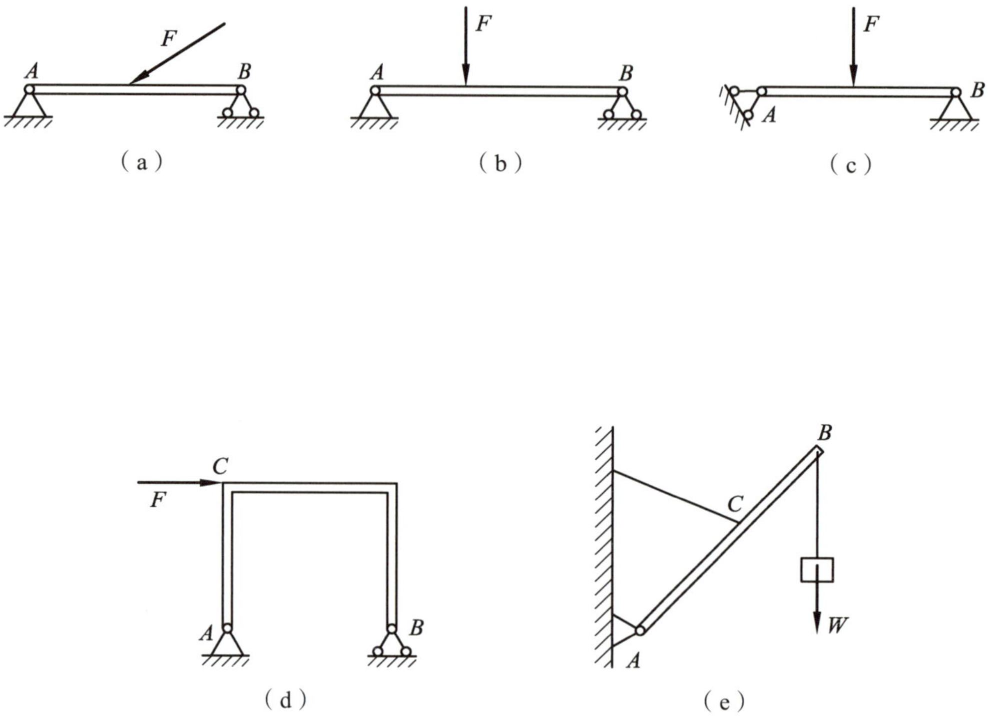

图 1-28

2. 画出图 1-29 所示各组成构件的受力图。

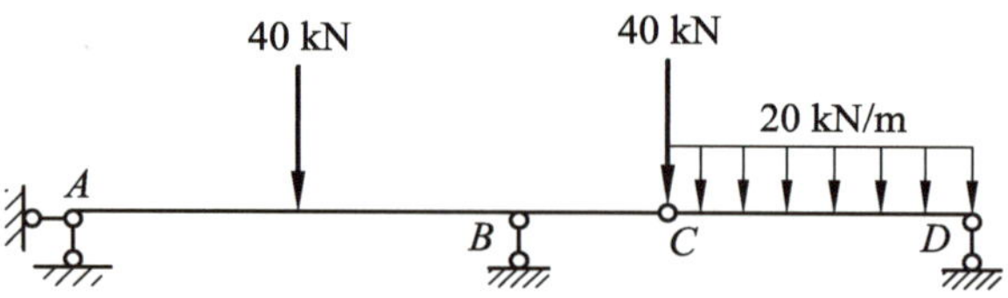

图 1-29

2 平面力系

学习指南

在工程实际中，有很多都是平面一般力系的问题，或者可以简化为平面一般力系的问题。本章将研究平面一般力系的简化与平衡。

本章重点研究平面任意力系的合成与平衡问题，即先分析平面任意力系的简化，然后推导出平面任意力系的平衡方程。在学习时可以参照下面的思维导图。

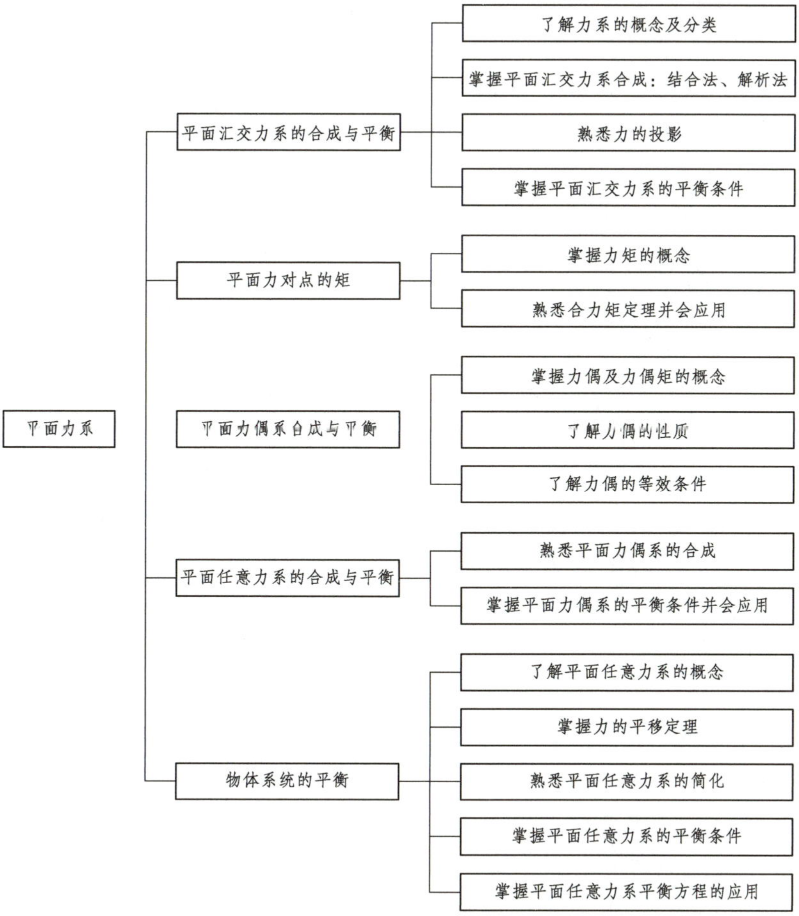

为了便于研究问题，将力系按其各力作用线的分布情况进行分类，凡各力作用线都在同一平面内的力系称为平面力系，凡各力作用线不在同一平面内的力系称为空间力系。在实际问题中有些结构所受的力虽是空间力系，但在一定的条件下可简化为平面力系来处理。

在工程中把厚度远远小于其他两个方向上尺寸的结构称为平面结构。作用在平面结构上的各力，一般都在同一结构平面内，因而组成了一个平面力系。例如，图 2-1 所示的平面桁架，受到屋面传来的竖向荷载 $\boldsymbol{P}$、风荷载 $\boldsymbol{Q}$ 以及 A、B 支座反力 $\boldsymbol{X}_A$、$\boldsymbol{Y}_A$、$\boldsymbol{R}_B$ 的作用，这些力就组成了一个平面力系。

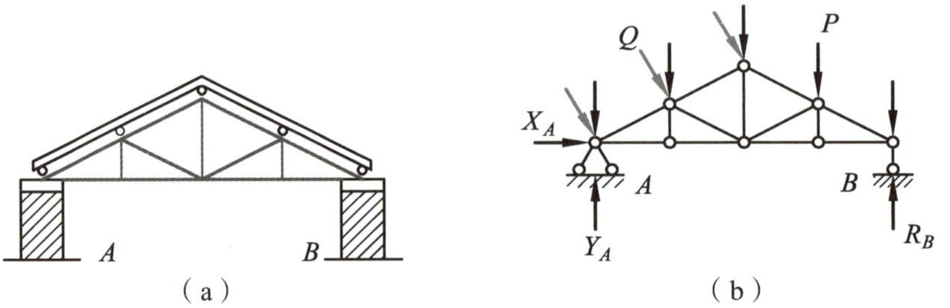

图 2-1

工程中有些结构所承受的力本来不是平面力系，但可以简化为平面力系来处理。例如水坝（见图 2-2）、挡土墙等，都是纵向很长、横断面相同，其受力情况沿长度方向大致相同，因此可沿其纵向截取 1 m 的长度为研究对象。此时，将简化后的自重、地基反力、水压力等看作是一个平面力系。

平面力系简介

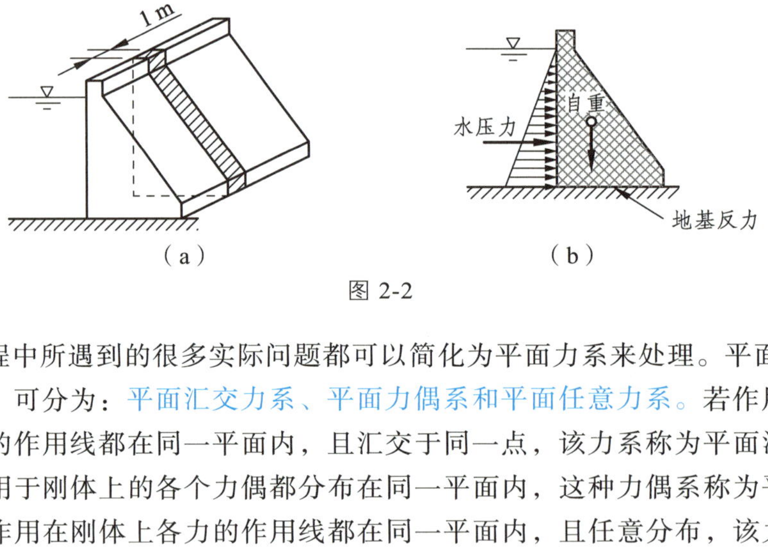

图 2-2

在建筑工程中所遇到的很多实际问题都可以简化为平面力系来处理。平面力系是工程中最常见的力系，可分为：平面汇交力系、平面力偶系和平面任意力系。若作用在刚体上各力的作用线都在同一平面内，且汇交于同一点，该力系称为平面汇交力系。若作用于刚体上的各个力偶都分布在同一平面内，这种力偶系称为平面力偶系。若作用在刚体上各力的作用线都在同一平面内，且任意分布，该力系称为平面任意力系。

平面力系的概念

平面任意力系总是可以看成是平面汇交力系和平面力偶系的组合，因此称平面汇交力系和平面力偶系为基本力系。

本章讨论平面力系的合成与平衡问题。

2.1 平面汇交力系的合成与平衡

2.1.1 平面汇交力系合成与平衡的几何法

平面力系的
合成与分解

1. 平面汇交力系合成的几何法

设在刚体上的 O 点作用一个由力 $\boldsymbol{F}_1$、$\boldsymbol{F}_2$、$\boldsymbol{F}_3$、$\boldsymbol{F}_4$ 组成的平面汇交力系，如图 2-3（a）所示，为求该力系的合力，可以连续应用力的平行四边形法则，依次两两合成各力，最后求得一个作用线也通过力系汇交点的合力 $\boldsymbol{R}$。下面介绍用几何作图法求平面汇交力系的合力。

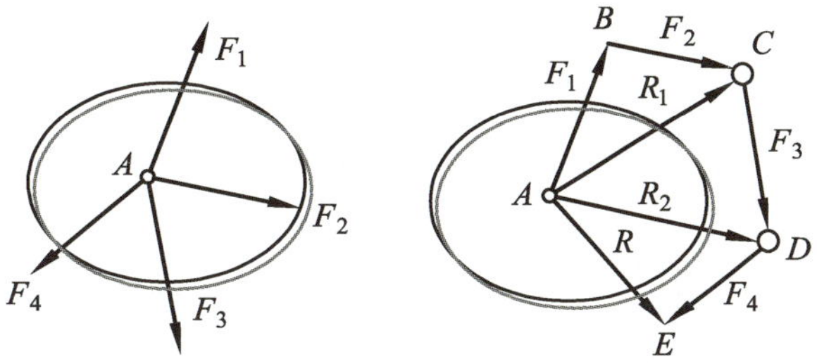

图 2-3

在力系所在的平面内，任取一点 A，按一定的比例，先作矢量 $\boldsymbol{AB}$ 平行且等于力 $\boldsymbol{F}_1$，再以所作矢量的末端 B 为端点作矢量 $\boldsymbol{BC}$ 平行且等于力 $\boldsymbol{F}_2$，连接矢量 $\boldsymbol{AC}$ 求得它们的合力 $\boldsymbol{R}_1=\boldsymbol{AC}$；再过 $\boldsymbol{R}_1$ 的末端作矢量 $\boldsymbol{CD}$ 平行且等于力 $\boldsymbol{F}_3$，连接矢量 $\boldsymbol{AD}$ 求得它们的合力 $\boldsymbol{R}_2=\boldsymbol{AD}$，以此类推，最后将 $\boldsymbol{R}_2$ 与 $\boldsymbol{F}_4$ 合成，即得到该平面汇交力系的合力 $\boldsymbol{R}$ 的大小和方向，如图 2-3（b）所示。多边形 $ABCDE$ 称为此平面汇交力系的力多边形，矢量 $\boldsymbol{AE}$ 称为力多边形的封闭边。封闭边矢量 $\boldsymbol{AE}$ 表示此平面汇交力系合力 $\boldsymbol{R}$ 的大小和方向，合力 $\boldsymbol{R}$ 的作用线通过原力系的汇交点 A。上述求合力的几何作图法，称为力多边形法则（力三角形法的推广）。它也适用于求任何矢量的合成，即矢量和。

上述结果表明：平面汇交力系合成的结果是一个合力，合力作用线通过各力的汇交点，合力的大小与方向等于原力系中所有各力的矢量和，即：

$$\boldsymbol{R}=\boldsymbol{F}_1+\boldsymbol{F}_2+\cdots+\boldsymbol{F}_n=\sum_{i=1}^{n}\boldsymbol{F}_i$$

画力多边形时，若改变各分力相加的次序，将得到形状不同的力多边形，但最后求得的合力不变。如图 2-4 所示。

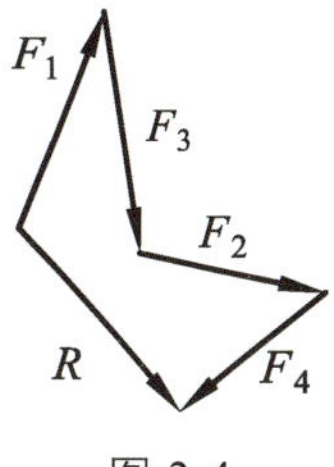

图 2-4

2. 平面汇交力系平衡的几何条件

由以上平面汇交力系的合成结果可知，若刚体在一平面汇交力系作用下处于平衡，则该力系的合力为零；反之，当力系的合力为零时，则刚体处于平衡状态。所以平面汇交力系平衡的必要和充分条件是：该力系的合力等于零。用矢量式表示，即：

$$\boldsymbol{R}=\sum \boldsymbol{F}=\mathbf{0}$$

平面汇交力系的平衡

按力多边形法则，在合力等于零的情况下，力多边形中最后一个力矢的终点与第一个力矢的起点相重合，此时的力多边形称为封闭的力多边形。因此可得如下结论：平面汇交力系平衡的必要和充分条件是该力系的力多边形自行封闭。这就是平面汇交力系平衡的几何条件。

【例 2-1】 支架 ABC 由横杆 AB 与支撑杆 BC 组成，如图 2-5（a）所示。A，B，C 处均为铰链连接，B 端悬挂重物，其重力 $W=5\ \mathrm{kN}$，杆重不计，试求两杆所受的力。

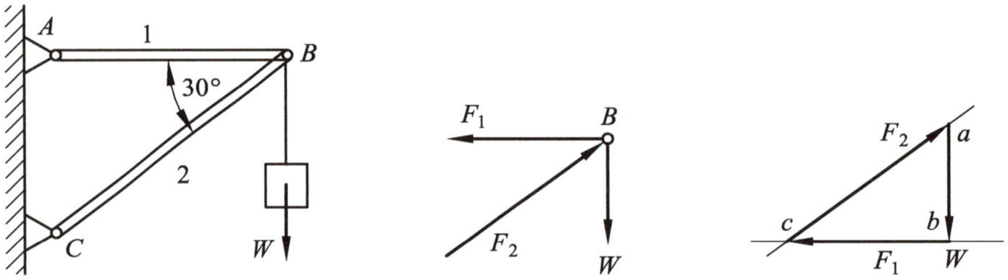

（a） （b） （c）

图 2-5

解：（1）选择研究对象，以销子 B 为研究对象。

（2）受力分析、画受力图。由于 AB，BC 杆自重不计，杆端为铰链，故均为二力杆，两端所受的力的作用线必过直杆的轴线。根据作用力与反作用力公理，它的约束反力 $\boldsymbol{F}_1$，$\boldsymbol{F}_2$ 作用于 B 点，此外，绳子的拉力 $\boldsymbol{W}$（大小等于物体的重力）也作用于 B 点，$\boldsymbol{F}_1$，$\boldsymbol{F}_2$，$\boldsymbol{W}$ 组成平面汇交力系，其受力图如图 2-5（b）所示。

（3）根据平衡几何条件求出未知力。当销子平衡时，三力组成一个封闭力三角形，先画 $\boldsymbol{W}$，过 a，b 点分别作 $\boldsymbol{F}_1$，$\boldsymbol{F}_2$ 的平行线，汇交于 c 点，于是得力三角形 abc，则线段 bc 的长度为 $\boldsymbol{F}_1$ 的大小，线段 ca 的长度为 $\boldsymbol{F}_2$ 的大小，力指向符合首尾相接的原则，如图 2-5（c）所示。

由平衡几何关系求得

$$F_1=W\cot 30^\circ=\sqrt{3}W\approx 8.66\ \mathrm{kN}$$

$$F_2=\frac{W}{\sin 30^\circ}=2W=10\ \mathrm{kN}$$

根据受力图可知 AB 杆为拉杆，BC 杆为压杆。

2.1.2 平面汇交力系合成与平衡的解析法

1. 力在直角坐标轴上的投影

如图 2-6（a）所示，设在平面直角坐标系 Oxy 内，有一已知力 $\boldsymbol{F}$，从力 $\boldsymbol{F}$ 的两端 A 和 B

分别向 x, y 轴作垂线，得到线段 $\overline{ab}$ 和 $\overline{a'b'}$，其中 $\overline{ab}$ 为力 $\boldsymbol{F}$ 在 x 轴上的投影，以 X 表示；$\overline{a'b'}$ 为力 $\boldsymbol{F}$ 在 y 轴上的投影，以 Y 表示。并且规定：当力的始端到末端投影的方向与坐标轴的正向相同时，投影为正；反之为负。图 2-6（a）中的 X, Y 均为正值，图 2-6（b）中的 X, Y 均为负值。所以，力在坐标轴上的投影是代数量。

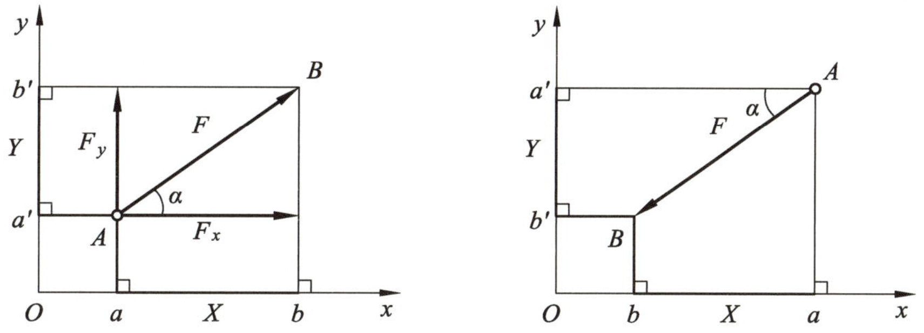

（a）　　（b）

图 2-6

力的投影的大小可用三角公式计算，设力 $\boldsymbol{F}$ 与 x 轴的正向夹角为 α，则对于图 2-6（a）的情况为

$$X = F\cos\alpha$$
$$Y = F\sin\alpha$$

对于图 2-6（b）的情况为

$$X = -F\cos\alpha$$
$$Y = -F\sin\alpha$$

如将力 $\boldsymbol{F}$ 沿 x, y 坐标轴分解，所得分力 $\boldsymbol{F}_x$, $\boldsymbol{F}_y$, 其值与力 $\boldsymbol{F}$ 在同轴的投影 X, Y 值相等，但必须注意：力的投影与力的分量是两个不同的概念。力的投影是代数量，而分力是矢量。只有在直角坐标系中，两者大小相等，投影的正、负号表明分力的指向。

如果 $\boldsymbol{F}$ 在坐标轴 x、y 上的投影 X、Y 为已知，则由图 2-6 中的几何关系，可以确定力 $\boldsymbol{F}$ 的大小和方向。

$$\left.\begin{aligned} F &= \sqrt{X^2 + Y^2} \\ \tan\alpha &= \left|\frac{Y}{X}\right| \end{aligned}\right\} \tag{2-1}$$

式中，力 $\boldsymbol{F}$ 的具体指向由两投影正负号来确定。

【例 2-2】 如图 2-7（a）所示，在物体的 O 点作用有四个平面汇交力。已知 $\boldsymbol{F}_1 = 100$ N，$\boldsymbol{F}_2 = 100$ N，$\boldsymbol{F}_3 = 150$ N，$\boldsymbol{F}_4 = 200$ N，$\boldsymbol{F}_1$ 水平向右，试用解析法求其合力。

平面力系的合成与分解例题讲解

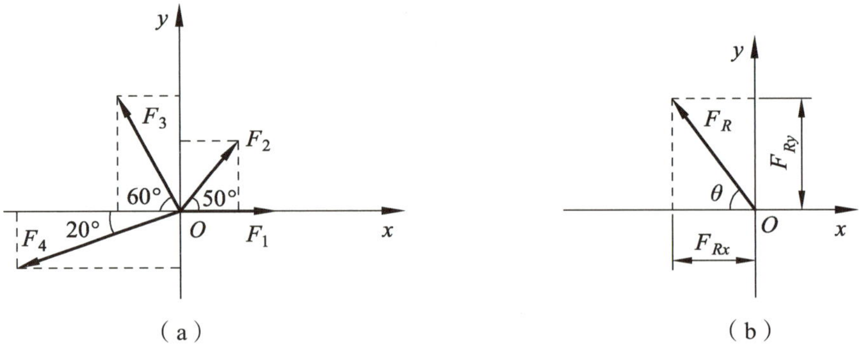

图 2-7

解：取直角坐标系 Oxy，如图 2-7 所示。根据图 2-7 所给的角度在图上标出各力与坐标轴的夹角，于是有

$$
\begin{aligned}
F_{Rx} &= \sum F_x = F_1 + F_2\cos 50° - F_3\cos 60° - F_4\cos 20° \\
&= 100 + 100\times 0.642\,8 - 150\times 0.5 - 200\times 0.939\,7 \\
&= -98.66\ \text{N}
\end{aligned}
$$

$$
\begin{aligned}
F_{Ry} &= \sum F_y = 0 + F_2\sin 50° + F_3\sin 60° - F_4\sin 20° \\
&= 100\times 0.766 + 150\times 0.866 - 200\times 0.342 \\
&= 138.1\ \text{N}
\end{aligned}
$$

从 $\boldsymbol{F}_{Rx}$，$\boldsymbol{F}_{Ry}$ 的代数值可见，$\boldsymbol{F}_{Rx}$ 沿 x 轴的负向，$\boldsymbol{F}_{Ry}$ 沿 y 轴的正向，如图 2-7（b）所示。由式（2-1）得合力的大小为

$$F_R = \sqrt{F_{Rx}^2 + F_{Ry}^2} = \sqrt{(-98.66)^2 + 138.1^2} = 169.7\ \text{N}$$

可以用式（2-1）来确定 F_R 的方向：

$$\tan\theta = \left|\frac{F_{Ry}}{F_{Rx}}\right| = \frac{138.1}{98.66} = 1.4$$

所以

$$\theta = 54°28'$$

2. 合力投影定理

合力投影定理建立了合力的投影与分力的投影之间的关系。图 2-9 表示平面汇交力系的各力矢 $\boldsymbol{F}_1$，$\boldsymbol{F}_2$，$\boldsymbol{F}_3$，$\boldsymbol{F}_4$ 组成的力多边形 $\boldsymbol{R}$ 为合力。将力多边形中各力矢投影到 x 轴上，由图 2-8 可见：

$$ae = ab + bc + cd - de$$

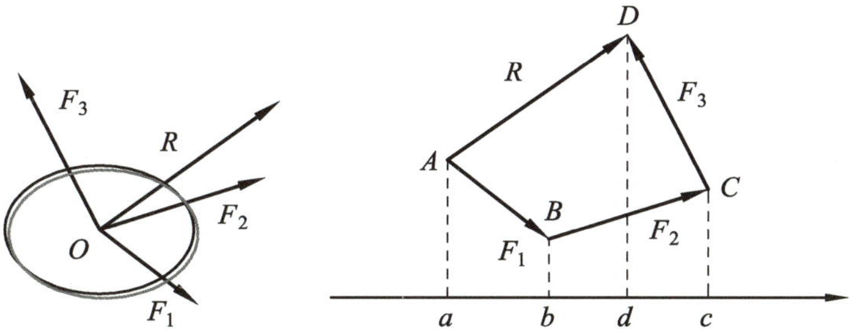

（a）　　　　　　　　（b）

图 2-8

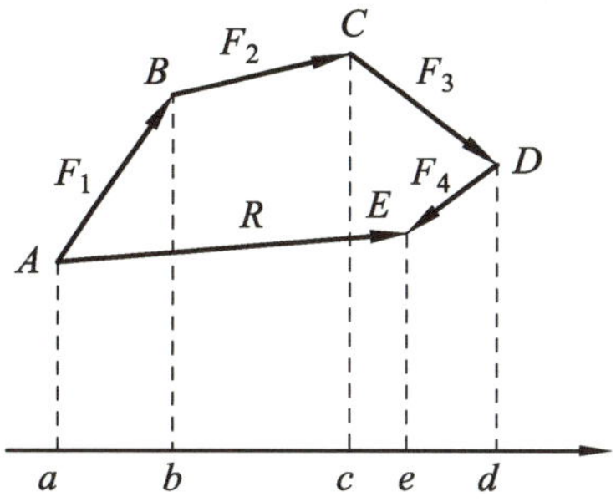

图 2-9

按投影定义，上式左端为合力 $\boldsymbol{R}$ 的投影，右端为四个分力的投影的代数和，即 $R_x = X_1 + X_2 + X_3 + X_4 = F_{1x} + F_{2x} + F_{3x} + F_{4x}$。显然，上式可推广到任意多个力的情况，即

$$R_x = X_1 + X_2 + \cdots + X_n = F_{1x} + F_{2x} + \cdots + F_{nx} = \sum_{i=1}^{n} F_{ix} \tag{2-2}$$

同理

$$R_y = Y_1 + Y_2 + \cdots + Y_n = F_{1y} + F_{2y} + \cdots + F_{ny} = \sum_{i=1}^{n} F_{iy} \tag{2-3}$$

于是可得结论：合力在任一轴上的投影等于各分力在同一轴上的投影的代数和。这就是合力投影定理。

3. 平面汇交力系合力的解析法

求平面汇交力系合力的解析法，是用力在直角坐标轴上的投影，计算合力的大小，确定合力的方向。

平面汇交力系的平衡例题讲解

设在平面内作用于 O 点的力有 $\boldsymbol{F}_1$，$\boldsymbol{F}_2$，$\boldsymbol{F}_3$，用力多边形法则求出合力为 $\boldsymbol{R}$，如图 2-8 所示。取投影轴 x，由图可见，合力 $\boldsymbol{R}$ 的投影 $\boldsymbol{ad}$ 等于各分力的投影 $\boldsymbol{ab}$，$\boldsymbol{ba}$，$-\boldsymbol{cd}$ 的代数和。这一关系对任何多个汇交力都适合，即

$$\left.\begin{aligned} R_x &= X_1 + X_2 + \cdots + X_n = \sum X \\ R_y &= Y_1 + Y_2 + \cdots + Y_n = \sum Y \end{aligned}\right\} \tag{2-4}$$

当平面汇交力系为已知时，我们可以选定直角坐标系求出力系中各力在 x 和 y 轴上的投影，再根据合力投影定理求出合力 $\boldsymbol{R}$ 在 x 轴和 y 轴上的投影 $\boldsymbol{R}_x$ 和 $\boldsymbol{R}_y$，即

$$\left.\begin{aligned} R &= \sqrt{R_x^2 + R_y^2} = \sqrt{(\sum X)^2 + (\sum Y)^2} \\ \tan\alpha &= \left|\frac{R_y}{R_x}\right| = \left|\frac{\sum Y}{\sum X}\right| \end{aligned}\right\} \tag{2-5}$$

由前述可知，平面汇交力系平衡的必要和充分条件是：该力系的合力等于零，即：$\boldsymbol{R} = \boldsymbol{0}$。

因此，由式（2-5）可得：

$$\left.\begin{aligned}\sum X=0\\ \sum Y=0\end{aligned}\right\}\qquad (2\text{-}6)$$

式中的 α 表示合力与 x 轴所夹的锐角；$\boldsymbol{R}$ 的实际指向由 $\boldsymbol{R}_x$，$\boldsymbol{R}_y$ 的正负号决定。

由此可知，平面汇交力系平衡的充分必要条件是力系中所有力在任意两个坐标轴上投影的代数和为零。

式（2-6）是平面汇交力系的解析条件，亦称平面汇交力系的平衡方程。由于平面汇交力系有两个独立的平衡方程，因此只能求解两个未知量，可以是力的大小，也可以是力的方向。

应用平衡方程来解决工程上的平衡问题是静力学的主要任务之一。下面举例说明平面汇交力系平衡方程的应用。

【例 2-3】 求图 2-10（a）所示三角支架中，杆 AC 和杆 BC 所受的力。已知 $W=8.66$ kN。

解：（1）取铰 C 为研究对象。

因杆 AC 和杆 BC 均为二力杆，所以两杆受力的作用线都沿杆轴方向，假设两杆均受拉力，可画出铰 C 的受力图，同时选取坐标系，如图 2-10（b）所示。

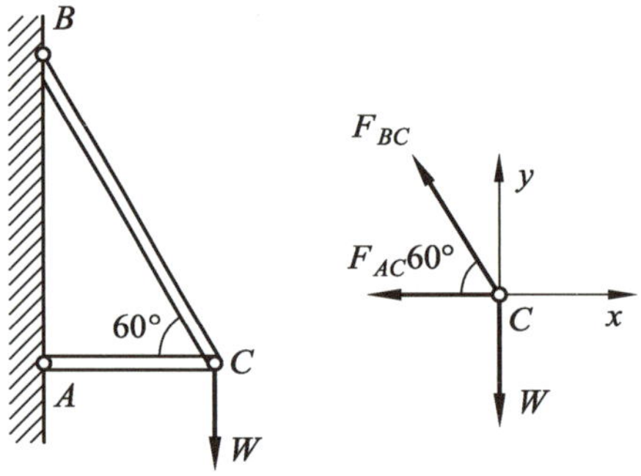

（a）　　（b）

图 2-10

（2） 列平衡方程，并求解未知力。

$$\sum X=0$$
$$-F_{AC}-F_{BC}\times\cos 60°=0$$
$$\sum Y=0$$
$$F_{BC}\times\sin 60°-W=0$$

解得 $F_{BC}=10$ kN　　$F_{AC}=-5$ kN

F_{AC} 的计算结果为 -5 kN，说明其实际方向与假设相反。

通过以上的例题，我们可以看出静力分析的方法在求解静力学平衡问题中的重要性，归纳出平面汇交力系平衡方程的应用主要步骤和注意事项如下：

（1）选择研究对象时应注意：① 所选择的研究对象应作用有已知力（或已经求出的力）

和未知力，这样才能应用平衡条件由已知力求得未知力；② 先以受力简单并能由已知力求得未知力的物体作为研究对象，然后再以受力较为复杂的物体作为研究对象。

（2）取隔离体，画受力图。研究对象确定之后，进而需要分析受力情况，为此，需将研究对象从其周围物体中隔离出来。根据所受的外荷载画出隔离体所受的主动力；根据约束性质画出隔离体上所受的约束力，最后得到研究对象的受力图。

（3）选取坐标系，计算力系中所有的力在坐标轴上的投影。坐标轴可以任意选择，但应尽量使坐标轴与未知力平行或垂直，可以使力的投影简便，同时使平衡方程中包括最少的数目的未知量，避免解联立方程。

（4）列平衡方程，求解未知量。若求出的力为正值，则表示受力图上所设的力的指向与实际指向相同；若求出的力为负值，则表示受力图上力的实际指向与所假设指向相反，在受力图上不必改正。在答案中要说明力的方向。

2.2 平面力对点的矩

2.2.1 力矩的概念

力矩的
概念与性质

力对物体的作用效应有两种情况：① 如果力的作用线通过物体的质心，将使物体在力的方向上平动，例如放在光滑桌面上的矩形玻璃板，如图 2-11（a）所示，在力 $\boldsymbol{F}$ 作用下平动；② 如果力 $\boldsymbol{F}$ 的作用线不通过物体的质心，物体将在力 $\boldsymbol{F}$ 作用下，边平动边转动，如图 2-11（b）所示。

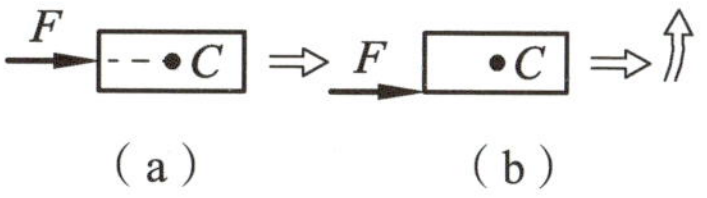

图 2-11

本节将研究力对刚体的转动作用，由此引入力对点的矩的概念。

实践表明，作用在物体上的力除有平动效应外，有时还同时有转动效应。必须指出，一个力不可能只使物体产生绕质心的转动效应。如单桨划船，船不可能在原处旋转。但是，作用在有固定支点的物体上的力将对物体只产生绕支点的转动效应。如用扳手拧螺母，作用于扳手上的力 $\boldsymbol{F}$ 使扳手绕固定点 O 转动，如图 2-12 所示。

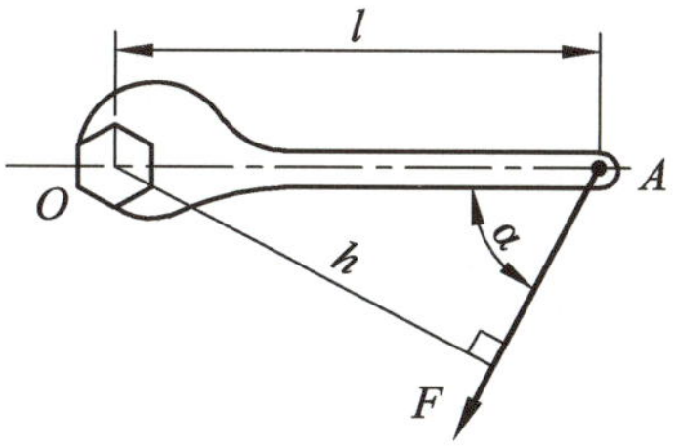

图 2-12

由经验可知，使螺母绕 O 点转动的效果，不仅与力 $\boldsymbol{F}$ 的大小成正比，而且与 O 点至该力作用线的垂直距离也成正比。同时，如果力 $\boldsymbol{F}$ 使扳手绕 O 点转动的方向不同，则其效果也不同。由此可见，力 $\boldsymbol{F}$ 使扳手绕 O 点转动的效果，取决于两个因素：力的大小与 O 点到该力作用线垂直距离的乘积（$F \cdot h$）和力使扳手绕 O 点转动的方向。可用一个代数量 $\pm Fh$ 来表

示，称为力对点 O 的矩，简称力矩。用公式记为

$$M_O(\boldsymbol{F}) = \pm Fh \tag{2-7}$$

O 点称为力矩中心，简称矩心，距离 h 称为力臂。

在平面问题中，力对点的矩是一个代数量，力矩的大小等于力的大小与力臂的乘积，其正负号表示力使物体绕矩心转动的方向。通常规定：力使物体做逆时针方向转动时力矩为正，如图 2-13（a）所示；反之为负，如图 2-13（b）所示。力矩的单位在国际单位制中为牛顿米，符号为牛·米（N·m），或千牛顿米，符号为千牛·米（kN·m）。

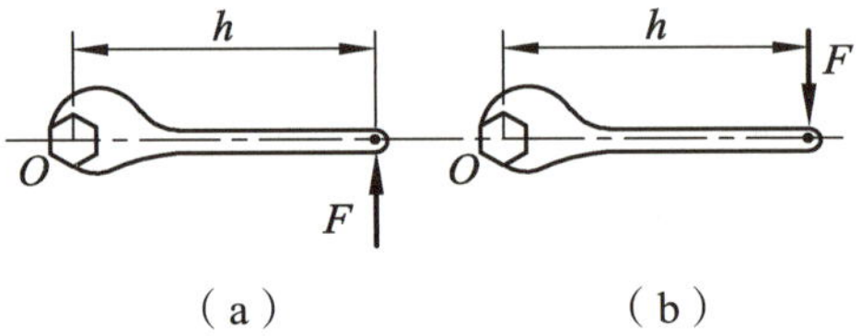

图 2-13

力矩在下列两种情况下等于零：

（1）力的大小为零。

（2）力的作用线通过矩心，即力臂等于零。

2.2.2 合力矩定理

在计算力矩时，有时直接按力乘以力臂计算比较困难。这时，如果将力做适当分解，计算各力的分力的力矩则很方便。利用合力矩定理，可以建立合力对某点的矩与其分力对同一点的矩之间的关系。

平面汇交力系的合力对平面内任一点的矩，等于力系中各分力对于该点力矩的代数和。即

$$M_O(\boldsymbol{R}) = M_O(\boldsymbol{F}_1) + M_O(\boldsymbol{F}_2) + \cdots + M_O(\boldsymbol{F}_n)$$

或

$$M_O(\boldsymbol{R}) = \sum M_O(\boldsymbol{F}_i) \tag{2-8}$$

【例 2-4】图 2-14 中带轮直径 $D = 400$ mm，平带拉力 $F_1 = 1\ 500$ N，$F_2 = 750$ N，与水平线夹角 $\theta = 15°$。求平带拉力 $\boldsymbol{F}_1$，$\boldsymbol{F}_2$ 对轮心 O 的矩。

解：根据力矩的概念，可以写成：

$$M_O(\boldsymbol{F}_1) = -F_1 d = -F_1 \frac{D}{2} = -1\ 500 \times \frac{0.4}{2} = -300\ (\text{N} \cdot \text{m})$$

$$M_O(\boldsymbol{F}_2) = F_2 d = F_2 \frac{D}{2} = 750 \times \frac{0.4}{2} = 150\ (\text{N} \cdot \text{m})$$

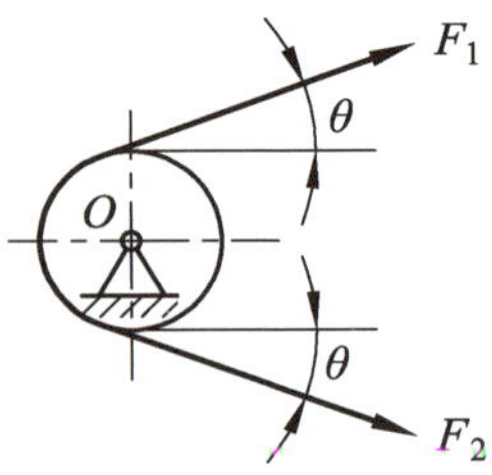

图 2-14

2.3 平面力偶系合成与平衡

2.3.1 力偶与力偶矩

力偶的概念

1. 基本概念

在工程问题中，常常遇到承受力偶作用的物体。所谓力偶，是由大小相等、方向相反、不共线的两个平行力 $\boldsymbol{F}$ 与 $\boldsymbol{F}'$所组成，通常用符号（$\boldsymbol{F}$，$\boldsymbol{F}'$）表示。两力作用线所决定的平面称为力偶的作用面，而力作用线间的垂直距离称为力偶臂。如图 2-15 所示，丝锥攻丝和汽车司机转动方向盘等，都是受到大小相等、方向相反但作用线不在同一直线上的两个平行力的作用。

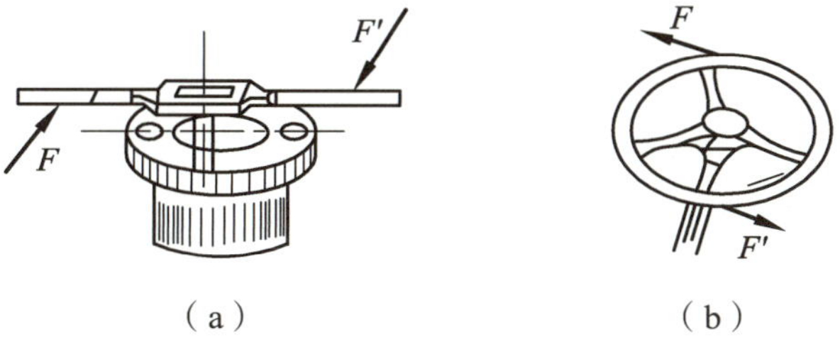

图 2-15

在力偶中，等值、反向平行力的合力显然等于零，但由于它们不共线而不能相互平衡，它们能使物体改变转动状态。既然力偶不能合成为一个力或用一个力来等效替换，那么力偶也不能用一个力来平衡。因此，力和力偶是静力学的两个基本要素。

力偶由两个力组成，它的作用是改变物体的转动状态。因此，力偶对物体的转动效果，可用力偶的两个力对其作用面内某点的矩的代数和来度量。

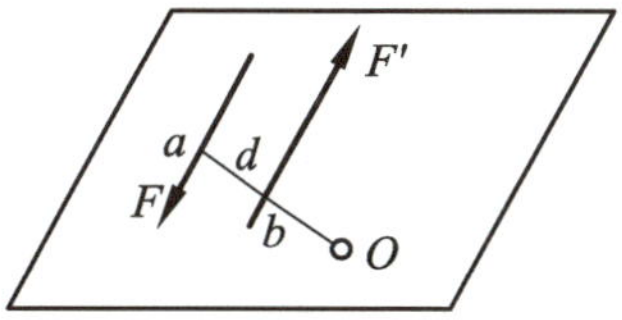

图 2-16

设有力偶 $(\boldsymbol{F}, \boldsymbol{F}')$，其力偶臂为 d，如图 2-16 所示。力偶对点 O 的矩为 $m_O(\boldsymbol{F}, \boldsymbol{F}')$，则

$$\begin{aligned} m_O(\boldsymbol{F}, \boldsymbol{F}') &= m_O(\boldsymbol{F}) + m_O(\boldsymbol{F}') = F \cdot aO - F' \cdot bO \\ &= F(aO - bO) = Fd \end{aligned} \tag{2-9}$$

因为矩心 O 是任意选取的，由此可知，力偶的作用效果决定于力的大小和力偶臂的长短，与矩心的位置无关。

力与力偶臂的乘积称为力偶矩，记作 $m(\boldsymbol{F}, \boldsymbol{F}')$，简记为 m。

由于力偶在平面内的转向不同，作用效果也不相同。因此，力偶对物体的作用效果，由以下两个因素决定：

（1）力偶矩的大小。

（2）力偶在作用平面内的转向。

若把力偶矩视为代数量，就可以包括这两个因素，于是可得结论：力偶矩是一个代数量，其绝对值等于力的大小与力偶臂的乘积，正负号表示力偶的转向：逆时针转向为正，反之则为负。力偶矩的单位与力矩相同，也是牛顿·米（N·m）。

2. 力偶的等效条件

定理：在同平面内的两个力偶，如果力偶矩相等，则两力偶等效。

如图 2-17 所示，汽车司机用双手转动方向盘，作用于汽车方向盘上的力偶（$\boldsymbol{F}_1$, $\boldsymbol{F}_1'$）与具有相同力偶矩的另外一个力偶（$\boldsymbol{F}_2$, $\boldsymbol{F}_2'$）使方向盘产生完全相同的运动效应。

由此可知，同平面内力偶等效的条件是：力偶矩的大小相等，力偶的转向相同。并可得出两个重要推论：

（1）只要不改变力偶矩的大小和力偶的转向，力偶的位置可以在它的作用平面内任意移动或转动，而不改变它对物体的作用效果。

（2）只要保持力偶矩不变，可以同时改变力偶的力的大小和力偶臂的长短，而不改变力偶对物体的作用效果。

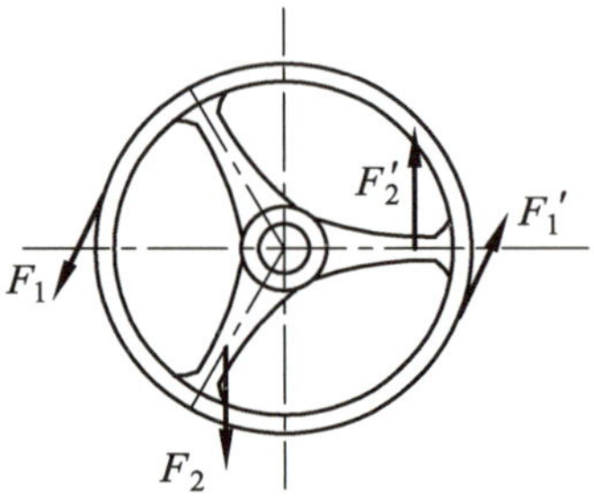

图 2-17

3. 力偶的性质

力偶是两个具有特殊关系的力的组合，具有与单个力不同的性质，现说明如下：

（1）力偶的两个力在任何坐标轴上的投影代数和为零。力偶没有合力，因此力偶不能与一个力平衡，它必须用力偶来平衡。

（2）力偶对物体的作用效应取决于力偶的两要素，而与力偶的作用位置无关。

（3）力偶对于作用面内任一点的矩为一常量并等于其力偶矩。

2.3.2 平面力偶系的合成与平衡

1. 平面力偶系的合成

作用在一个物体上同一平面或平行平面内的多个力偶，称为平面力偶系。由于平面内的力偶对物体的作用效果只决定于力偶的大小和力偶的转向，所以平面力偶系合成的结果必然是一个合力偶，并且其合力偶矩应等于各分力偶矩的代数和。设 m_1, m_2,⋯, m_n 为平面力偶系中各力偶矩，M 为合力偶矩，则

$$M = \sum_{i=1}^{n} m_i \qquad (2\text{-}10)$$

2. 平面力偶系的平衡

由于平面力偶系合成的结果只能是一个合力偶，当其合力偶矩等于零时，表明使物体顺时针方向转动的力偶矩与使物体逆时针方向转动的力偶矩相等，作用效果相互抵消，物体处于平衡状态。因此，平面力偶系平衡的必要和充分条件是：所有各力偶矩的代数和等于零。即

$$\sum_{i=1}^{n} m_i = 0 \tag{2-11}$$

式（2-11）称为平面力偶系的平衡方程。应用平面力偶系的平衡方程可以求解一个未知量。

【例 2-5】 在梁 AB 上作用一力偶，其力偶矩大小为 $m = 200\ \text{kN}\cdot\text{m}$，转向如图 2-18（a）所示。梁长 $l = 2\ \text{m}$，不计自重，求支座 A，B 的约束力。

解： 取梁 AB 为研究对象。梁 AB 上作用一力偶矩 m 及支座 A，B 的约束力 $\boldsymbol{N}_A$，$\boldsymbol{N}_B$。$\boldsymbol{N}_B$ 的作用线沿铅垂方向，根据力偶只能与力偶相平衡的性质，可知 $\boldsymbol{N}_A$ 及 $\boldsymbol{N}_B$ 必组成一个力偶，因此 $\boldsymbol{N}_A$ 的作用线也沿铅垂方向。梁 AB 在两个力偶的作用下处于平衡状态，如图 2-18（b）所示，可列平面力偶系的平衡方程为

$$\sum_{i=1}^{n} m_i = 0,\ N_A \times l - m = 0$$

$$N_A = \frac{m}{l} = \frac{200}{2} = 100\ \text{kN}$$

$$N_A = N_B = 100\ \text{kN}$$

此题说明力偶在梁上的位置对支座 A，B 的约束力无影响。

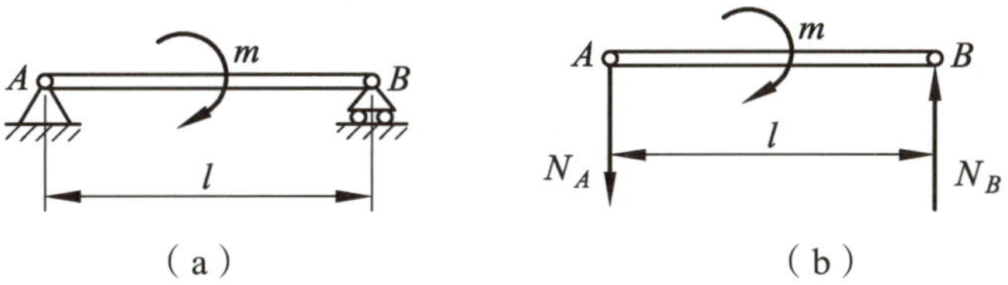

图 2-18

2.4 平面任意力系的合成与平衡

在工程实际中经常遇到平面一般力系的问题，即作用在物体上的力的作用线都分布在同一平面内，或可以简化到同一平面内，但它们的作用线任意分布，称为平面一般力系。例如图 2-19 所示的曲柄连杆机构，受力 $\boldsymbol{P}$、力偶 m 以及支座反力 $\boldsymbol{F}_{Ax}$，$\boldsymbol{F}_{Ay}$ 和 $\boldsymbol{N}$ 的作用。又例如，图 2-20 所示的梁，受荷载 $\boldsymbol{P}$、重力 $\boldsymbol{Q}$ 以及支座反力 $\boldsymbol{F}_{Ax}$，$\boldsymbol{F}_{Ay}$ 和 $\boldsymbol{F}_{By}$ 的作用。这两个力系都是平面一般力系。

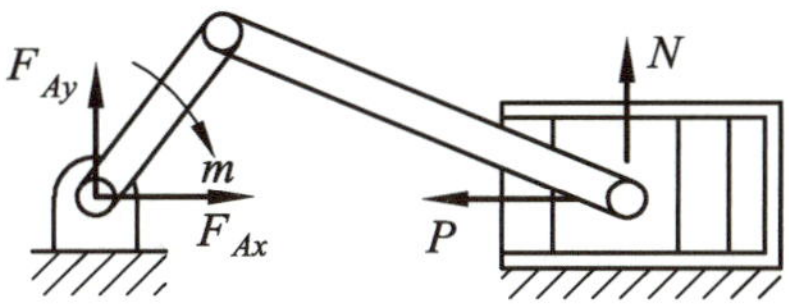

图 2-19

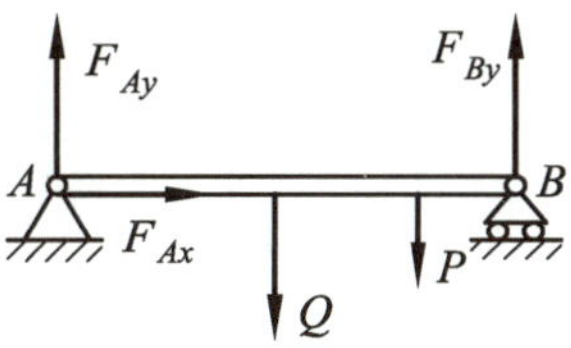

图 2-20

当物体所受的力对称于某一平面时，也可以简化为平面力系的问题来研究。例如，飞机

在一般的飞行情况下，受到分布于机翼和尾舵上的升力、发动机的牵引力、空气阻力和重力等的作用，这些力都对称于通过重心的纵向铅直平面，因此可以将原来力系简化到该平面内，作为平面一般力系来处理。本节主要研究平面一般力系的简化和平衡问题。

2.4.1 平面任意力系向一点简化

力的平移定理

1. 力的平移定理

力对物体的运动效果取决于力的三要素，若改变其中的任一要素，例如使力离开其作用线，平行移动到任一点，就会改变它对物体的运动效果。那么，要想把力平移而又不改变其运动效果，需要附加什么条件呢？

在图 2-21（a）中，物体上 A 点作用有一个力 $\boldsymbol{F}$，如将此力平移到物体的任一点 O，而又不改变物体的运动效果，可根据加减平衡力系公理，在 O 点加上一对平衡力 $\boldsymbol{F}'$ 和 $\boldsymbol{F}''$，并使 $\boldsymbol{F}' = \boldsymbol{F}'' = \boldsymbol{F}$，且作用线与力 $\boldsymbol{F}$ 平行，如图 2-21（b）所示。因此，力 $\boldsymbol{F}''$ 和 $\boldsymbol{F}$ 组成了一个力偶（$\boldsymbol{F}$, $\boldsymbol{F}''$），其力偶矩 $M = Fd = M_O(\boldsymbol{F})$。于是，原作用于 A 点的力 $\boldsymbol{F}$ 就与作用于 O 点的力 $\boldsymbol{F}'$ 和力偶（$\boldsymbol{F}$, $\boldsymbol{F}''$）等效，即相当于将力 $\boldsymbol{F}$ 平移到 O 点，如图 2-21（c）所示。

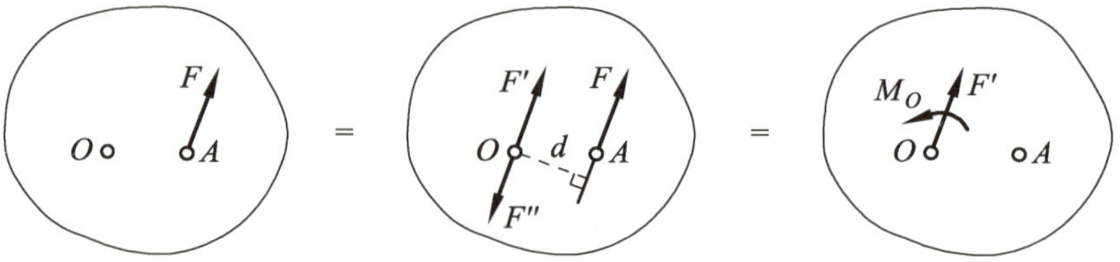

（a）　（b）　（c）

图 2-21

力的平移定理：作用于物体上的力 $\boldsymbol{F}$，可以平行移动到刚体的任一点 O，但必须同时附加一个力偶，其力偶矩等于原力 $\boldsymbol{F}$ 对新作用点 O 的力矩。

2. 平面任意力系的简化

应用力的平移定理，可将刚体上平面任意力系中各力的作用线全部平移到力系作用面内某一给定点 O，从而使该力系被分解为一个平面汇交力系和一个平面力偶系。这种等效变换的方法，称为力系向任一点的简化，点 O 称为简化中心。

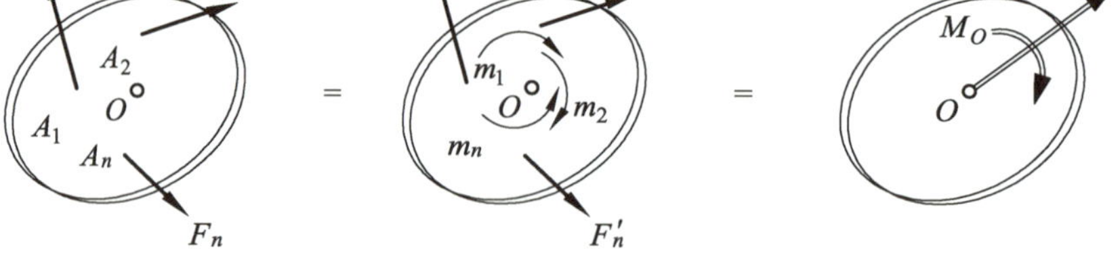

（a）　（b）　（c）

图 2-22

设在刚体上作用一个平面任意力系 $\boldsymbol{F}_1$，$\boldsymbol{F}_2$，…，$\boldsymbol{F}_n$，其作用点分别为 A_1，A_2，…，A_n，如图 2-22（a）所示。在力系作用平面内任取一点 O，应用力的平移将各力依次向点 O 平移，于是得到作用于 O 点的一个平面汇交力系 $\boldsymbol{F}_1'$，$\boldsymbol{F}_2'$，…，$\boldsymbol{F}_n'$ 和一个附加力偶系，其相应的附加力偶分别为 m_1，m_2，…，m_n，如图 2-22（b）所示，这些附加力偶的力偶矩分别等于相应的力对 O 点的矩。这两个基本力系对刚体的效应与原力系 $\boldsymbol{F}_1$，$\boldsymbol{F}_2$，…，$\boldsymbol{F}_n$ 对刚体的效应是相等的。于是原平面任意力系就被分解为两个基本力系：平面汇交力系和平面力偶系。平面汇交力系 $\boldsymbol{F}_1'$，$\boldsymbol{F}_2'$，…，$\boldsymbol{F}_n'$ 可合成合力 $\boldsymbol{R}'$，即：$R' = F_1' + F_2' + \cdots + F_n'$。

因 $$F_1' = F_1,\ F_2' = F_2,\ \cdots,\ F_n' = F_n$$

所以 $$R' = F_1 + F_2 + \cdots + F_n = \sum F_i \tag{2-12}$$

由附加力偶所组成的平面力偶系 m_1、m_2、…、m_n 可以合成为一个力偶 M_O，如图 2-22（c）所示。这个力偶的力偶矩 M_O 等于各附加力偶的代数和，也就是等于原力系中各力对简化中心 O 点之矩 $M_O(\boldsymbol{F}_1)$、$M_O(\boldsymbol{F}_2)$、…、$M_O(\boldsymbol{F}_n)$ 的代数和。即

$$\begin{aligned} M_O &= M_1 + M_2 + \cdots + M_n \\ &= M_O(\boldsymbol{F}_1) + M_O(\boldsymbol{F}_2) + \cdots + M_O(\boldsymbol{F}_n) \\ &= \sum M_O(\boldsymbol{F}_i) \end{aligned} \tag{2-13}$$

将上述简化结果归纳如下：

平面任意力系向一点简化的一般结果是一个力和一个力偶，力 $\boldsymbol{R}$ 等于原力系中各力的矢量和，称为原力系的主矢；力偶矩 M_O 等于原力系中各力对简化中心之矩的代数和，称为原力系的主矩。

由式（2-12）和（2-13）可以看出，力系主矢的大小和方向都与简化中心的位置无关，而主矩的值一般与简化中心的位置有关，这是因为力系中各力对于不同的简化中心的矩的代数和是不相等的。因此，当提到主矩时，必须用下标 O 指明简化中心。

主矢可用解析法来计算。主矢的大小为

$$R' = \sqrt{R_x^2 + R_y^2} = \sqrt{(\sum X)^2 + (\sum Y)^2} \tag{2-14}$$

方向为：

$$\tan\alpha = \left|\frac{\sum Y}{\sum X}\right|$$

主矩可直接利用式（2-11）计算，即

$$M_O = \sum M_O(\boldsymbol{F}_i)$$

3. 平面任意力系的简化结果分析

平面一般力系向作用面内一点简化的结果，通常为一个力和一个力偶，但可能有四种情况。

（1）若 $R'=0,\ M_O\neq 0$，则原力系简化为一个力偶，其矩等于原力系对简化中心的主矩。在这种情况下，简化结果与简化中心的选择无关。

（2）若 $R'\neq 0,\ M_O=0$，则原力系简化为一个力。在这种情况下，附加力偶系平衡，主矢 R' 即为原力系的合力 R，作用于简化中心。

（3）若 $R'\neq 0,\ M_O\neq 0$，则原力系简化为一个力和一个力偶。在这种情况下，根据力系平移定理，这个力和力偶还可以继续合成为一个合力 $\boldsymbol{R}$。

（4）若 $R'=0$，$M_O=0$，力系为平衡力系。

【例 2-6】 为求图 2-23 中作用在支架上 C 点的力 $\boldsymbol{F}$ 对 A 点的矩，可以将力 $\boldsymbol{F}$ 沿水平和垂直方向分解为两分力 $\boldsymbol{F}_x$ 和 $\boldsymbol{F}_y$，然后由合力矩定理，得到

$$M_A(\boldsymbol{F})=M_A(\boldsymbol{F}_x)+M_A(\boldsymbol{F}_y)=-(F\cos\alpha)b+(F\sin\alpha)a$$

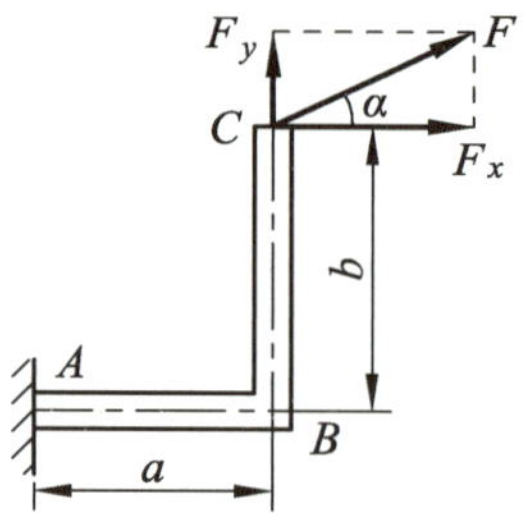

图 2-23

此外，应用合力矩定理，还可以确定合力作用线的位置。

平面任意力系的平衡及应用

2.4.2 平面一般力系的平衡方程及应用

由平面一般力系的简化可知，主矢 $\boldsymbol{R}'$和主矩 $\boldsymbol{M}_O$都不等于零，或其中任何一个不等于零时，力系是不平衡的。因此，要使力系平衡，必须 $R'=0$，$M_O=0$。所以，平面一般力系平衡的充分和必要条件是：力系的主矢与主矩同时等于零。即

$$R'=\sqrt{(\sum F_x)^2+(\sum F_y)^2}=0 \qquad (2\text{-}15)$$

故

$$M_O=\sum M_O(\boldsymbol{F})=0$$

$$\begin{cases}\sum F_x=0\\ \sum F_y=0\\ \sum M_O(\boldsymbol{F})=0\end{cases} \qquad (2\text{-}16)$$

式（2-16）称为平面一般力系的平衡方程。它是平衡方程的基本形式。力系中各力在任何方向的坐标轴上投影的代数和等于零，说明力系对物体无任何方向的平动，称为投影方程；各力对平面内任意点的矩的代数和等于零，说明力系对物体无转动作用，称为力矩方程。

应该指出，在应用平衡方程解题时，为使计算简化，通常将矩心选在众多未知力的交点上；坐标轴应尽可能选取与该力系中多数未知力的作用线平行或垂直，尽可能避免解联立方程。

【例 2-7】 悬臂梁 AB 长为 l，在均布荷载 q、集中力偶 M 和集中力 $\boldsymbol{F}$ 作用下平衡，如图 2-24 所示。设 $M = ql^2$，$F = ql$。试求固定端 A 处的约束力。

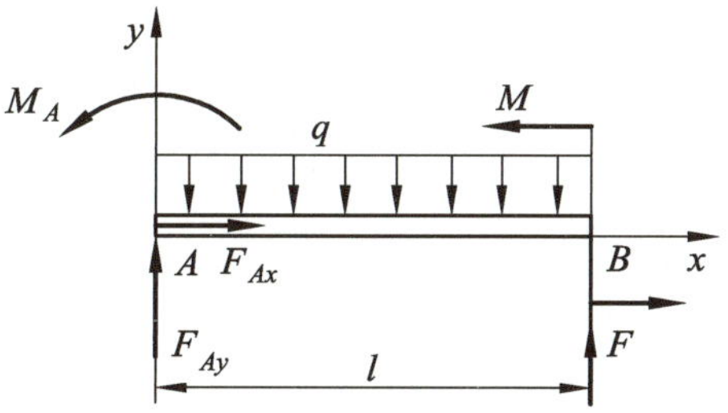

图 2-24

在解题时应注意以下几点：

（1）固定端 A 处的约束力，除了 $\boldsymbol{F}_{Ax}$，$\boldsymbol{F}_{Ay}$ 之外，还有约束力偶 M_A，初学者极易遗漏。

（2）力偶对任意一轴的投影代数和均为零；力偶对作用面内任一点的矩恒等于力偶矩。

（3）均布荷载 q 是单位长度上受的力，其单位为（N/m）或（kN/m），均布荷载的简化结果为一合力，通常用 $\boldsymbol{Q}$ 表示。合力 $\boldsymbol{Q}$ 的大小等于均布荷载 q 与其作用线长度 l 的乘积，即 $Q = ql$；合力 $\boldsymbol{Q}$ 的方向与均布荷载 q 的方向相同；由于是均布荷载，显然，合力 $\boldsymbol{Q}$ 的作用线通过均布荷载作用段的中点，即 $l/2$ 处。如果是非均布荷载，其合力大小一般要经过积分计算，而合力作用线位置用合力矩定理求出。

解： 取悬臂梁 AB 为研究对象，受力图及所取坐标见图 2-24。列平衡方程求解

$$\sum F_x = 0\text{，}\quad F_{Ax} = 0$$

$$\sum F_y = 0\text{，}\quad F_{Ay} + F - ql = 0$$

$$\sum M_A(\boldsymbol{F}) = 0\text{，}\quad M_A + Fl + M - \frac{1}{2}ql^2 = 0$$

解得

$$M_A = \frac{1}{2}ql^2 - Fl - M = \frac{1}{2}ql^2 - ql^2 - ql^2 = -\frac{3}{2}ql^2$$

$$F_{Ay} = ql - F = ql - ql = 0$$

M_A 为负值，表明约束反力偶与假设方向相反，即顺时针转向。

从以上例题可见，选取适当的坐标轴和矩心，可以减少平衡方程中所含未知量的数目。

采用力矩方程比投影方程计算要简便一些。而实际上，平面一般力系的平衡方程，除了它的基本形式外，还有其他两种形式。

二力矩式平衡方程

$$\begin{aligned} &\sum F_x = 0 \text{（或} \sum F_y = 0) \\ &\sum M_A(\boldsymbol{F}) = 0 \\ &\sum M_B(\boldsymbol{F}) = 0 \end{aligned} \qquad (2\text{-}17)$$

使用条件：A，B 两点的连线不能与 x 轴（或 y 轴）垂直。

三力矩式平衡方程

$$\begin{aligned}&\sum M_A(\boldsymbol{F})=0\\&\sum M_B(\boldsymbol{F})=0\\&\sum M_C(\boldsymbol{F})=0\end{aligned} \tag{2-18}$$

使用条件：A，B，C 三点不能选在同一直线上。

应该注意，不论选用哪种形式的平衡方程，对于同一平面力系来说，最多只能列出三个独立的平衡方程，因而只能求出三个未知量。选用力矩式方程，必须满足使用条件，否则所列平衡方程将不是独立的。

平衡方程的二力矩式和三力矩式之所以有附加条件，是因为它们只是维持了三个独立平衡方程的数量，是基本形式的推论，可能存在“漏洞”，只有附加条件，必须补上这一“漏洞”。

总之，在实际计算列平衡方程时，我们不必拘泥于一定要列二力矩式或三力矩式。为了简化计算，平衡方程可以一个一个地列出，每个平衡方程最好只包含一个未知量，避免解联立方程组。而校核时采用未使用过的平衡方程即可。

平面汇交力系和平面力偶系是平面一般力系的特殊情况。在工程上还经常遇到平行力系问题，它也是平面一般力系的特殊情况。所谓平面平行力系，就是各力作用线在同一平面内且相互平行的力系。

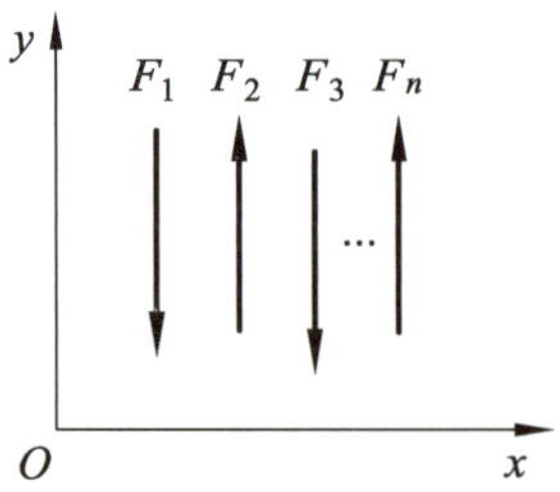

图 2-25

设刚体上作用一平面平行力系 $\boldsymbol{F}_1$，$\boldsymbol{F}_2$，…，$\boldsymbol{F}_n$，如图 2-25 所示。若取坐标系中 y 轴与各力平行，则不论该力系是否平衡，各力在 x 轴上的投影恒等于零，即 $\sum F_x=0$。因此，平面平行力系的平衡方程为

$$\begin{aligned}&\sum F_y=0\\&\sum M_O(\boldsymbol{F})=0\end{aligned} \tag{2-19}$$

即平面平行力系平衡的充分必要条件是：力系中各力在与其平行的坐标轴上投影的代数和等于零，以及各力对任意点的矩的代数和等于零。

二力矩式平衡方程为

$$\begin{aligned}\sum M_A(\boldsymbol{F})=0\\ \sum M_B(\boldsymbol{F})=0\end{aligned} \qquad (2\text{-}20)$$

使用条件：A，B 两点连线不能与各力的作用线平行。

由此可见，平面平行力系只有两个独立的平衡方程，因此只能求出两个未知量。

【例 2-8】 外伸梁承受荷载如图 2-26（a）所示，梁自重不计。求 A、B 支座的反力。

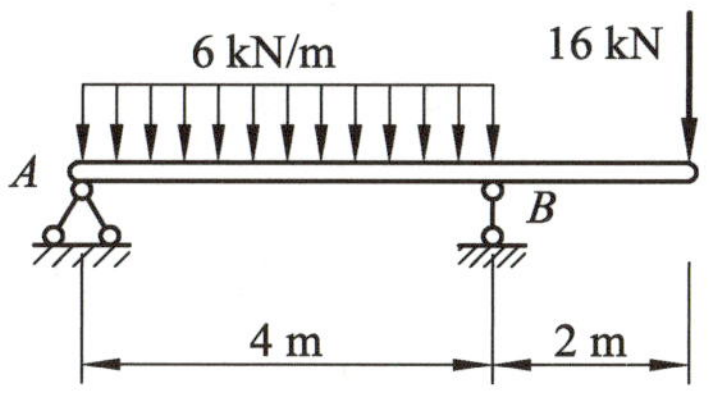

（a）

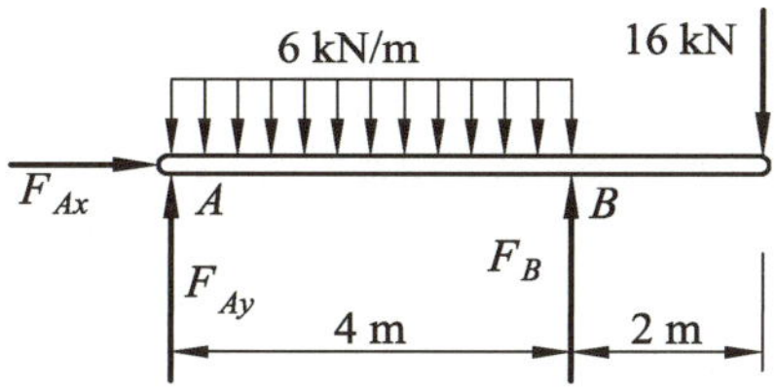

（b）

图 2-26

解：（1）取梁 AB 为研究对象，画出其受力图，如图 2-26（b）所示。

（2）列平衡方程，并求解

$$\sum X=0 \quad F_{Ax}=0$$
$$\sum M_A=0 \quad F_B\times4-6\times4\times2-16\times6=0$$
$$\sum M_B=0 \quad 6\times4\times2-F_{Ay}\times4-16\times2=0$$

单跨梁的
反力求法

解之得

$$F_{Ax}=0$$
$$F_B=36\text{ kN}(\uparrow)$$
$$F_{Ay}=4\text{ kN}(\uparrow)$$

（3）校核（未曾使用 $\sum Y=0$ 这一方程，可用来校核）。

$$\sum Y=36+4-6\times4-16=0$$

说明计算无误。

通过以上例题的分析，可将求解平面一般力系平衡问题的解题步骤和方法归纳如下：

（1）根据题意选取适当的研究对象。

（2）分析受力并画出受力图。画出研究对象受到的所有主动力和约束反力，约束反力根据约束类型来画。当约束反力的方向未定时，可用两个互相垂直的分力表示；当约束反力的指向未定时，可先假设。如果计算结果为正，则表明实际指向与假设一致；如果计算结果为负，则表明实际指向与假设相反。

（3）列平衡方程求解未知量。为简化计算，避免解联立方程，尽量减少未知量出现的次数。列投影方程时，尽量使坐标轴与多个未知力垂直；列力矩方程时，尽量选取多个未知力的交点为矩心。

（4）校核。为保证计算结果的正确，应重视校核。可采用未使用过的平衡方程即可。

在列平衡方程时，为使计算简单，选取坐标系时应尽可能使力系中多数未知力的作用线平行或垂直投影轴，矩心选在两个或两个以上未知力的交点上；尽可能多地用力矩方程，并使一个方程中只包含一个未知数。注意，对于同一个平衡力系来说，最多只能列出三个平衡方程，只能解三个未知量。

2.5　物体系统的平衡

在实际工程中，经常遇到几个物体通过一定的约束联系在一起的物体系统。研究物体系统的平衡问题，不仅需要求解支座反力，而且还要求出系统内物体与物体之间的相互作用力。物体系统以外的物体作用在此物体上的力叫作外力，物体系统内各物体之间的相互作用力叫作内力。例如，建筑、桥梁工程中常用的三铰拱，如图 2-27 所示。左右两半拱通过 C 铰连接，并支承在 A、B 两固定铰支座上，三铰拱所受的荷载与支座 A、B 的反力就是外力，而铰 C 处左右两半拱相互作用的力就是三铰拱的内力。要求解内力就必须将物体系统拆开，分别画出各个物体的受力图。如果所讨论的物体系统是平衡的，则组成此系统的每一部分以至每个物体也是平衡的。

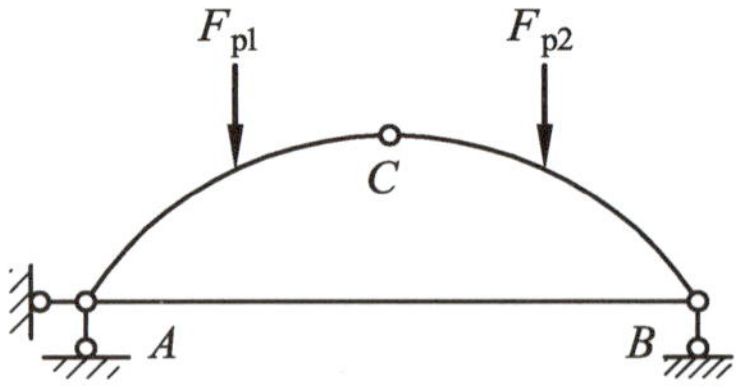

图 2-27

因此，计算物体系统的平衡问题，除了考虑整个系统的平衡外，还要考虑系统内某一部分（一个物体或几个物体的组合）的平衡。只要适当地考虑整体平衡和局部平衡，就可以解出全部未知力。这就是解决物体系统平衡问题的途径。

由于物体系统内各物体之间相互作用的内力总是成对出现的，它们大小相等、方向相反、作用线相同，所以，在研究该物体系统的整体平衡时，不必考虑内力。下面举例说明怎样求解物体系统的平衡问题。

【例 2-9】 图 2-28（a）所示为多跨梁，由 AB 梁和 BC 梁用中间铰 B 连接而成。C 端为固定端，A 端由活动铰支座支承。已知 $M=20\ \mathrm{kN\cdot m}$，$q=15\ \mathrm{kN/m}$。试求 A，B，C 三点的约束反力。

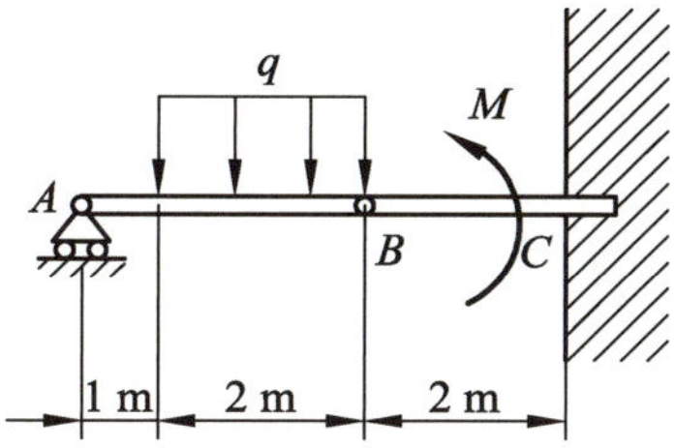

（a）

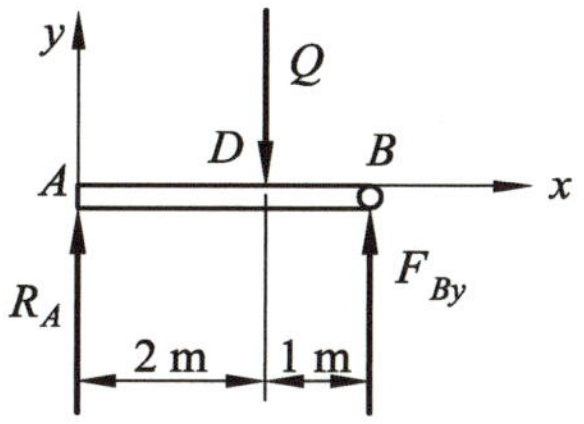

（b）

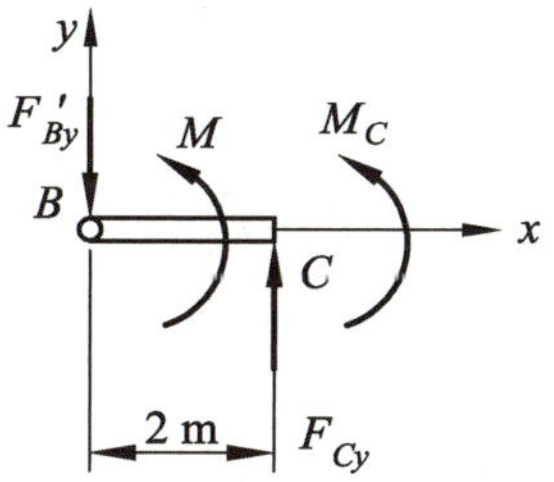

（c）

图 2-28

解： 若取 ABC 梁为研究对象，由于作用力较多，计算较繁。从多跨梁结构来看，梁 AB 上未知力较少，故将多跨梁拆开来分析为最佳解题方案。

（1）先取 AB 梁为研究对象，受力如图 2-28（b）所示，均布荷载 q 可以化为作用于 D 点的集中力 $\boldsymbol{Q}$ 表示，在受力图上不再画 q，以免重复。因梁 AB 上只作用主动力 $\boldsymbol{Q}$ 且铅直向下，故判断 B 铰链的约束反力只有铅直分量 $\boldsymbol{F}_{By}$，AB 梁在平面平行力系作用下平行，列平衡方程

$$\sum M_B(\boldsymbol{F})=0\text{，}\quad -3R_A+Q=0$$

解得

$$R_A=\frac{Q}{3}=\frac{30}{3}=10\ \text{kN}$$

$$\sum M_A(\boldsymbol{F})=0\text{，}\quad 3F_{By}-2Q=0$$

解得

$$F_{By}=\frac{2}{3}Q=\frac{2}{3}\times 30=20\ \text{kN}$$

（2）再取 BC 梁为研究对象，受力如图 2-28（c）所示，$\boldsymbol{F}'_{By}$ 和 $\boldsymbol{F}_{By}$ 是作用力与反作用力，同样可以判断固定端 C 处受反力偶 M_C 和 $\boldsymbol{F}_{Cy}$。BC 梁在一般力系作用下平衡，列平衡方程

$$\sum F_y=0\text{，}\quad F_{Cy}-F'_{By}=0$$

解得

$$F_{Cy}=F'_{By}=20\ \text{kN}$$

$$\sum M_B(\boldsymbol{F})=0\text{，}\quad M_C+M+2F_{Cy}=0$$

解得

$$M_C=-M-2F_{Cy}=-20-2\times 20=-60(\text{kN}\cdot\text{m})$$

负值表示 C 端约束反力偶的实际转向是顺时针。

现将解平面力系平衡问题的方法和步骤归纳如下：

（1）首先弄清题意，明确要求，正确选择研究对象。对于单个物体，只要指明某物体为研究对象即可。对于物体系统，往往要选两个以上研究对象。如果选择了合适的研究对象，再选择适当形式的平衡方程，则可使解题过程大为简化。显然，选择研究对象存在多种可能性。例如，可选物体系统和系统内某个构件为研究对象；也可选物体系统和系统内由若干物体组成的局部为研究对象；还可考虑把物体系统全部拆开来逐个分析的方法，其平衡问题总是可以解决的。因此，在分析时，应排好研究对象的先后次序，整理出解题思路，确定最佳的解题方案。

（2）分析研究对象的受力情况，并画出受力图。在受力图上要画出作用在研究对象上所受的全部主动力和约束反力，特别是约束反力，必须根据约束特点去分析，不能主观地随意设想。对于工程上常见的几种约束类型要正确理解，熟练掌握。对于物体系统，每确定一个研究对象，必须单独画出它的受力图，不能把几个研究对象的受力图都画在一起，以免混淆。还应特别注意各受力图之间的统一和协调，比如，受力图之间各作用力的名称和方向要一致；

注意作用力和反作用力所用名称要有区别，方向应该相反；注意区分外力和内力，在受力图上不画内力。

（3）选取坐标轴，列平衡方程。列平衡方程要根据物体所受的力系类型列出。比如，平面一般力系只能列出三个独立的平衡方程，平面汇交力系或平面平行力系只能列两个，平面力偶系只能列一个；对于物体系统，可列出 $3n$ 个。列平衡方程时，应选取适当的坐标轴和矩心。坐标轴应尽可能选与力系中较多未知力的作用线平行或垂直，以利于列投影方程；矩心则尽可能选在力系中较多未知力的交点上，以减少力矩的计算。总之，选择的原则是应使每个平衡方程中未知量越少越好，最好每个方程中只含有一个未知量，以避免解联立方程。

（4）解方程，求未知量。解题时最好用文字符号进行运算，得到结果时再代入已知数据。这样可以避免由于数据运算引起的运算错误，对简化计算、减少误差都有好处。还要注意计算结果的正负号，正号表示预先假设的指向与实际的指向相同，负号表示预先假设的指向与实际的指向相反。在运算过程中，应连同正负号代入其他方程继续求解。

（5）讨论和校核计算结果。在求出未知量后，对解的力学含义进行讨论，对解的正确性进行校核也是有必要的。

本章小结

1. 平面一般力系的简化方法：利用力系平移定理将力向平面内一点平移，形成一平面汇交力系和平面力偶系，得到一个合力和一个合力偶。其合力 $\boldsymbol{R}=\sum \boldsymbol{F}_i$ ，作用在简化中心，但与简化中心位置无关；其力偶 $M_O=\sum m_O(\boldsymbol{F}_i)$，与简化中心位置有关。

2. 平面一般力系平衡的充分和必要条件是：

$$R'=0$$
$$M_O=0$$

3. 平面一般力系有三个独立方程，可解三个未知量，其基本形式为：

$$\sum F_x=0$$
$$\sum F_y=0$$
$$\sum M_O(\boldsymbol{F})=0$$

也可将方程列为二力矩形式或三力矩形式：

$$\begin{aligned}&\sum F_x=0\\&\sum M_A(\boldsymbol{F})=0\\&\sum M_B(\boldsymbol{F})=0\end{aligned}\qquad \text{或} \qquad \begin{aligned}&\sum M_A(\boldsymbol{F})=0\\&\sum M_B(\boldsymbol{F})=0\\&\sum M_C(\boldsymbol{F})=0\end{aligned}$$

4. 平行力系只有两个平衡方程，可解两个未知量，其基本形式为：

$$\sum F_y=0$$
$$\sum M_O(\boldsymbol{F})=0$$

也可列二力矩形式方程：

$$\sum M_A(\boldsymbol{F})=0$$
$$\sum M_B(\boldsymbol{F})=0$$

5. 物体系统的平衡方程，通过选取整体或部分或某单个物体作为研究对象，进行受力分析，列平衡方程，求解未知力。注意在划分区域时，内力和外力的区分以边界线而定。

6. 考虑摩擦力时，物体的平衡问题也是用平衡条件来求解，解题方法与步骤与前面相同，只是在画受力图时必须加上摩擦力 F。

课后训练

班级：__________ 学号：__________ 姓名：__________ 成绩：__________

一、填空题

1. 等值、反向、不共线的一对平行力称为______________。

2. 如图 2-29 所示，力 $\boldsymbol{F}$ 大小为 20 kN，则力 $\boldsymbol{F}$ 在 x 轴上的投影 $F_x=$______kN。

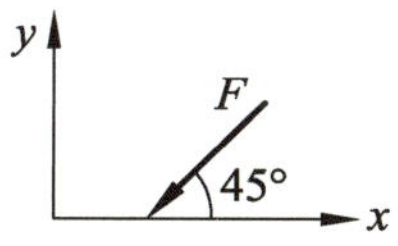

图 2-29

3. 建立平面任意力系的平衡方程时，为方便解题，通常把坐标轴选在与________的方向上；把矩心选在________的作用点上。

二、判断题

1. 若通过平衡方程解出的未知力为负值时：

（1）表示约束反力的指向画反，应改正受力图。（ ）

（2）表示该力的真实指向与受力图中该力的指向相反。（ ）

2. 列平衡方程时，要建立坐标系求各分力的投影。为运算方便，通常将坐标轴选在与未知力平行或垂直的方向上。（ ）

3. 若两个力在同一轴上的投影相等，则这两个力的大小必定相等。（ ）

4. 平面汇交力系的合力和主矢两者有相同的概念。（ ）

5. 设平面一般力系向某点简化得到一合力。如果另选适当的点简化，则力系可简化为一力偶。（ ）

三、选择题

1. 平面一般力系向一点 O 简化结果，得到一个主矢量 $\boldsymbol{R}'$ 和一个主矩 M_O，下列四种情况，属于平衡的应是（ ）。

A. $\boldsymbol{R}'\neq\boldsymbol{0}$，$M_O=\boldsymbol{0}$　　B. $\boldsymbol{R}'=\boldsymbol{0}$，$M_O=0$

C. $\boldsymbol{R}'\neq\boldsymbol{0}$，$M_O\neq\boldsymbol{0}$　　D. $\boldsymbol{R}'=\boldsymbol{0}$，$M_O\neq 0$

2. 力和力偶是力学中的（ ），它们都是（ ）。

A. 两个基本量　　B. 物体间相互的机械作用

C. 物体发生转动　　D. 物体发生移动

3. 物体受三个互不平行的力作用而平衡，其力多边形是（　　）。

A. 三角形　　B. 四边形

C. 五边形　　D. 六边形

4. 平面汇交力系平衡的必要和充分条件是各力在两个坐标轴上的投影的代数和（　　）。

A. 一个大于零，一个小于零　　B. 都等于零

C. 都小于零　　D. 都大于零

四、计算题

如图 2-30 所示结构，画出 BC 杆的受力图，并求出支座 C 处的约束反力。

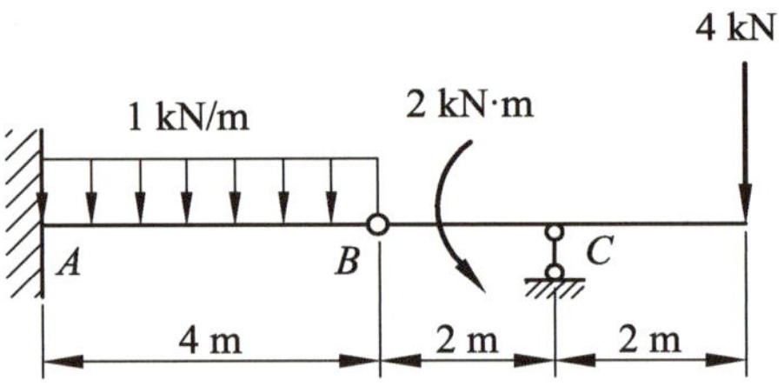

图 2-30

课堂小测

班级：__________ 学号：__________ 姓名：__________ 成绩：__________

一、填空题（每空 4 分，共计 28 分）

1. 合力在某一轴上的投影，等于各分力__________________。

2. 作用在刚体上的力可以平行移动到该刚体上的任一点，但需附加一个力偶，此附加力偶的矩等于原力对____________的力矩，这称为力的平移定理。

3. 如图 2-31 所示，力 $\boldsymbol{F}$ 大小为 30 kN，则力 $\boldsymbol{F}$ 对 A 的矩 $M_A(\boldsymbol{F})$ = ____kN · m。

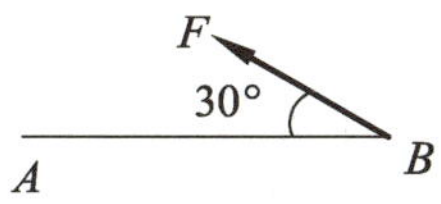

图 2-31

4. 平面汇交力系平衡时，该力系中各力构成的力多边形_______________。

5. 两个大小为 3 N、4 N 的力合成一个力时，此合力最大值为__________。

6. 物体系统的受力图上一定不能画出_________________。

7. 力偶对平面内任一点的矩恒等于____________________，与矩心的位置 _______________。

二、判断题（每题 4 分，共 20 分）

1. 若两个力在同一轴上的投影相等，则这两个力的大小必定相等。(　　)

2. 平面一般力系有三个独立的平衡方程，可求解三个未知量。(　　)

3. 只要两个力大小相等、方向相反，该两力就组成一力偶。(　　)

4. 平面汇交力系平衡时，力多边形各力应首尾相接，但在作图时力的顺序可以不同。(　　)

5. 用解析法求平面汇交力系的合力时，若选用不同的直角坐标系，则所求得的合力不同。(　　)

三、选择题（每题 4 分，共 24 分）

1. 力偶（　　）。

A. 有合力　　B. 能用一个力等效代换

C. 能与一个力平衡　　D. 无合力，不能用一个力等效代换

2. 由 $\vec{F}_1$、$\vec{F}_2$、$\vec{F}_3$、$\vec{F}_4$ 构成的力多边形如图 2-32 所示，其中代表合力的是（　　）。

A. $\vec{F}_1$　　B. $\vec{F}_2$　　C. $\vec{F}_3$　　D. $\vec{F}_4$

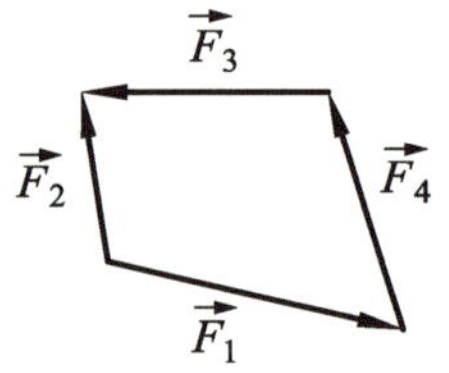

图 2-32

3. $\boldsymbol{R}$ 是两力的合力，用矢量方程表示为 $\boldsymbol{R}=\boldsymbol{F}_1+\boldsymbol{F}_2$，则其大小之间的关系为（　　）。

A. 必有 $R=F_1+F_2$　　B. 不可能有 $R=F_1+F_2$

C. 必有 $R>F_1$，$R>F_2$　　D. 可能有 $R<F_1$，$R<F_2$

4. 若某刚体在平面任意力系作用下处于平衡，则此力系中各分力对刚体（　　）之矩的代数和必为零。

A. 特定点　　B. 重心　　C. 任意点　　D. 坐标原点

5. 力偶对刚体产生下列哪种运动效应（　　）。

A. 既能使刚体转动，又能使刚体移动

B. 与力产生的效应，有时可以相同

C. 只可能使刚体移动

D. 只可能使刚体转动

6. 两个相等的分力与合力一样大的条件是此两分力的夹角为（　　）。

A. 45°　　B. 60°　　C. 120°　　D. 150°

四、计算题（28 分）

悬臂钢架受力如图 2-33 所示，已知 $q=4$ kN/m，$P=5$ kN，$F=4$ kN，求固定端 A 的约束反力。

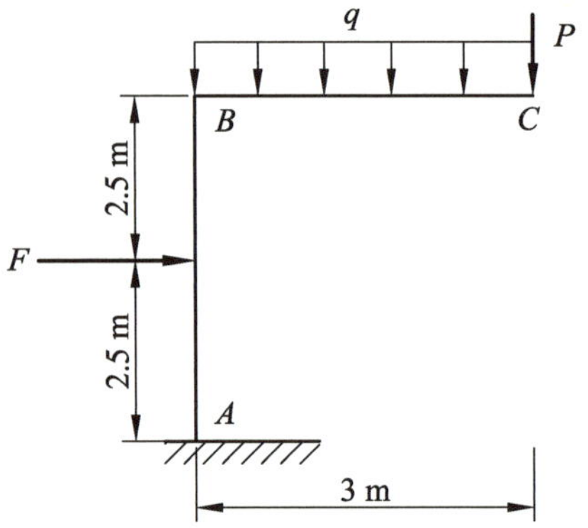

图 2-33

能力提升

班级：__________ 学号：__________ 姓名：__________ 成绩：__________

一、思考题

1. 设一平面一般力系向某一点简化得到一合力。如另选适当的点为简化中心，问力系能否简化为一力偶？为什么？

2. 力系如图 2-34 所示，且 $F_1 = F_2 = F_3 = F_4$。问力系向点 A 和点 B 简化的结果是什么？二者是否等效？

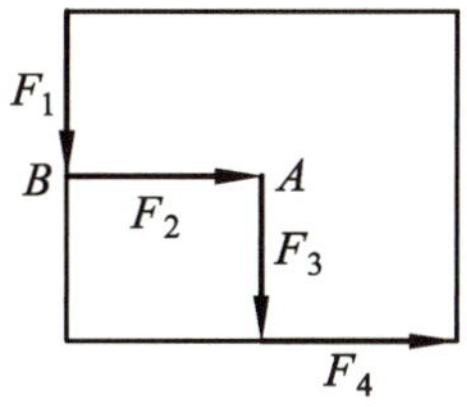

图 2-34

3. 平面汇交力系的平衡方程中，可否取两个力矩方程，或一个力矩方程和一个投影方程？这时，其矩心和投影轴的选择有什么限制？

二、计算题

1. 如图 2-35 所示简支梁受集中力 $P=20\ \text{kN}$，求图示两种情况下支座 A，B 的约束力。

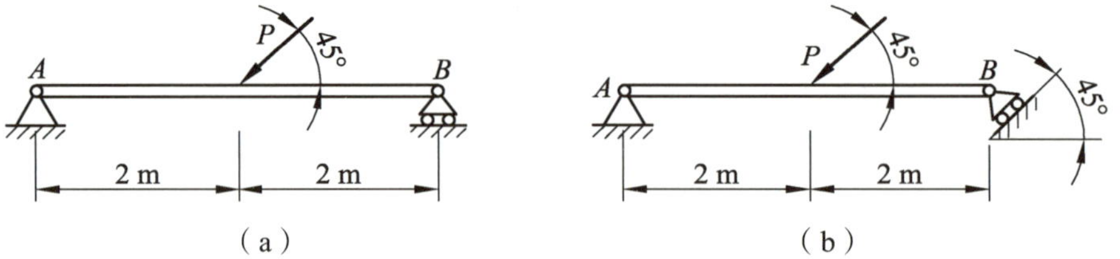

图 2-35

2. 如图 2-36 所示多跨梁，梁 AC 和 CD 用铰 C 连接，梁上受均布力 $q=5\ \text{kN/m}$。求 A，B，D 支座的约束反力。

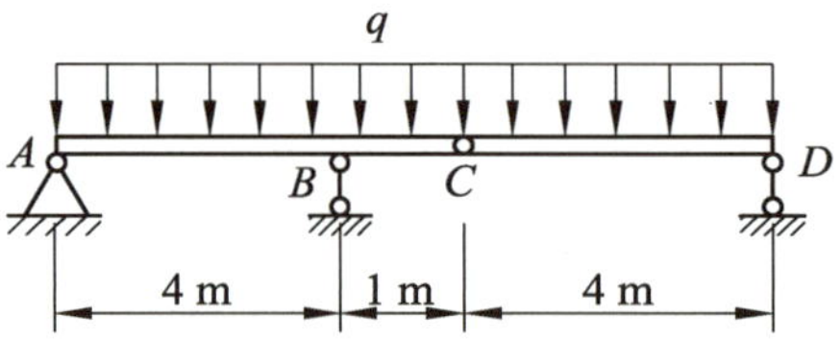

图 2-36

3 空间力系与重心

学习指南

在工程中，经常遇到物体所受各力作用线不在同一平面内，而是空间分布的，即空间力系。按各力作用线的相对位置，空间力系也可分为空间汇交力系、空间力偶系、空间平行力系和空间任意力系。显然，空间任意力系是力系的最一般形式，平面力系是它的特殊情况。

本章重点研究空间力系的平衡方程及应用。学习中可以参考如下思维导图。

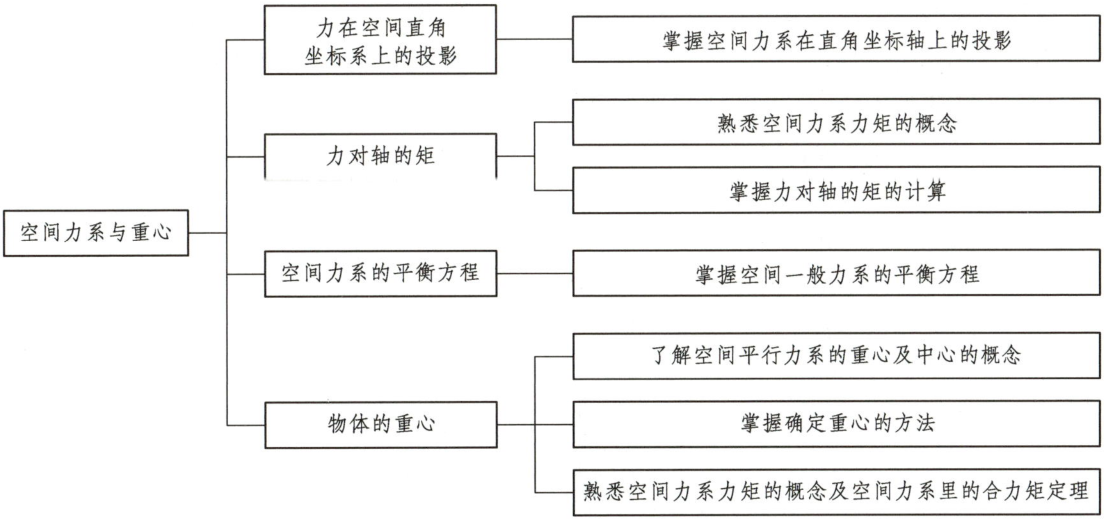

3.1　力在空间直角坐标系上的投影

根据力在坐标轴上的投影的概念，可以求得一个任意力在空间直角坐标轴上的三个投影。如图 3-1 所示，若已知力 **F** 与三个坐标轴 x，y，z 的夹角分别为 α、β、γ 时，则 **F** 在三个坐标轴上的投影分别为

$$\begin{aligned} F_x &= F\cos\alpha \\ F_y &= F\cos\beta \\ F_z &= F\cos\gamma \end{aligned} \tag{3-1}$$

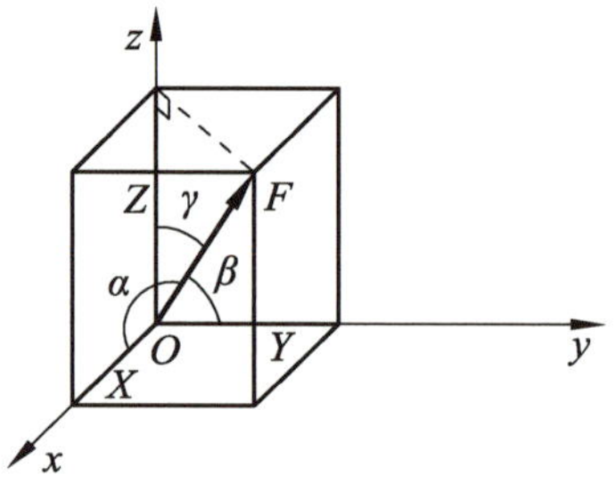

图 3-1

以上投影方法称为直接投影法，或一次投影法。

由图 3-1 可见，若以 **F** 为对角线，以三坐标轴为棱边作正六面体，则此正六面体的三条棱边之长正好等于力 **F** 在三个轴上投影 $\boldsymbol{F_x}$，$\boldsymbol{F_y}$，$\boldsymbol{F_z}$ 的绝对值。

也可采用二次投影法，如图 3-2 所示，当空间的力 **F** 与其一坐标轴（如 z 轴）的夹角 γ 及力在垂直此轴的坐标面（Oxy 面）上的投影与另一坐标轴（如 x 轴）的夹角 φ 已知时，可先将力 **F** 投影到该坐标面内，然后再将力向其他坐标轴上投影，这种投影方法称作二次投影法。图 3-2 所示的力 **F** 在三个坐标轴上的投影为

$$\begin{aligned} F_x &= F\sin\gamma\cos\varphi \\ F_y &= F\sin\gamma\sin\varphi \\ F_z &= F\cos\gamma \end{aligned}$$

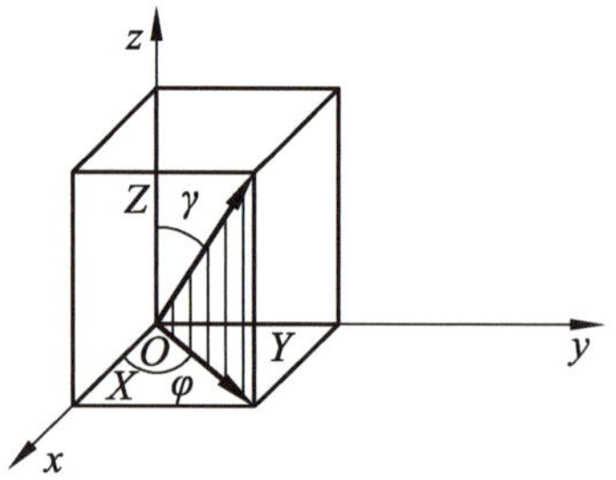

图 3-2

反之，当已知力 **F** 在三个坐标轴上投影时，也可求出力 **F** 的大小和方向：

$$F = \sqrt{F_x^2 + F_y^2 + F_z^2} \tag{3-2}$$

$$\left.\begin{aligned} \cos\alpha &= \frac{F_x}{F} \\ \cos\beta &= \frac{F_y}{F} \\ \cos\gamma &= \frac{F_z}{F} \end{aligned}\right\} \tag{3-3}$$

【例 3-1】 长方体上作用有三个力，$F_1 = 50\ \text{N}$，$F_2 = 100\ \text{N}$，$F_3 = 150\ \text{N}$，方向与尺寸如图 3-3 所示，求各力在三坐标轴上的投影。

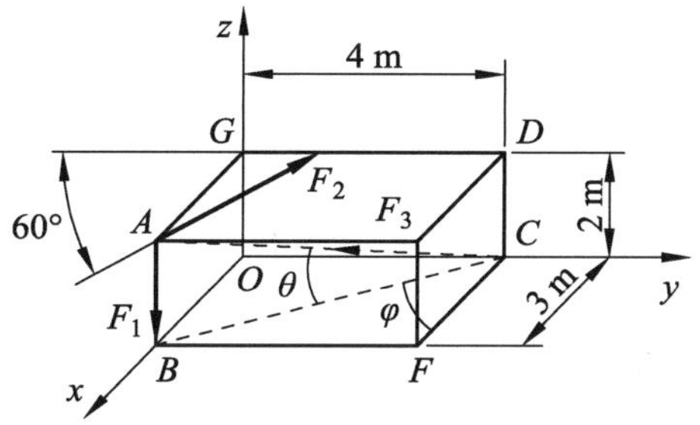

图 3-3

解：由于力 $\boldsymbol{F}_1$ 及 $\boldsymbol{F}_2$ 与坐标轴间的夹角都已知，可应用直接投影法，力 $\boldsymbol{F}_3$ 与坐标轴的方位角 φ 及仰角 θ 已知，可用二次投影法，由几何关系可知

$$\sin\theta = \frac{AB}{AC} \approx \frac{2}{5.39} \quad \cos\theta = \frac{BC}{AC} \approx \frac{5}{5.39}$$

$$\sin\varphi = \frac{BF}{BC} = \frac{4}{5} \quad \cos\varphi = \frac{CF}{BC} = \frac{3}{5}$$

各力在坐标轴上的投影分别为

$$F_{1x} = F_1 \cos 90° = 0$$
$$F_{1y} = F_1 \cos 90° = 0$$
$$F_{1z} = F_1 \cos 180° = -50\ \text{N}$$
$$F_{2x} = -F_2 \sin 60° \approx -100 \times 0.866 = -86.6\ \text{N}$$
$$F_{2y} = F_2 \cos 60° = 100 \times 0.5 = 50\ \text{N}$$
$$F_{2z} = F_2 \cos 90° = 0$$
$$F_{3x} = F_3 \cos\theta \cos\varphi = 150 \times \frac{5}{5.39} \times 0.6 \approx 83.5\ \text{N}$$
$$F_{3y} = -F_3 \cos\theta \sin\varphi = -150 \times \frac{5}{5.39} \times 0.8 \approx -111.3\ \text{N}$$
$$F_{3z} = F_3 \sin\theta = 150 \times \frac{2}{5.39} \approx 55.7\ \text{N}$$

3.2　力对轴的矩

在实际工程中，经常遇到绕固定轴转动的情况。如图 3-4 所示，以推门为例，讨论力对轴的矩。门转动的效应，不仅取决于力的大小和方向，而且与力作用的位置有关。如图 3-4（a）和（b）实践证明，使力推门时，沿 $\boldsymbol{F}_1$，$\boldsymbol{F}_2$ 方向施加外力，力的作用线与门的转轴平行或相交，则力无论多大，都不能推开门。如图 3-4（c）所示，力 $\boldsymbol{F}$ 垂直于门的方向，且不通过门轴时，门就能推开，并且力越大或其作用线与门轴间的垂直距离越大，则转动效果越显著。

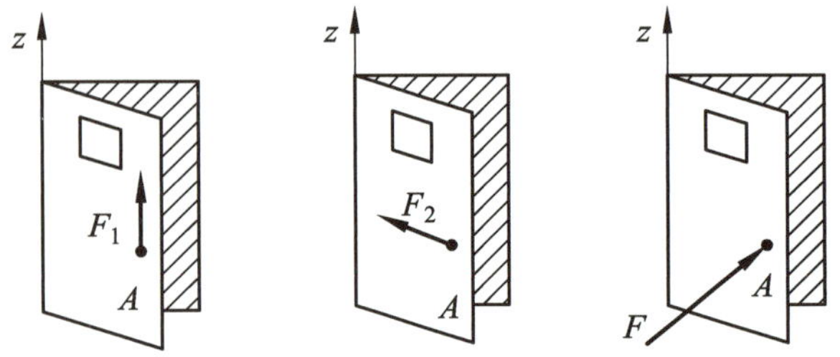

（a）　（b）　（c）

图 3-4

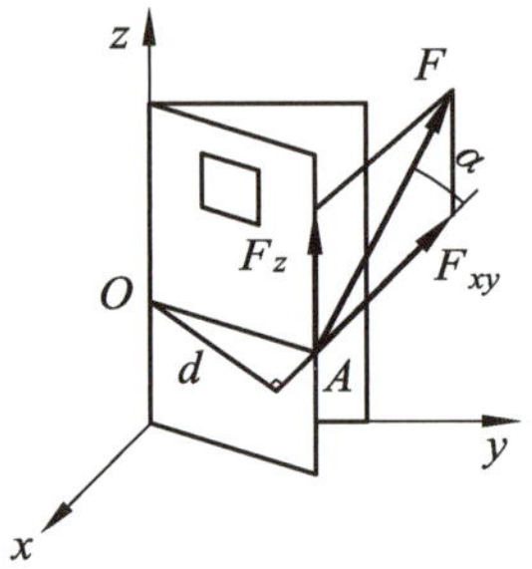

图 3-5

在一般情况下，如图 3-5 所示，设有一力 $\boldsymbol{F}$，作用于 A 点，其作用线与 z 轴既不平行也不相交。如计算该力对 z 轴的矩，可将 $\boldsymbol{F}$ 分解为两个分力 $\boldsymbol{F}_{xy}$ 与 $\boldsymbol{F}_z$。因 $\boldsymbol{F}_z$ 平行于 z 轴，对 z 轴无转动效应。显然，只有力 $\boldsymbol{F}_{xy}$ 才能使刚体产生绕 z 轴转动的效应。而 $\boldsymbol{F}_{xy}$ 对 z 轴的力矩就是力 $\boldsymbol{F}_{xy}$ 对 O 点的矩，即

$$M_z(\boldsymbol{F}) = M_z(\boldsymbol{F}_{xy}) = M_O(\boldsymbol{F}_{xy}) = \pm F_{xy} \cdot d \tag{3-4}$$

在一般情况下，力使物体绕某轴转动的效应可用此力在垂直于该轴的平面上的分力对此平面与该轴的交点之矩来度量，它是个代数量。力对轴的矩的正负号规定如下：按右手螺旋法则，即用右手的四指来表示力绕轴的转向，如果拇指的指向与 Z 轴正向相同，力矩为正，反之为负。

在计算力对轴的矩时，应注意力矩为零的两种情况：① 力的作用线与轴相交；② 力的作用线与轴平行。

空间力系的合力对某轴的矩等于各分力对同一轴的矩的代数和，即

$$M_z(\boldsymbol{R}) = M_z(\boldsymbol{F}_1) + M_z(\boldsymbol{F}_2) + \cdots + M_z(\boldsymbol{F}_n) = \sum M_z(\boldsymbol{F}_i) \tag{3-5}$$

在计算力对轴的矩时，有时应用合力矩定理较为方便。先将力 $\boldsymbol{F}$ 沿空间直角坐标轴分解为三个分力 $\boldsymbol{F}_x$、$\boldsymbol{F}_y$、$\boldsymbol{F}_z$，然后计算每个分力对轴的矩，最后求这些力矩的代数和。即

$$\begin{aligned} M_x(\boldsymbol{F}) &= M_x(\boldsymbol{F}_x) + M_x(\boldsymbol{F}_y) + M_x(\boldsymbol{F}_z) \\ M_y(\boldsymbol{F}) &= M_y(\boldsymbol{F}_x) + M_y(\boldsymbol{F}_y) + M_y(\boldsymbol{F}_z) \\ M_z(\boldsymbol{F}) &= M_z(\boldsymbol{F}_x) + M_z(\boldsymbol{F}_y) + M_z(\boldsymbol{F}_z) \end{aligned} \tag{3-6}$$

【例 3-2】计算图 3-6 所示手摇曲柄上的力 $\boldsymbol{F}$ 对 x, y, z 轴的矩。已知 $F=100$ N, $\alpha=60°$, $AB=20$ cm，$BC=40$ cm，$CD=15$ cm，A，B，C，D 处于同一水平面上。

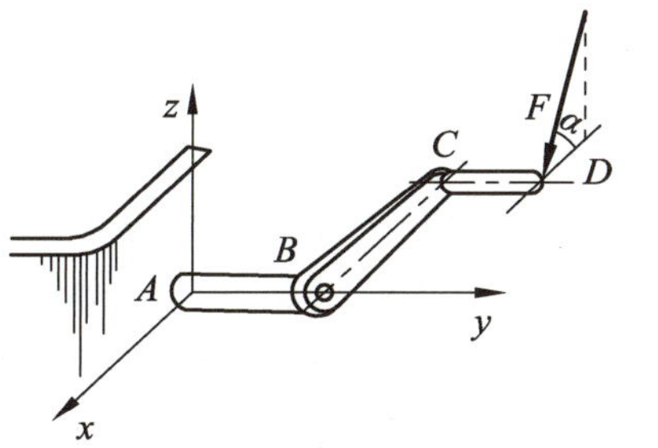

图 3-6

解：力 $\boldsymbol{F}$ 为平行于 xAz 平面的平面力，在 x 和 z 轴上有投影，计算力 $\boldsymbol{F}$ 对 x, y, z 各轴的力矩：

$$M_x(\boldsymbol{F})=-F_z(AB+CD)=-100\times\sin 60°\times(20+15)\approx -3\,031\ (\mathrm{N\cdot cm})$$
$$M_y(\boldsymbol{F})=-F_zBC=-100\times\sin 60°\times 40\approx -3\,464\ (\mathrm{N\cdot cm})$$
$$M_z(\boldsymbol{F})=-F_x(AB+CD)=-100\times\cos 60°\times(20+15)=-1\,750\ (\mathrm{N\cdot cm})$$

3.3 空间力系的平衡方程

物体在空间力系的作用下处于平衡时，必须既不发生移动，也不发生转动。类似于平面力系，将空间力系向一点简化，并对简化结果进行分析后，可以得到空间力系平衡的必要和充分条件是：力系中的各力在三个坐标轴上的投影的代数和以及各力对三个坐标轴之矩的代数和分别等于零。平衡方程为

$$\begin{cases}\sum F_x=0\\ \sum F_y=0\\ \sum F_z=0\\ \sum M_x(\boldsymbol{F})=0\\ \sum M_y(\boldsymbol{F})=0\\ \sum M_z(\boldsymbol{F})=0\end{cases}\qquad (3\text{-}7)$$

应用这 6 个方程求解空间力系的平衡问题时，可以解出 6 个未知量。

若空间力系中所有的作用线互相平行，则称为空间平行力系。如图 3-7 所示为一任意的平行力系，选 z 轴与各力平行，则各力对 z 轴的矩必为零，且各力在 x、y 轴上的投影也必为零。因此，在式（3-7）中，有

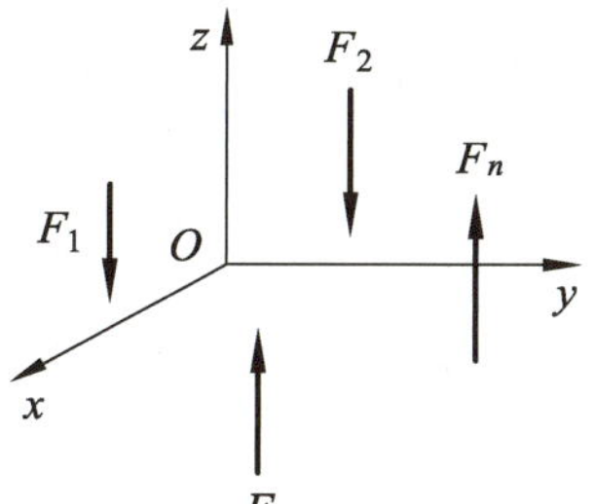

图 3-7

$$\sum F_x=0$$
$$\sum F_y=0$$
$$\sum M_z(\boldsymbol{F})=0$$

以上为恒等式，已不能表示平衡条件。故空间平行力系的平衡方程为

$$\left.\begin{aligned}&\sum F_z=0\\&\sum M_x(\boldsymbol{F})=0\\&\sum M_y(\boldsymbol{F})=0\end{aligned}\right.\tag{3-8}$$

应用式（3-8）求解空间平行力系平衡问题时，可以解出 3 个未知量。

【例 3-3】 图 3-8 所示为一起重绞车的鼓轮轴。已知：$G=10$ kN，$AC=20$ cm，$CD=DB=30$ cm，齿轮半径 $R=20$ cm，在最高处 E 点受 $\boldsymbol{P}_n$ 力作用，$\boldsymbol{P}_n$ 与齿轮分度圆切线的夹角为 $\alpha=20°$，鼓轮半径 $r=10$ cm，A，B 两端为向心轴系。试求 $\boldsymbol{P}_n$ 及 A，B 两轴承的径向压力。

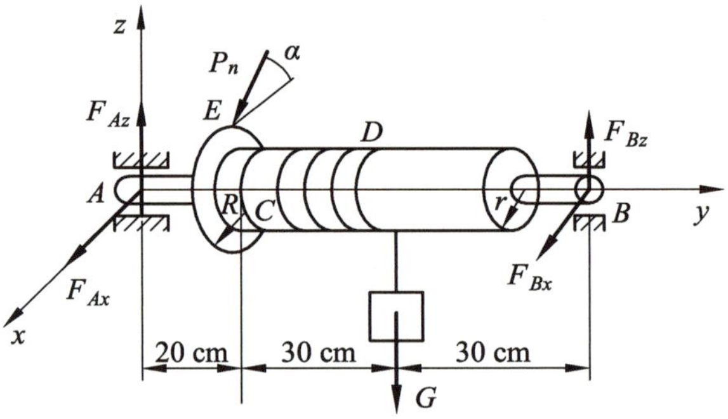

图 3-8

解：取轮轴为研究对象，选直角坐标系 $Axyz$。$\boldsymbol{F}_{Ax}$，$\boldsymbol{F}_{Az}$ 及 $\boldsymbol{F}_{Bx}$，$\boldsymbol{F}_{Bz}$ 为 A，B 两处轴承的约束力，因轴沿 y 轴方向不受力，故只需要列 5 个平衡方程求解。

列空间一般力系的平衡方程：

$$\sum F_x=0,\ F_{Ax}+F_{Bx}+P_n\times\cos\alpha=0 \tag{3-9}$$

$$\sum F_z=0,\ F_{Az}+F_{Bz}-P_n\times\sin\alpha-G=0 \tag{3-10}$$

$$\sum M_x(\boldsymbol{F})=0,\ F_{Bz}\times AB-G\times AD-P_n\times\sin\alpha\times AC=0 \tag{3-11}$$

$$\sum M_y(\boldsymbol{F})=0,\ P_n\times\cos\alpha\times R-G\times r=0 \tag{3-12}$$

$$\sum M_z(\boldsymbol{F})=0,-F_{Bx}\times AB-P_n\times\cos\alpha\times AC=0 \tag{3-13}$$

先计算式（3-12）可得

$$P_n=\frac{G\cdot r}{R\cos\alpha}\approx\frac{10\times10}{20\times0.94}\approx5.32\ \text{kN}$$

将 P_n 代入式（3-11）、式（3-13）得

$$F_{Bz}=\frac{G\cdot AD+P_n\sin\alpha\cdot AC}{AB}\approx\frac{10\times50+5.32\times0.34\times20}{80}=6.7\ \text{kN}$$

$$F_{Bx}=-\frac{P_n\cos\alpha\cdot AC}{AB}\approx-\frac{5.32\times0.94\times20}{80}=-1.25\ \text{kN}$$

然后再由式（3-9）、式（3-10）得

$$F_{Ax} = -F_{Bx} - P_n \cos\alpha \approx -(-1.25) - 5.32 \times 0.94 = 1.25 - 5 = -3.75\ \text{kN}$$

$$F_{Az} = -F_{Bz} + P_n \sin\alpha + G \approx -6.7 + 5.32 \times 0.34 + 10 = 5.11\ \text{kN}$$

$\boldsymbol{F}_{Ax}$，$\boldsymbol{F}_{Bx}$ 前的“－”号表示实际指向与所设指向相反。

3.4 物体的重心

重心在工程上是一个重要概念。重心位置对物体的平衡状态或运动状态都有很重要的影响。例如车、船的中心要限制在一定的范围内，以保证其运行中的稳定与安全；我国古代的宝塔及近代的高层建筑，越往下面积越大，这样可降低重心位置，增加建筑物的稳定性；起重机的塔吊上设置配重，是为了调整重心位置以保证它在工作时不致倾倒；对高速转动的部件，要求重心尽可能准确地安装在转动轴线上，以免在转动时发生剧烈的振动。可见，确定物体的重心位置十分重要。

3.4.1 重心的概念

重心是平行力系中的一个特例，在地面上的一切物体都受到地球的重力作用，物体是由许多微小部分组成的，可以把物体各部分的重力看成是铅直向下相互平行的空间平行力系，这个空间平行力系的合力为物体的重力，重力的大小等于物体所有各部分重力大小的总和，重力的作用点即是空间平行力系的中心，称为物体的重心。

如图 3-9 所示，为确定物体重心的位置，将它分割成 n 个微块，各微块重力分别为 W_1、W_2、…、W_i，其作用点的坐标分别为（x_1，y_1，z_1）、（x_2，y_2，z_2）、…、（x_i，y_i，z_i）。显然，各小块所受重力的合力 W 即为整个物体所受的重力，其大小为 $W = \sum W_i$，作用点的坐标为 C（x_C，y_C，z_C）。利用合力矩定理对 y 轴取矩，有

$$W \times x_C = \sum W_i \times x_i$$

得

$$x_C = \frac{\sum W_i \times x_i}{W}$$

同理可得

$$y_C = \frac{\sum W_i \times y_i}{W}$$

$$z_C = \frac{\sum W_i \times z_i}{W}$$

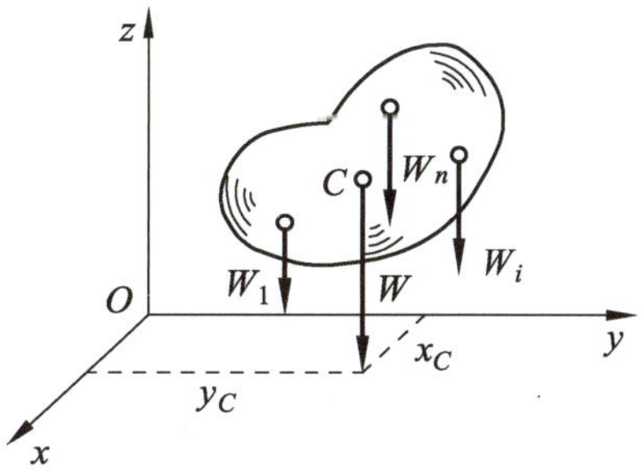

图 3-9

以上三式为求物体重心的一般公式。

若物体分割得越细，则各小块的体积均趋于零，按上式计算的重心位置就越精确。极限情况下可用积分计算。

若物体为均质，其密度为 ρ，将 $W = \rho g V$，$\Delta W_i = \rho g \Delta V_i$ 代入上式，令 $\Delta V_i \to 0$ 取极限，即可得

$$\left.\begin{aligned} X_C &= \frac{\sum x_i \Delta V_i}{V} = \frac{\int_V x\mathrm{d}V}{V} \\ Y_C &= \frac{\sum y_i \Delta V_i}{V} = \frac{\int_V y\mathrm{d}V}{V} \\ Z_C &= \frac{\sum z_i \Delta V_i}{V} = \frac{\int_V z\mathrm{d}V}{V} \end{aligned}\right\} \tag{3-14}$$

可见均质物体的重心完全取决于物体的几何形状，而与物体的重力无关，因此均质物体的重心也称为形心。但应注意：重心和物体的几何形状的形心是两个不同的概念，只有均质物体的重心和形心才重合于一点。式（3-14）称为体积形心坐标公式。

若物体是均质薄壳（或薄板），以 A 表示壳或板的表面面积，ΔA_i 表示微小部分的面积，同理可求得均质薄壳的重心或形心 C 的位置坐标公式为

$$\left.\begin{aligned} x_C &= \frac{\sum x_i \Delta A_i}{A} = \frac{\int_A x\mathrm{d}A}{A} \\ y_C &= \frac{\sum y_i \Delta A_i}{A} = \frac{\int_A y\mathrm{d}A}{A} \\ z_C &= \frac{\sum z_i \Delta A_i}{A} = \frac{\int_A z\mathrm{d}A}{A} \end{aligned}\right\} \tag{3-15}$$

若物体是等截面均质细杆（或细线），以 L 表示细杆的长度，ΔL_i 表示微小部分的长度，同样可求得细杆的重心或形心 C 的位置坐标公式为

$$\left.\begin{aligned} x_C &= \frac{\sum x_i \Delta L_i}{L} = \frac{\int_L x\mathrm{d}L}{L} \\ y_C &= \frac{\sum y_i \Delta L_i}{L} = \frac{\int_L y\mathrm{d}L}{L} \\ z_C &= \frac{\sum z_i \Delta L_i}{L} = \frac{\int_L z\mathrm{d}L}{L} \end{aligned}\right\} \tag{3-16}$$

3.4.2　求重心的方法

确定重心位置的方法很多，下面只介绍几种常用的方法。

1. 对称法

对于均质物体，若在几何形体上具有对称面、对称轴或对称点，则物体的重心或形心亦必在此对称面、对称轴或对称点上。

若物体具有两个对称面，则重心在两个对称面的交线上；若物体有两根对称轴，则重心在两根对称轴的交点上。如球心是圆球的对称点，也就是它的重心或形心，矩形的形心就在两个对称轴的交点上。常见物体的重心和对称轴如图 3-10 所示。

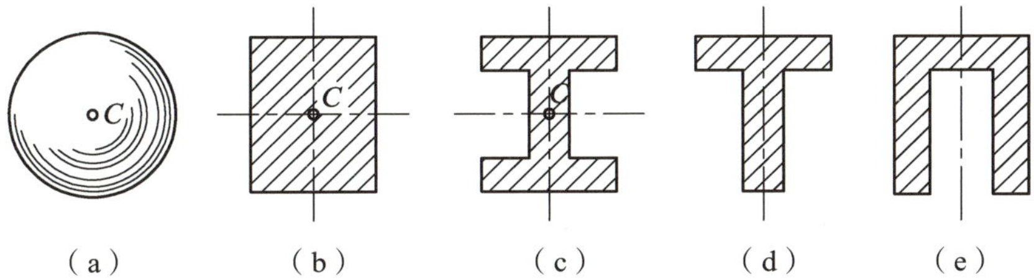

图 3-10

2. 积分法

求基本规则形式的形心，可将形体分割成无限多个微小形体，在此极限情况下，可利用形心的积分公式（3-14）~式（3-16）求解。

对于常用的一些简单的图形和物体的重心位置可从工程手册中查得。现将几种常用的简单形体的重心列于表 3-1，供参阅。

表 3-1　常用简单形状均质物体的重心位置

图　形	重心位置	图　形	重心位置
三角形 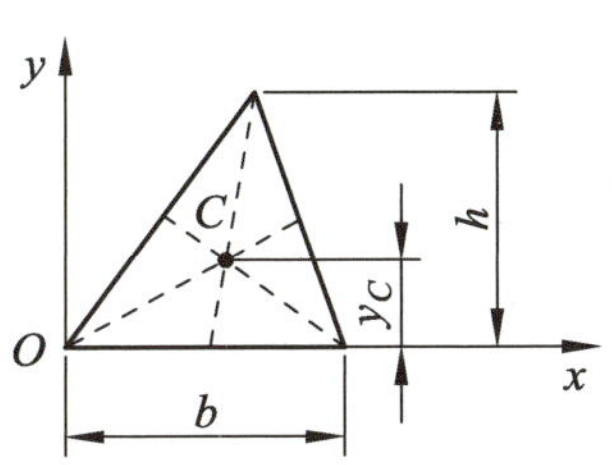	在中线交点上 $y_C=\frac{1}{3}h$	部分圆环 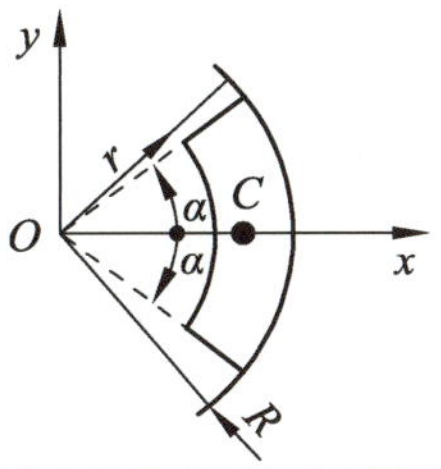	$x_C=\frac{2(R^3-r^3)\sin\alpha}{3(R^2-r^2)\alpha}$
梯形 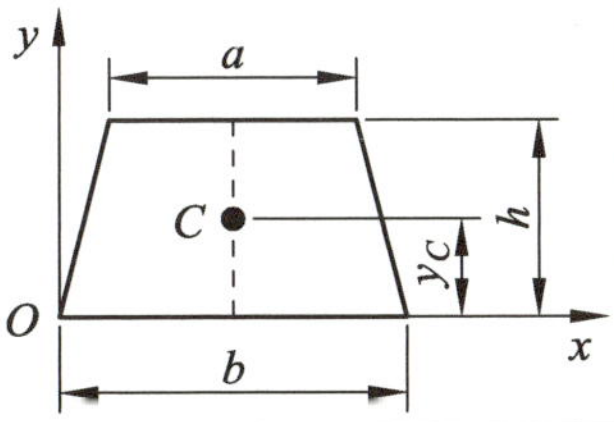	在上下底中点的连线上 $y_C=\frac{h(2a+b)}{3(a+b)}$	扇形 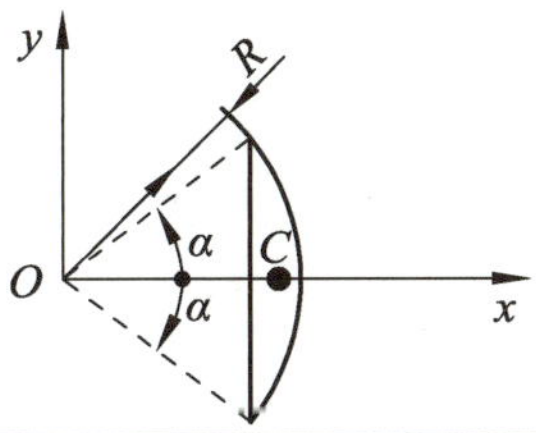	$x_C=\frac{4R\sin^3\alpha}{3(2\alpha-\sin 2\alpha)}$
圆弧 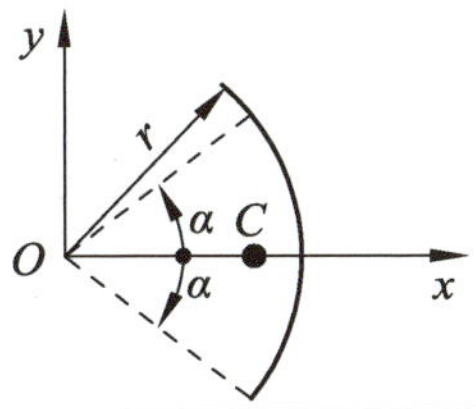	$x_C=\frac{r\sin\alpha}{\alpha}$ 半圆弧 $\alpha=\pi/2$ $x_C=\frac{2r}{\pi}$	半圆球体 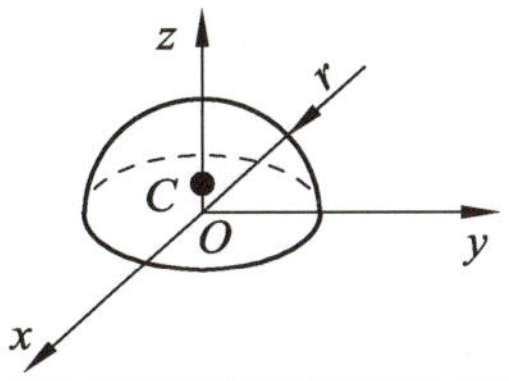	$z_C=\frac{3}{8}r$
扇形 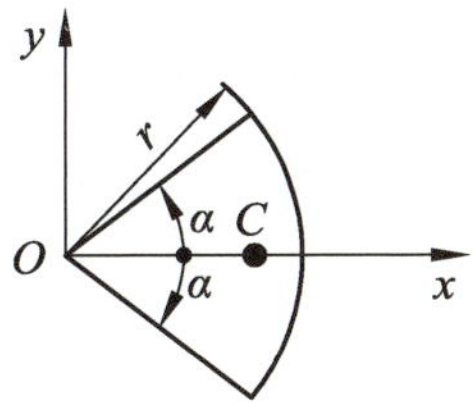	$x_C=\frac{2r\sin\alpha}{3\alpha}$ 半圆 $\alpha=\pi/2$ $x_C=\frac{4r}{3\pi}$	正圆锥体 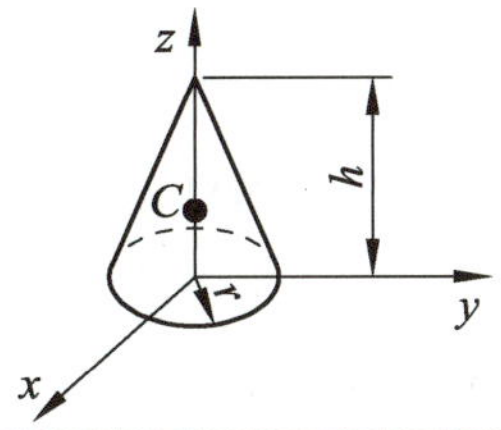	$z_C=\frac{1}{4}h$

3. 组合法——有限分割法

如有一形体为一基本形体中挖去另一基本形体的残留形状，则只需将被挖去的体积或面积看成负值，仍然可应用相同的方法来求出其形心。

【例 3-4】 试求打桩机中偏心块（见图 3-11）的形心。已知 $R=10$ cm，$r_2=3$ cm，$r_3=1.7$ cm。

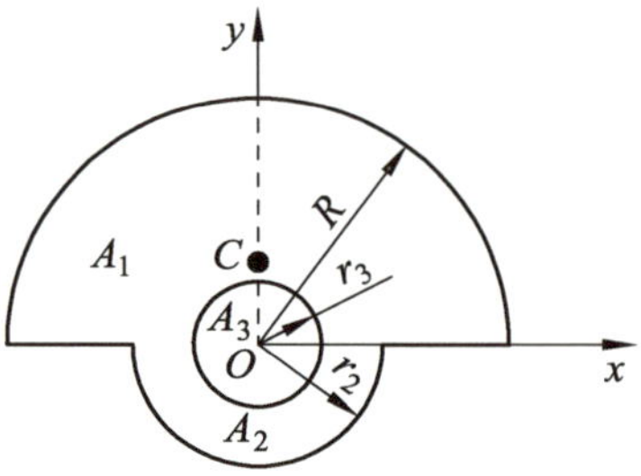

图 3-11

解： 将偏心块看成三部分组成。

（1）半圆面 A_1 半径为 R，$A_1=\dfrac{\pi R^2}{2}=157\ \text{cm}^2$，$x_1=0$，$y_1=\dfrac{4R}{3\pi}=\dfrac{40}{3\pi}\approx 4.24$ cm

（2）半圆面 A_2 半径为 r_2，$A_2=\dfrac{\pi r_2^2}{2}\approx 14\ \text{cm}^2$，$x_2=0$，$y_2=\dfrac{-4r_2}{3\pi}=\dfrac{-4\times 3}{3\pi}\approx -1.27$ cm

（3）挖去圆面积 A_3 半径为 r_3，$A_3=-\pi r_3^2\approx -9.1\ \text{cm}^2$，$x_3=0$，$y_3=0$

因为 y 轴为对称轴，重心 C 必在 y 轴上，所以，$x_C=0$。应用式（3-16），则

$$y_C=\frac{\sum A_k y_k}{A}=\frac{A_1y_1+A_2y_2+A_3y_3}{A_1+A_2+A_3}=\frac{157\times 4.24-14\times 1.27}{157+14-9.1}$$
$$=\frac{665.68-17.78}{161.9}=4\ \text{cm}$$

4. 实验法

如果物体的形状复杂或质量分布不均匀，其重心常用实验来确定。

（1）悬挂法。对于形状复杂的薄平板，求形心位置时，可将板悬挂于任一点 A（见图 3-12），根据二力平衡原理，板的重力与绳的张力必在同一条直线上，故形心一定在铅垂的挂绳延长线 AB 上。重复用上述方法，将板挂于 D 点，可得 DE 线。显然可见，平板的重心即为 AB 和 DE 的交点 C。

（2）称量法。对于形状复杂的零件、体积庞大的物体以及由许多零件组成的机械，可用此法确定其重心的位置。例如，连杆本身具有两个相互垂直的纵向对称面，其重心必在这两个对称平面的交线上，即连杆的中心线 AB 上（见图 3-13）。其重心在 x 轴上的位置可用下述方法确定：先称出连杆重力 W，然后将其一端支于固定点 A，另一端支承于磅秤上，使中心

线 AB 处于水平位置，读出磅秤上读数 F_B，并量出两支点间的水平距离 l，则由

$$\sum M_A(\boldsymbol{F})=0\ ,\quad F_B l-W\cdot x_C=0$$

可得

$$x_C=F_B l/W$$

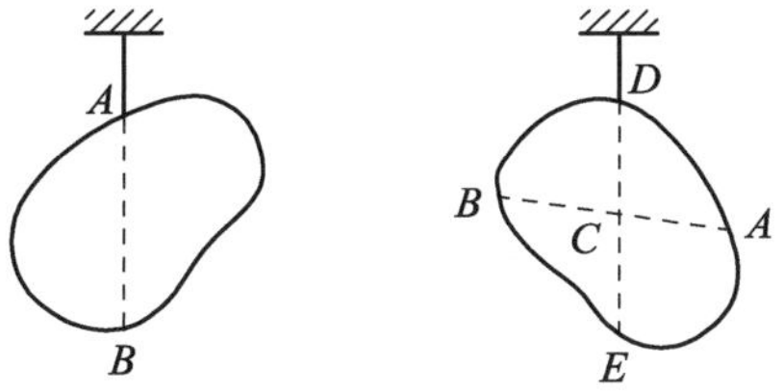

图 3-12

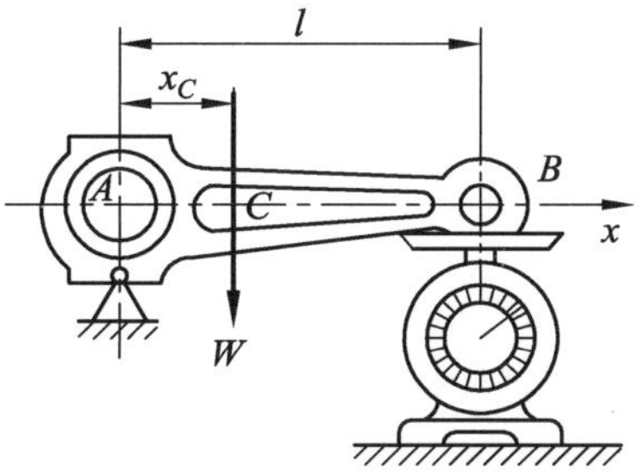

图 3-13

本章小结

1. 力在空间直角坐标轴上的投影方法有直接投影法和二次投影法。

直接投影法：

$$F_x = F\cos\alpha$$
$$F_y = F\cos\beta$$
$$F_z = F\cos\gamma$$

二次投影法：

$$F_x = F\sin\gamma\cos\alpha$$
$$F_y = F\sin\gamma\sin\alpha$$
$$F_z = F\cos\gamma$$

2. 对轴的矩在力与轴平行和力与轴相交两种情况下为零。力与轴空间交错时（不平行也不相交）：

$$M_x(\boldsymbol{F}) = F_z \cdot y_A - F_y \cdot z_A$$
$$M_y(\boldsymbol{F}) = F_x \cdot z_A - F_z \cdot x_A$$
$$M_z(\boldsymbol{F}) = F_y \cdot x_A - F_x \cdot y_A$$

3. 空间一般力系合成和平衡求解有以下两种方法：

（1）直接利用空间力系在坐标轴上的投影得到。

$$R' = \sqrt{(\sum F_x)^2 + (\sum F_y)^2 + (\sum F_z)^2}$$

$$M_O = \sum M_O(\boldsymbol{F}) = \sqrt{\left[\sum M_x(\boldsymbol{F})\right]^2 + \left[\sum M_y(\boldsymbol{F})\right]^2 + \left[\sum M_z(\boldsymbol{F})\right]^2}$$

从而得到平衡方程：

$$\sum F_x = 0,\ \sum F_y = 0,\ \sum F_z = 0$$

$$\sum M_x(\boldsymbol{F}) = 0,\ \sum M_y(\boldsymbol{F}) = 0,\ \sum M_z(\boldsymbol{F}) = 0$$

（2）将空间力系转化为三个平面力系求解问题。

4. 物体的重心位置可根据应用合力矩定理得到的确定重心的坐标公式得出。

课后训练

班级：____________ 学号：____________ 姓名：____________ 成绩：____________

一、填空题

1. 空间力系的合力投影定理的含义是指力系合力在某一轴上的投影等于力系中各力在____________上投影的代数和。

2. 当一物体改变它在空间的方位时，其重心的位置是____________的。

3. 均质物体若具有两根对称轴，则它的重心必然在这两根对称轴的__________上。

4. 判断空间约束的未知约束力数目的基本方法是：观察物体在空间的六种可能的运动有哪几种运动被约束阻碍，约束的阻碍作用就是约束反力。例如，铁轨对车轮的约束反力有__________个，固定端约束的约束反力共有__________个。

5. 确定物体重心的方法有____________、____________、____________、____________。

二、判断题

1. 任何物体系统平衡的充要条件是：作用于该物体系统上所有外力的主矢量 $\boldsymbol{F}_R=0$ 和主矩 $M=0$。(　　)

2. 空间平行力系简化的最终结果一定不可能为力螺旋。(　　)

3. 杆的一端粗一端细，通过重心沿垂直于杆轴线的方向将其切成两段，两段质量一定相等。(　　)

4. 一空间力系，若各力作用线与某一固定直线相交，则其独立的平衡方程最多有5个。(　　)

5. 任一平衡的空间汇交力系，只要 A，B，C 三点不共线，则 $\sum M_A(\boldsymbol{F})=0$、$\sum M_B(\boldsymbol{F})=0$、$\sum M_C(\boldsymbol{F})=0$ 是一组独立的平衡方程。(　　)

6. 空间一般力系向某点 O 简化，主矢 $\boldsymbol{F}_R\neq 0$，主矩 $\boldsymbol{M}_O\neq 0$，则该力系最终可简化为一合力。(　　)

三、选择题

1. 以下对合力矩定理的表述有误的是（　　）。

A. 合力矩定理可以计算物体重心

B. 合力矩定理可以简化力矩的计算

C. 合力对物体上任一点的矩等于所有分力对同一点矩的矢量和

D. 若合力对任一点的矩等于零，则合力必为零

2. 用悬挂法求物体的重心是依据（　　）定理。

A. 合力投影　　B. 合力矩

C. 二力平衡　　D. 力的可传性

3. 用称重法确定形状不对称的空间物体的重心时，可采取（　　）来确定。

A. 一个方向的一次称重　　B. 三个方向的三次称重

C. 两个方向的两次称重　　D. 两个方向的三次称重

四、计算题

C、D、B 三点是铅直墙上的点，重为 P 的物体用不计杆重的杆 AB 以及位于同一水平面的绳索 AC 与 AD 支承，E 是 CD 的中点，$AC = AD = CD$，$\triangle ACD$、$\triangle AEB$ 与墙两两垂直，如图 3-14 所示，已知 $P = 1\ 000$ N。求绳索的拉力和杆所受的力。

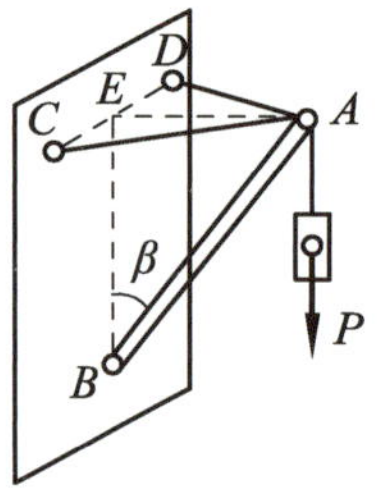

图 3-14

课堂小测

班级：__________ 学号：__________ 姓名：__________ 成绩：__________

一、填空题（每题 6 分，共计 30 分）

1. 已知一力 P 与空间直角坐标系的 x 轴的夹角为α，如果此力在 z 轴的投影 $P_1=$______，则有 y 轴投影 $P_2=P\sin\alpha$。

2. 空间力系的合力对某轴之矩等于各分力对______________的代数和。

3. 已知空间一力 F 对直角坐标系 x、y 轴的矩为零，因而该力 F 应在坐标系的______________平面上。

4. 在工程计算中，往往将空间任意力系的平衡问题转化为________个平面任意力系的平衡问题来求解。

5. 均质物体的几何中心就相当于物体的____________。

二、判断题（每题 5 分，共计 15 分）

1. 只要知道力 F 与 x 轴的夹角α以及与 y 轴的夹角 β，那么，根据力在空间直角坐标系中的投影方法，即可得出此力 F 与 z 轴的夹角的大小。(　　)

2. 已知空间一力 F 在坐标 x 轴上的投影和对 x 轴取矩有这样的结果，亦即有 $Fx=0$，$Mx(\boldsymbol{F})=0$，由此可知此力与 x 轴垂直，并位于通过 x 轴的平面上。(　　)

3. 一个力在某个坐标平面上，或者在与力本身平行的平面上，于是称其为平面力，而平面力在空间直角坐标中就只有一个投影。(　　)

三、选择题（每题 5 分，共计 20 分）

1. 将空间互相垂直的三力合成，相当于两次使用平面力系的（　　）。

   A. 平行四边形法则　　B. 力的平移

   C. 合力投影定理　　D. 力的可传性

2. 力对轴的矩的正负号规定是（　　）。

   A. 从轴的正向看，顺为正　　B. 沿轴的正向看，顺为正

   C. 从轴的正向看，逆为正　　D. 沿轴的正向看，逆为正

3. 空间力对轴的矩为零的情况，下列说法不正确的是（　　）。

   A. 力的作用线与轴相交　　B. 力的作用线与轴垂直

   C. 力的作用线与轴平行　　D. 外力为零

4. 下面说法正确的是（　　）。

A. 物体的重心一定在物体上

B. 物体的重心就是其形心

C. 具有对称轴的物体，重心必在对称轴上

D. 物体越重，重心越低

四、计算题（35 分）

在一个立方体上作用有三个力 $\boldsymbol{P}_1$、$\boldsymbol{P}_2$、$\boldsymbol{P}_3$，如图 3-15 所示。已知 $P_1 = 2$ kN，$P_2 = 1$ kN，$P_3 = 5$ kN，试分别计算这三个力在坐标轴上的投影。

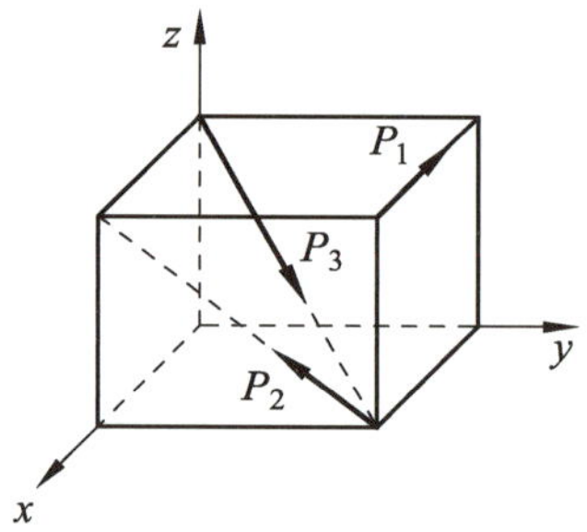

图 3-15

能力提升

班级：__________ 学号：__________ 姓名：__________ 成绩：__________

一、思考题

1. 空间力系简化的结果是什么？

2.（1）空间力系中各力的作用线平行于某一固定平面；（2）空间力系中各力的作用线分别汇交于两个固定点。试分析这两种力系各有几个独立平衡方程。

3. 什么叫重心？什么叫形心？两者有什么关系？

二、计算题

1. 图 3-16 所示水平面上装有两个凸轮，凸轮上分别作用已知力 $P = 8\ 000$ N 和未知力 F，如轴平衡，求力 F 和轴承反力。

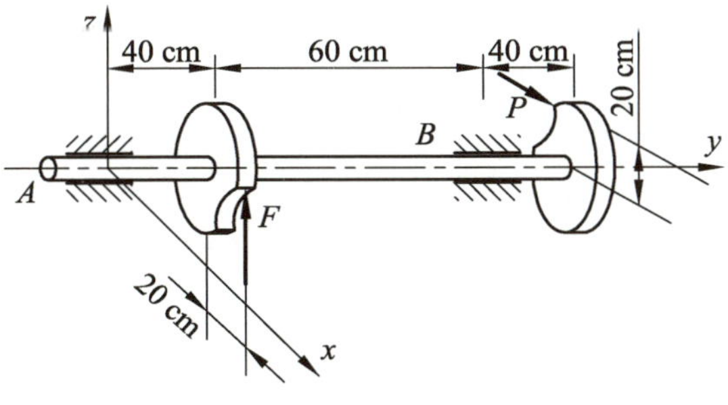

图 3-16

2. 如图 3-17 所示均质长方形板 $ABCD$ 重 $G = 200$ N，被球链 A 和蝶铰链 B 固定在墙上，并用绳 EC 维持在水平位置，求绳的拉力和支座的约束力。

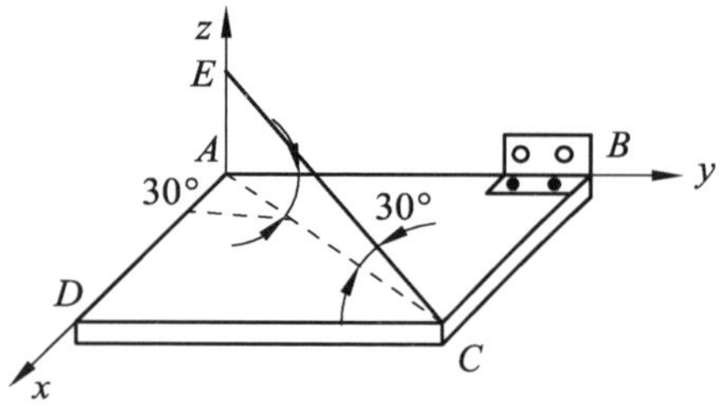

图 3-17

3. 立柱 OA 在 O 点处铰接，A 处用 AB、AC 二绳拉住，$BO \perp CO$。在 A 点处有一水平力 $F = 10$ kN，与 BO 的平行线成 30°角，如图 3-18 所示。试求绳 AB、AC 的拉力及立柱 OA 的内力。

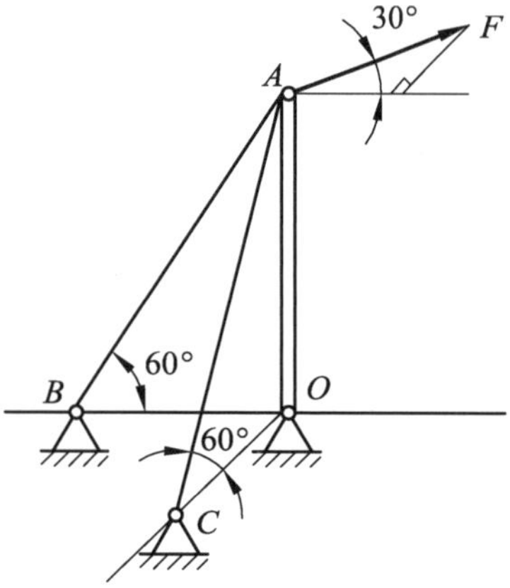

图 3-18

4 材料力学基础

学习指南

材料力学是在静力学基础上研究构件的强度、刚度和稳定性问题。为了保证建筑物和机械的正常工作，构件应该有足够的承载能力，材料力学的研究工作就是在满足承载能力的要求下，为设计经济合理、安全稳定的构件提供必要的理论基础和计算方法。

本章为材料力学基础，主要介绍材料力学的基本概念和构件的几何性质。具体而言，第一节重点介绍变形固体的基本假设和杆件的基本变形形式；第二节重点介绍形心、静矩、惯性矩、极惯性矩和惯性积的概念和简单计算，为后述的力学运算做好准备。本章的基本内容如下思维导图所示。

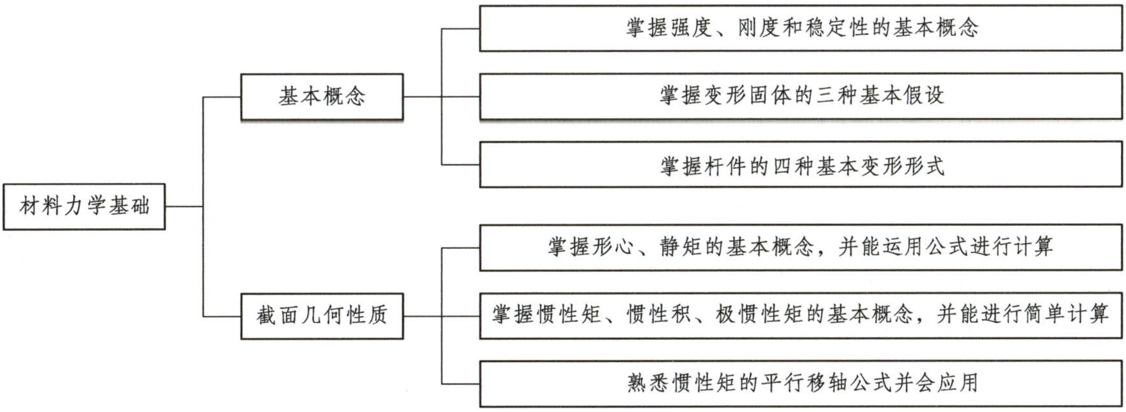

4.1 材料力学基本概念

4.1.1 材料力学的任务

材料力学是研究构件承载能力的一门学科。由于结构是由构件组合而成，如果一个结构能够正常工作并完成它的使命，那么它的每一个构件都应该安全而精确，也就是说具有足够的承载能力。材料力学的任务就是解决构件承载能力的问题。具体来讲，构件的承载能力包括以下三方面问题。

1. 强度问题

构件抵抗破坏的能力，称为强度。构件被破坏的情况在工程设计中是不允许出现的，如果构件的尺寸、所用材料的性能及荷载不相匹配，例如起吊货物的索链太细、货物太重或是所选用的材料太差，都可能使索链强度不够而发生断裂，使机器无法正常工作，甚至造成灾难性的事故。因而工程设计中首先要解决的问题就是设计构件的强度问题。

2. 刚度问题

构件抵抗变形的能力，称为刚度。工程中的构件除了要求具有足够的强度保证安全以外，还不能有过大变形，如图 4-1（a）所示，车床主轴在长期使用中易产生弯曲变形，若变形过大，如图 4-1（b）所示，则影响加工精度，破坏齿轮的正常啮合，引起轴承的不均匀磨损，从而造成机器不能正常工作。因此，对这类构件，还需要解决刚度问题，保证在荷载作用下，其变形量不超过正常工作所允许的限度。

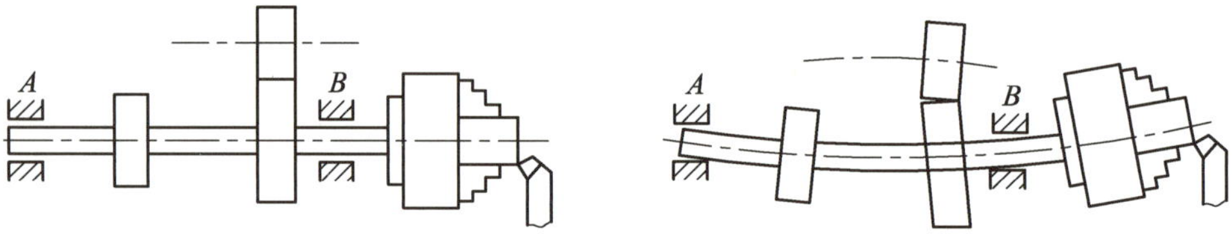

（a）　　（b）

图 4-1

3. 稳定性问题

对于细长的压杆，当压力达到一定数值时，可能出现突然失去稳定的平衡状态的现象，称为失稳。如千斤顶，当荷载达到临界值时会突然变弯折断，造成事故。由于发生失稳的临界荷载值很低，因此，对于这一类构件必须首先解决稳定性问题。

4.1.2 材料力学的研究对象及基本假设

静力学中，为使平衡问题的研究得到简化，将物体视为刚体。但在材料力学中，变形作为力对物体的内效应，是研究的主要问题。因此，在材料力学中，刚体这一模型不再适用，因此考虑将变形的物体简化为变形固体。为使问题简化，变形固体的基本假设如下。

1. 连续均匀性假设

假设变形固体内毫无间隙地充满了物质，而且各处分布均匀且力学性能都相同。

2. 各向同性假设

假设变形固体在各个方向上具有相同的力学性能。

3. 变形微小假设

假设变形固体所产生的变形与固体尺寸相比十分微小。

对于上述三条假设，工程中绝大多数材料如钢、铜、铸铁、玻璃等变形问题都是符合的；而对于各向异性的材料及变形较大问题，结论会有一定误差，如何修正不在本课程研究范围之内。

4.1.3 构件的分类、杆件变形的基本形式

1. 构件的分类

构件的几何形状是多种多样的，大致可归纳为四类，即杆、板、壳和块体，如图 4-2 所示。

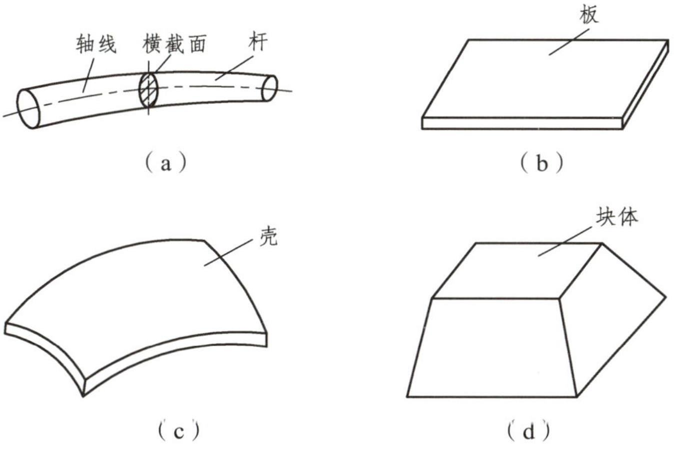

图 4-2

凡是一个方向的尺寸（长度）远大于其他两个方向尺寸（宽度和高度）的构件称为杆。垂直于杆件长度方向的截面，称为横截面。横截面中心线的连线，叫作杆的轴线。如杆的轴线是直线，此杆叫直杆；轴线为曲线时，则叫曲杆。各横截面尺寸不变的杆，叫等截面杆；否则是变截面杆。工程中比较常见的是等截面直杆，简称等直杆，它是材料力学的主要研究对象。

如果构件一个方向的尺寸（厚度）远小于其他两个方向尺寸，就把平分这种构件厚度的面称为中面。中面为平面的构件称为板，中面为曲面的构件则称为壳。板和壳在石油、化工容器、船舶、飞机和现代建筑中用得很多。

三个方向尺寸差不多（属同量级）的构件，称为块。一些机械上的铸件就是块体。

2. 杆件的基本变形形式

如前所述，实际构件的形状是多种多样的，可大致分为杆、板、壳、块，但其中杆的变形问题在工程中是主要的，而板、壳、块的很多问题可以简化成杆的变形问题，本课程将主要研究杆，尤其是直杆的变形问题。直杆的基本变形形式可分为以下四种，如图 4-3 所示。

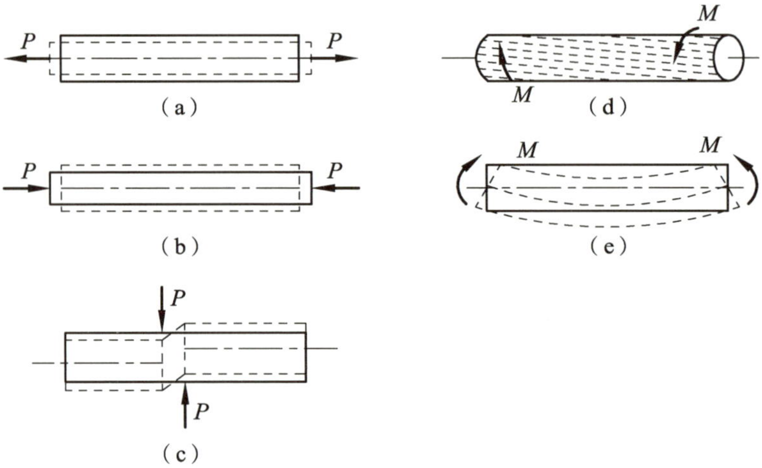

图 4-3

（1）拉伸与压缩。

外力沿轴线作用，杆伸长或缩短，如图 4-3（a）和 4-3（b）所示。

（2）剪切。

在大小相等、方向相反、作用线相距很近的横向力作用下，外力间的截面发生相对错动，如图 4-3（c）所示。

（3）扭转。

在大小相等、方向相反、作用面垂直于杆轴的力偶作用下，力偶间各截面发生相对转动，如图 4-3（d）所示。

（4）弯曲。

外力垂直于杆件轴线，杆件轴线由直线变为曲线，如图 4-3（e）所示。

工程实际中，杆件的变形形式往往是以上四种基本变形中的两种或两种以上同时发生，称为组合变形。

四种基本变形形式是材料力学中的最基本概念，我们将每种基本变形作为一章，作为材料力学的横向线，再加上组合变形问题从而涵盖材料力学的绝大多数问题。

4.1.4 材料力学的研究方法

1. 材料力学的外力分析

作用于构件上的外力，材料力学中又称为荷载。按照作用面积及作用方式可分为：

（1）集中力。作用于一点附近、面积很小的荷载。

（2）分布力。作用于一定面积或一定长度上的荷载。

（3）力偶。一对等值、反向平行力，可广义地看作是外力的一种。

由于材料力学主要研究构件处于静平衡时的受力和变形问题，所以，构件所受的外力，可以通过结构的受力分析，列出平衡方程进行求解，这正是前面静力学所要解决的问题。

2. 材料力学的研究方法

材料力学也是从受力入手进行研究的。由于要研究力对物体的内效应，所以，受力的研究遵循由外向内、由表及里的顺序，即：先分析和计算外力，然后深入构件内部，研究内部截面的受力-内力，从而最终研究到构件内部一点的受力-应力，从内力、应力及变形的角度去分析构件的强度、刚度问题。每一种变形的外力-内力-应力的受力研究，构成了材料力学的纵向线，提供了材料力学的基本研究方法。

4.2 截面的几何性质

4.2.1 截面的静矩和形心

静矩和形心

1. 静　矩

取微面积 dA，如图 4-4 所示，dA 的坐标分别为 y 和 z，则 ydA、zdA 分别称为微面积 dA 对于 z 轴和 y 轴的静矩。它们对整个平面图形面积的定积分分别称为整个平面图形对于 z 轴和 y 轴的静矩。

$$\left.\begin{aligned} S_z &= \int_A y\mathrm{d}A \\ S_y &= \int_A z\mathrm{d}A \end{aligned}\right\} \tag{4-1}$$

2. 形　心

任意截面的图形如图 4-4 所示，其面积为 A，z 轴和 y 轴为图形平面内的任意直角坐标轴。C 点为截面的几何中心，通常称为截面形心，其坐标分别记作（y_C，z_C），在平面图形中取一微面积 dA，dA 的坐标分别为 y 和 z，则平面图形的形心坐标计算公式为

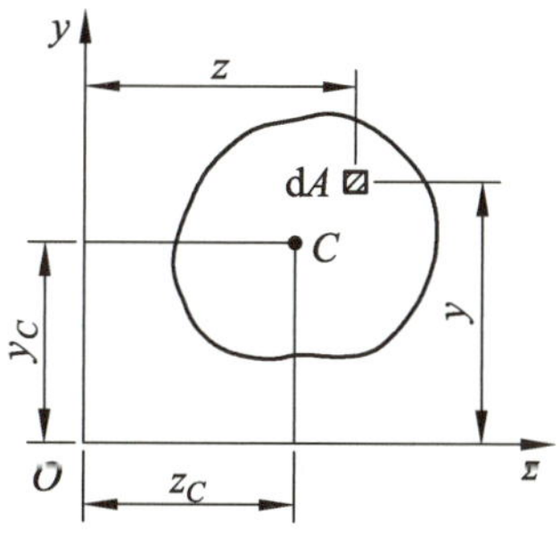

图 4-4

$$\left.\begin{aligned} y_C &= \frac{\int_A y\mathrm{d}A}{A} \\ z_C &= \frac{\int_A z\mathrm{d}A}{A} \end{aligned}\right\} \tag{4-2}$$

综合式（4-1）和式（4-2），截面形心坐标与静矩的关系为

$$\left.\begin{aligned} S_y &= z_C A \\ S_z &= y_C A \end{aligned}\right\} \tag{4-3}$$

即平面图形对某轴的静矩等于其面积与形心坐标（形心至该轴的距离）的乘积。

【例 4-1】 试计算图 4-5 所示矩形截面对 z 轴和 y 轴的静矩。

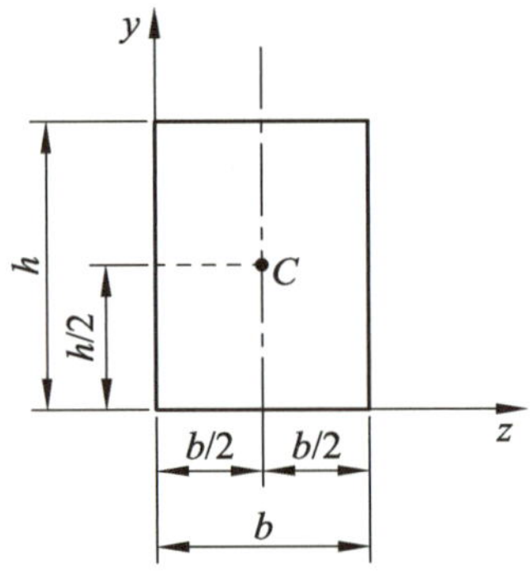

图 4-5

解： 矩形截面的面积 $A=bh$，其形心坐标 $y_C=h/2$，$z_C=b/2$。由式（4-3）有

$$S_z=y_CA=\frac{h}{2}\cdot bh=\frac{bh^2}{2}$$

$$S_y=z_CA=\frac{b}{2}\cdot bh=\frac{b^2h}{2}$$

3. 组合图形静矩和形心位置计算

工程实际中，有些构件的截面是由矩形、圆形等简单图形组合成，称为组合图形。

根据图形静矩的定义，组合图形对某轴的静矩等于各个简单图形对同一轴静矩的代数和，即

$$\left.\begin{aligned}S_y&=z_{C_1}A_1+z_{C_2}A_2+\cdots+z_{C_n}A_n=\sum_{i=1}^{n}z_{C_i}A_i\\S_z&=y_{C_1}A_1+y_{C_2}A_2+\cdots+y_{C_n}A_n=\sum_{i=1}^{n}y_{C_i}A_i\end{aligned}\right\}\tag{4-4}$$

将式（4-4）代入式（4-3），可得组合图形的形心坐标计算公式:

$$\left.\begin{aligned}y_C&=\frac{S_z}{A}=\frac{\sum_{i=1}^{n}y_{C_i}A_i}{\sum_{i=1}^{n}A_i}\\z_C&=\frac{S_y}{A}=\frac{\sum_{i=1}^{n}z_{C_i}A_i}{\sum_{i=1}^{n}A_i}\end{aligned}\right\}\tag{4-5}$$

【例 4-2】 图 4-6 所示为对称 T 型截面，求该截面的形心位置。

解： 建立直角坐标系 zOy，其中 y 为截面的对称轴。因图形相对于 y 轴对称，其形心一定在该对称轴上，因此 $z_C=0$，只需计算 y_C 值，将截面分成Ⅰ、Ⅱ两个矩形，则

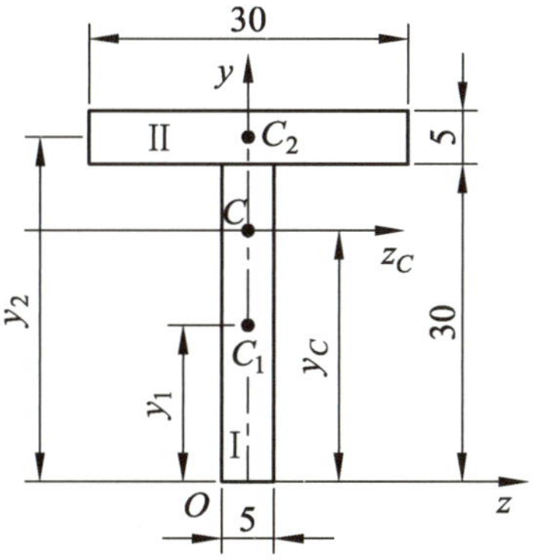

图 4-6

$$A_1 = 5 \times 30 = 150\ \text{mm}^2$$

$$A_2 = 5 \times 30 = 150\ \text{mm}^2$$

$$y_1 = 15\ \text{mm},\quad y_2 = 30 + 5/2 = 32.5\ \text{mm}$$

$$y_C = \frac{A_1 y_1 + A_2 y_2}{A_1 + A_2} = \frac{150 \times 15 + 150 \times 32.5}{150 + 150} = 23.75\ \text{mm}$$

4.2.2 惯性矩、极惯性矩和惯性积

惯性矩

1. 惯性矩

如图 4-7 所示，在平面图形上取一微面积 dA，dA 与其坐标平方的乘积 y^2dA、z^2dA 分别称为该微面积 dA 对 z 轴和 y 轴的惯性矩，它们在整个图形范围内的定积分，分别称为整个平面图形对 z 轴和 y 轴的惯性矩，用 I_z 和 I_y 表示，即

$$\left.\begin{aligned} I_y &= \int z^2 \mathrm{d}A \\ I_z &= \int y^2 \mathrm{d}A \end{aligned}\right\} \qquad (4\text{-}6)$$

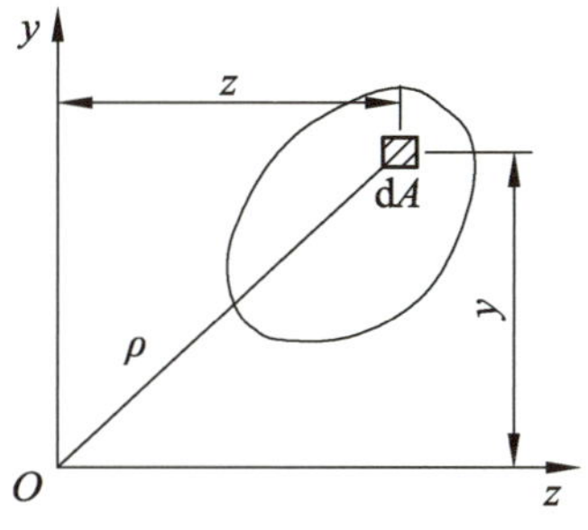

图 4-7

由定义可知惯性矩恒为正值，其常用单位是 mm^4 或 m^4。

（1）矩形截面惯性矩。

对于矩形截面，如图 4-8 所示，应用公式（4-6）得

$$I_z = \int y^2 \mathrm{d}A = \int_{\frac{-h}{2}}^{\frac{+h}{2}} y^2 b \mathrm{d}y = \frac{bh^3}{12}$$

$$I_y = \int z^2 \mathrm{d}A = \int_{\frac{-b}{2}}^{\frac{+b}{2}} z^2 h \mathrm{d}z = \frac{hb^3}{12}$$

（2）圆形截面惯性矩。

对于实心圆形截面，如图 4-9 所示，应用公式（4-6）得

$$I_z = \int_A y^2 \mathrm{d}A = 2\int_{-R}^{+R} y^2 \sqrt{R^2 - y^2} \mathrm{d}y = \frac{\pi D^4}{64}$$

同理可得：

$$I_y = \frac{\pi D^4}{64}$$

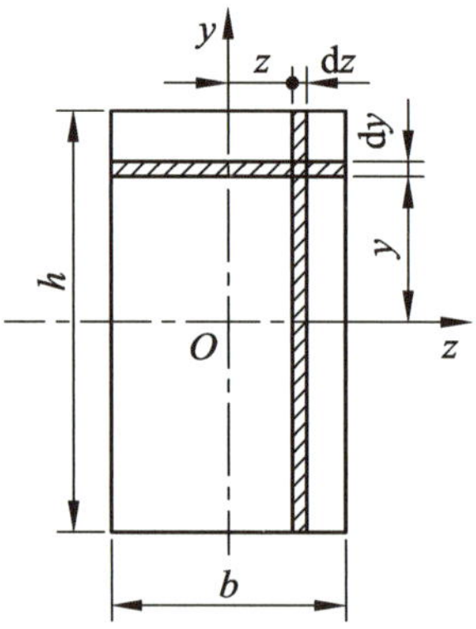

图 4-8

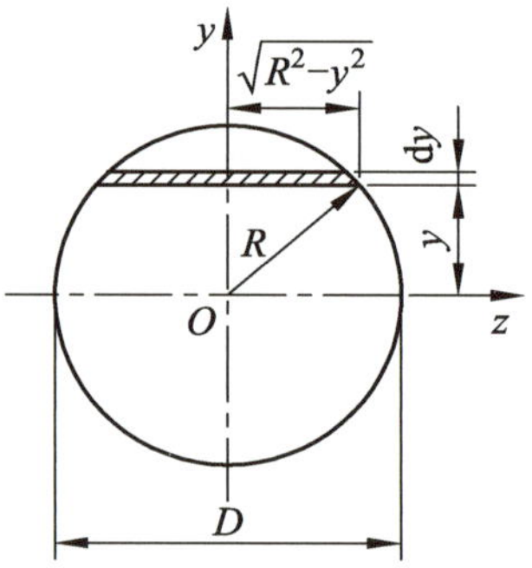

图 4-9

对于空心圆形截面（外径 D，内径 d）：

$$I_y = I_z = \frac{\pi D^4}{64}(1-\alpha^4)\text{，其中 } \alpha = \frac{d}{D}$$

2. 极惯性矩

在图 4-7 中，若将直角坐标系改为极坐标系，并以ρ表示微面积 dA 到坐标原点 O 的距离，则把$\rho^2\mathrm{d}A$ 称为 dA 对 O 点的极惯性矩，而把积分$\int_A \rho^2 \mathrm{d}A$定义为截面对 O 点的极惯性矩，用 I_ρ 表示，即

$$I_\rho = \int_A \rho^2 \mathrm{d}A \tag{4-7}$$

极惯性矩恒为正值，其常用单位是 mm^4 或 m^4。

由图 4-7 可知，$\rho^2 = y^2 + z^2$，代入式（4-7），则有 $I_\rho = \int_A (y^2 + z^2)\mathrm{d}A = \int_A y^2 \mathrm{d}A + \int_A z^2 \mathrm{d}A$，惯性矩与极惯性矩的关系为：

$$I_\rho = I_y + I_z \tag{4-8}$$

3. 惯性积

如图 4-7 所示，我们把微面积 dA 与 y、z 的乘积 yzdA 称为微面积 dA 对 z、y 两轴的惯性积。而将积分 $\int_A yz\mathrm{d}A$ 定义为截面对 z、y 两轴的惯性积，用 I_{yz} 表示，即

$$I_{yz}=\int_A y\cdot z\cdot \mathrm{d}A \tag{4-9}$$

惯性积可为正、负或零，其常用单位是 mm^4 或 m^4。

4.2.3　惯性矩的平行移轴公式

惯性矩的
平行移轴公式

如图 4-10 所示，任意平面图形的形心为 C，面积为 A，z_C 轴和 y_C 轴为图形的形心轴。y 轴平行于 y_C，两轴间的距离为 b；z 轴平行于 z_C，两轴间的距离为 a。根据惯性矩的定义，平面图形对 z 轴的惯性矩为：

$$I_z=\int_A y_1^2\mathrm{d}A=\int_A(y+a)^2\mathrm{d}A=\int_A y^2\mathrm{d}A+2a\int_A y\mathrm{d}A+a^2\int_A \mathrm{d}A$$

同理可得：

$$I_y=\int_A z_1^2\mathrm{d}A=\int_A(z+b)^2\mathrm{d}A=\int_A z^2\mathrm{d}A+2b\int_A z\mathrm{d}A+b^2\int_A \mathrm{d}A$$

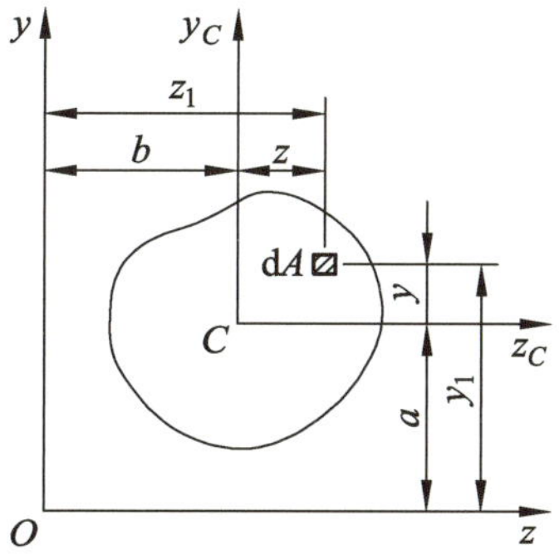

图 4-10

I_{z_C}、S_{z_C} 分别为图形对形心轴 z_C 的惯性矩和静矩。由于图形对形心轴的静矩恒等于零，所以 $S_{z_C}=0$。于是有

$$\left.\begin{aligned}I_z&=I_{z_C}+a^2A\\I_y&=I_{y_C}+b^2A\end{aligned}\right\} \tag{4-10}$$

上式即为惯性矩的平行移轴公式。它表明：平面图形对任意轴的惯性矩，等于图形对与该轴平行的形心轴的惯性矩加上图形的面积与两轴距离平方的乘积。

本章小结

材料力学在内容体系形式上是按四种基本变形来划分的，四种基本变形构成了材料力学的横向线。而对每一种基本变形，受力研究采用的是由表及里、由外向内的方法，这种外力-内力-应力的研究方法构成了材料力学的纵向线。两条线纵横交错，把材料力学的内容科学、有机地联系在一起。

1. 材料力学的研究对象及基本假设：

连续均匀性假设、各向同性假设、变形微小假设。

2. 杆件的基本变形形式：

拉伸与压缩、剪切、扭转、弯曲。

3. 静矩公式：

$$S_z = \int_A y\mathrm{d}A\,,\quad S_y = \int_A z\mathrm{d}A$$

4. 形心坐标公式：

$$y_C = \frac{\int_A y\mathrm{d}A}{A}\,,\quad z_C = \frac{\int_A z\mathrm{d}A}{A}$$

5. 平面图形对 y 轴和 z 轴的惯性矩：

$$I_y = \int z^2\mathrm{d}A\,,\quad I_z = \int y^2\mathrm{d}A$$

6. 平面图形对 y 轴和 z 轴的惯性积：

$$I_{yz} = \int_A y\cdot z\cdot\mathrm{d}A$$

7. 惯性矩的平行移轴公式：

$$I_z = I_{z_C} + a^2A$$

$$I_y = I_{y_C} + b^2A$$

课后训练

班级：____________ 学号：____________ 姓名：____________ 成绩：____________

一、填空题

1. 具有对称性的截面图形，其形心必在____________轴上，截面对该轴的静矩为__________。

2. 截面图形对一点的极惯性矩，等于截面对通过该点的任意两正交坐标轴的____________之和。

3. 杆件的几何特征是其长度__________________。

4. 各向同性假设认为变形固体在各个方向上具有相同的______________。

二、判断题

1. 各向同性假设认为，材料沿各个方向具有相同的力学性质。(　　)

2. 构件的强度、刚度和稳定性问题均与材料的力学性能有关。(　　)

3. 松木、铸铁可应用各向同性假设。(　　)

4. 圆心截面对其形心轴的惯性矩为 $\pi d^2/4$。(　　)

三、选择题

1. 材料力学主要研究(　　)。

A. 材料的机械性能　　B. 材料的力学问题

C. 构件中力与材料的关系　　D. 构件受力后的变形与破坏的规律

2. 对于某个平面图形，下列结论正确的是(　　)。

A. 图形对某一轴的惯性矩可以为零

B. 图形若有两根对称轴，该两对称轴的交点必为形心

C. 对于图形的对称轴，惯性矩必为零

D. 若图形对某轴的惯性矩等于零，则该轴必为对称轴

3. 均匀性假设认为，材料内部各点的(　　)是相同的。

A. 应力　　B. 应变

C. 位移　　D. 力学性质

四、计算题

计算图 4-11 所示各截面图形对其形心轴的惯性矩。

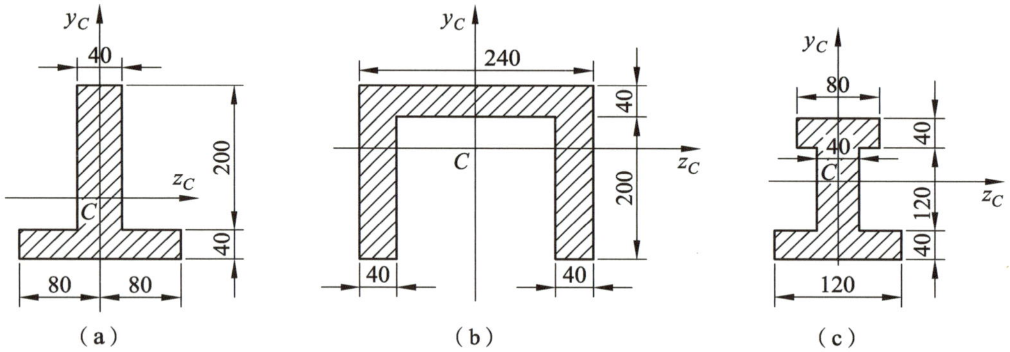

图 4-11

课堂小测

班级：__________ 学号：__________ 姓名：__________ 成绩：__________

一、填空题（每空 2 分，共计 24 分）

1. 材料力学的任务是在__________原则下为设计构件提供基本理论和计算方法。

2. 构件的强度表示构件__________能力。

3. 构件的刚度表示构件__________能力。

4. 构件的稳定性表示构件__________能力。

5. 杆件在外力作用下的四种基本变形分别是：______、______、______、______。

6. 设矩形对其一对称轴 z 的惯性矩为 I_z，则当其长宽比保持不变，而面积增加 1 倍时，则该图形对其对称轴 z 的惯性矩为__________。

7. 材料力学对变形固体的基本假设有__________、__________、__________。

二、判断题（每题 3 分，共计 18 分）

1. 材料力学的任务是在保证安全的原则下设计构件。(　　)

2. 构件的强度、刚度和稳定性与所用材料的力学性质有关。(　　)

3. 要使结构安全正常地工作，就必须要求组成它的大部分构件能安全正常地工作。(　　)

4. 任何物体在外力作用下，都会产生变形。(　　)

5. 自然界中的物体分为两类：绝对刚体和变形固体。(　　)

6. 设计构件时，强度越高越好。(　　)

三、选择题（每题 4 分，共计 28 分）

1. 在下列关于平面图形的结论中，错误的是（　　）。

A. 图形的对称轴必定通过形心　　B. 图形对对称轴的静矩为零

C. 图形两个对称轴的交点必为形心　　D. 使静矩为零的轴必为对称轴

2. 各圆半径相等，在图 4-12（　　）所示的坐标系中圆的 S_x 为正，S_y 为负。

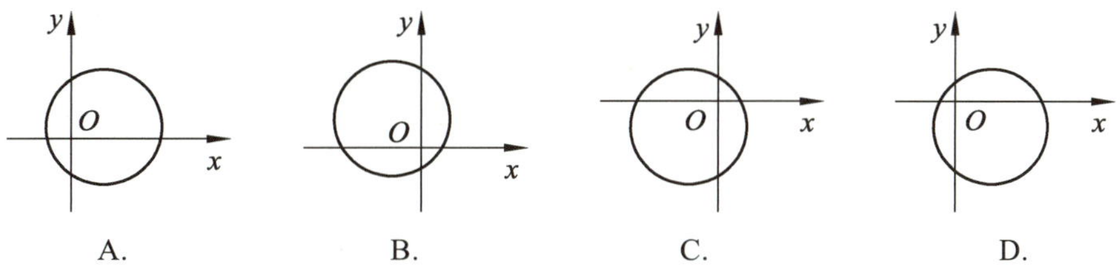

图 4-12

3. 在平面图形的几何性质中，(　　)的值可正、可负，也可为零。

A. 静矩和惯性矩　　B. 极惯性矩和惯性矩

C. 惯性矩和惯性积　　D. 静矩和惯性积

4. 构件在外力作用下(　　)的能力称为稳定性。

A. 不发生断裂　　B. 保持原有平衡状态

C. 不产生变形　　D. 保持静止

5. 物体受力作用而发生变形，当外力去掉后又能恢复原来形状和尺寸的性质称为(　　)。

A. 弹性　　B. 塑性　　C. 刚性　　D. 稳定性

6. 图 4-13 所示矩形截面，m—m 线以上部分和以下部分对形心轴的两个静矩的(　　)。

A. 绝对值相等，正负号相同

B. 绝对值相等，但正负号不同

C. 绝对值不等，正负号相同

D. 绝对值不等，正负号不同

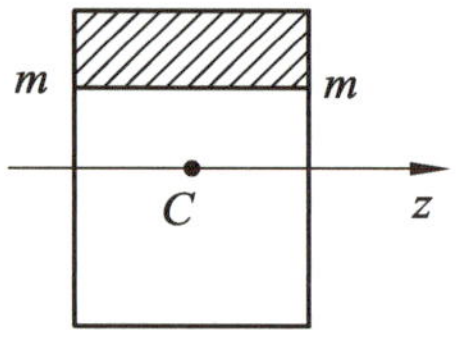

图 4-13

7. 小变形指的是(　　)。

A. 构件的变形很小　　B. 刚体的变形

C. 构件的变形比其尺寸小得多　　D. 构件的变形可以忽略不计

四、计算题（每题 15 分，共计 30 分）

1. 试计算图 4-14 所示组合图形的形心坐标。

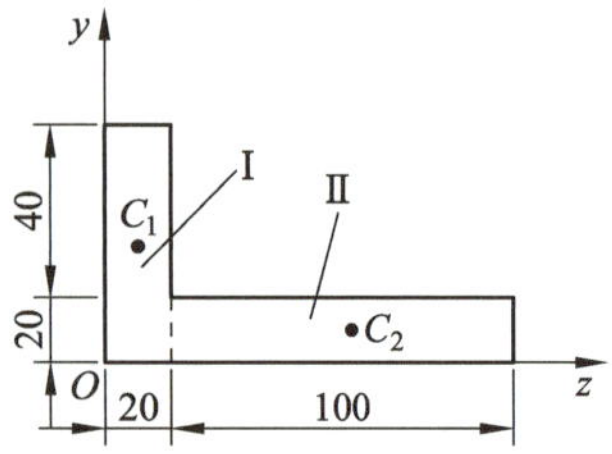

图 4-14

2. 试计算图 4-15 所示工字型平面图形对形心轴 z 和 y 的惯性矩。

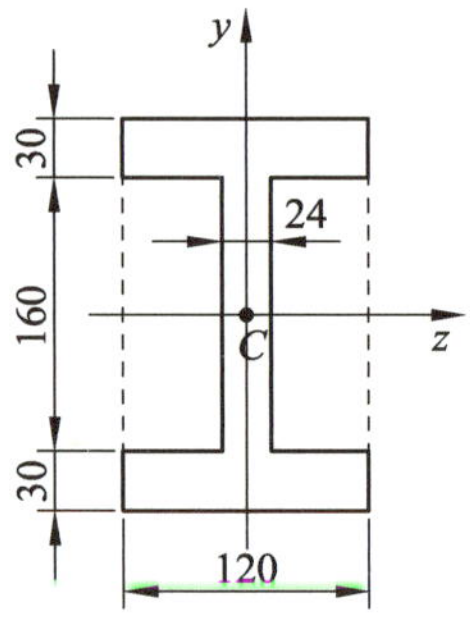

图 4-15

能力提升

班级：__________ 学号：__________ 姓名：__________ 成绩：__________

一、思考题

1. 形心与重心有什么区别？

2. 主惯性矩和极惯性矩有什么区别与联系？

3. 如图 4-16 所示 T 形截面，C 为形心，z 为形心轴，请问 z 轴上下两部分对 z 轴的静矩存在什么关系？

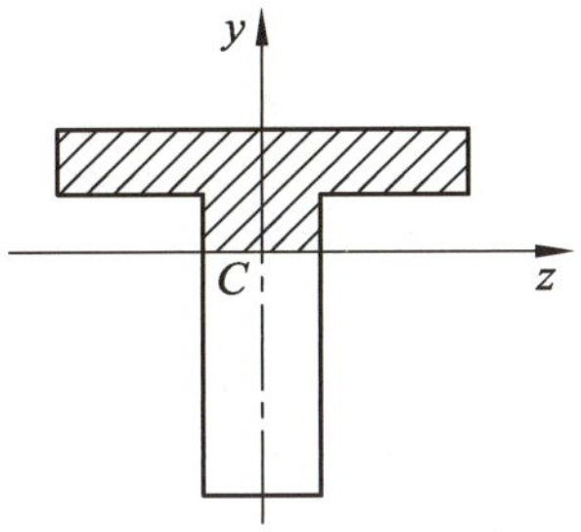

图 4-16

4. 图 4-17 所示直径为 D 的半圆，已知它对 z 轴的惯性矩 $I_z=\dfrac{\pi D^4}{128}$，则对 z_1 轴的惯性矩进行如下计算是否正确？为什么？

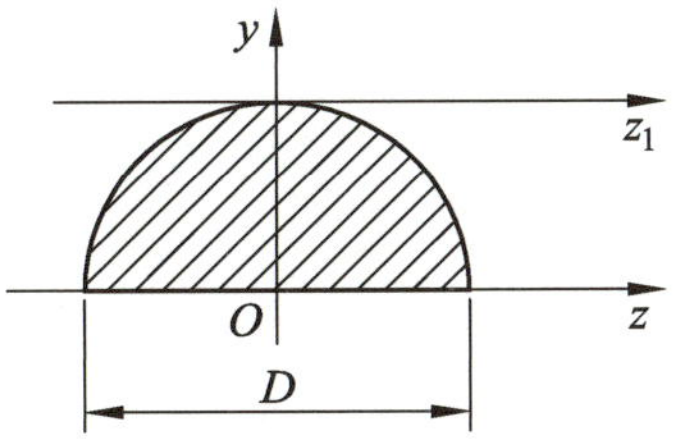

图 4-17

$$I_{z_1}=I_1+a^2A=\frac{\pi D^4}{128}+\left(\frac{D}{2}\right)^2\cdot\frac{\pi D^2}{8}=\frac{5\pi D^4}{128}$$

二、计算题

1. 如图 4-18 所示截面图形，求

（1）形心 C 的位置。

（2）阴影部分对 z 轴的静矩。

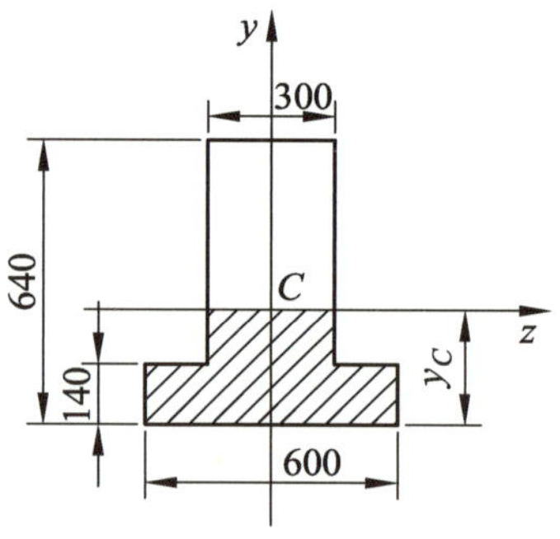

图 4-18

2. 试确定图 4-19 所示图形的形心位置，并求对形心轴 z_1 轴和 z 轴的惯性矩。

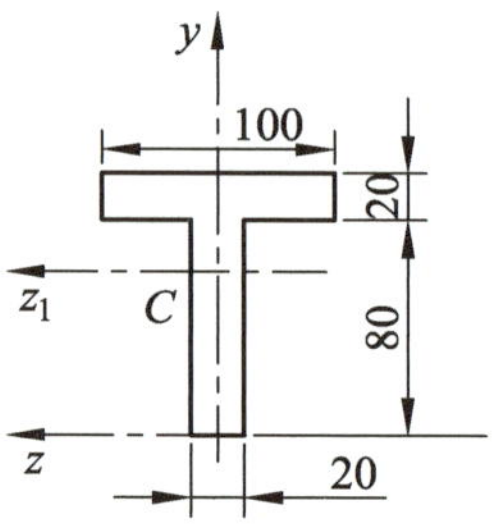

图 4-19

5 拉伸与压缩

学习指南

材料力学主要研究和分析作用在构件上的力与平衡的关系，包括构件的内力、应力、变形的计算方法，以及构件的强度、刚度和稳定条件，为保证结构构件安全、可靠、合理提供可靠的理论依据。

轴向拉伸与压缩

本章重点研究轴向拉压杆的内力、应力及变形，即利用截面法进行内力计算并绘制轴力图，拉压杆横截面应力及强度计算，材料弹性范围内利用胡克定律进行变形计算，在此基础上研究材料在拉伸和压缩时的力学性能。本章拉压杆从受力分析入手，绘制受力图，计算内力，再依次学习应力、强度、变形的计算，最后分析材料力学性能。本章的基本内容如下思维导图所示。

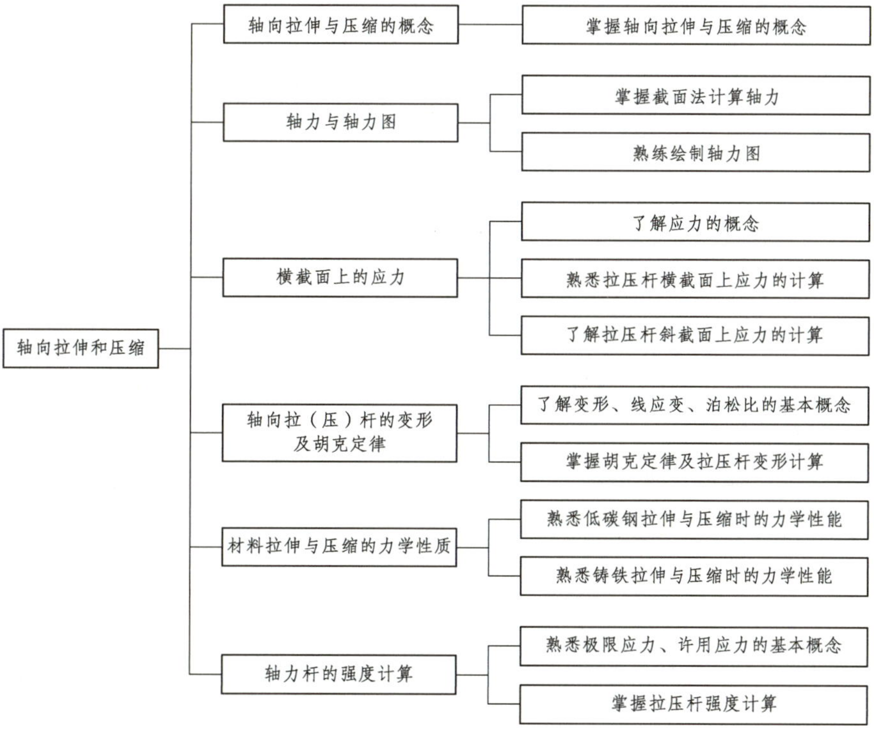

5.1　轴向拉伸与压缩的概念

工程实际中，发生拉伸与压缩变形的构件很多，如三角支架、桁架等，都是拉伸或压缩的实例，如图 5-1、图 5-2 所示。

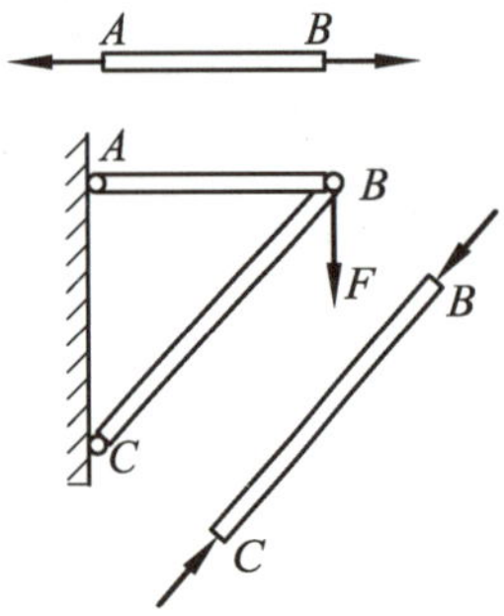

图 5-1

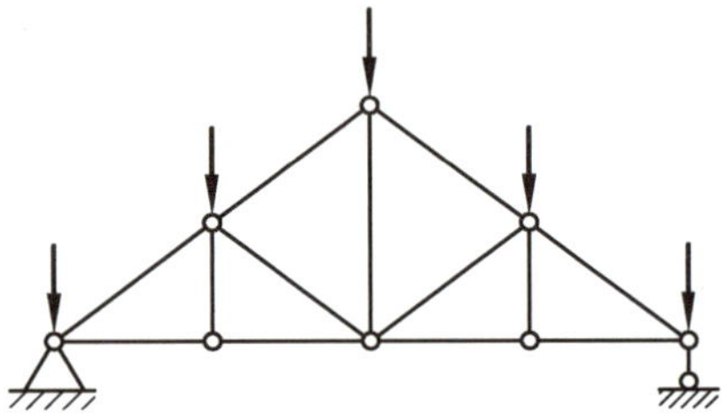

图 5-2

通过以上实例可以看出，拉伸与压缩杆件的受力特点是：所有外力（或外力的合力）沿杆轴线作用。变形特点是：杆沿轴线伸长或缩短。上述变形形式称为拉伸与压缩变形。由于是沿杆件轴线伸长或缩短，所以也叫轴向拉伸与压缩。

5.2　轴力与轴力图

轴拉（压）杆件内力计算

5.2.1　内　力

物体内部某一部分与另一部分之间相互作用的力称为内力。

这里所说的内力不是指物体颗粒间在未受外力之前已经存在的相对作用力，而是指由于外力作用而引起的内力改变量，也称为附加内力。内力的大小及其在杆件内部截面上的分布方式与构件的强度、刚度和稳定性有着密切的联系，所以内力的研究是解决杆件强度、刚度、稳定性问题的基础。

5.2.2　截面法

截面法是求内力的最根本的方法。截面法的基本步骤概括如下：

（1）一截为二：在需要求内力的截面处，用假想截面将杆件截成两部分。

（2）弃一留一：取其中任一部分为研究对象，将弃去部分对研究对象的作用用内力来替代。

（3）平衡求力：将保留部分列平衡方程，由已知外力求出内力。

轴拉（压）杆件内力计算例题讲解

现以下例进行说明：

要想将杆件内部的内力显示并计算出来，必须使用截面法，截面法首先要用假想截面将杆件截开，实际中通常选取垂直于轴线的截面，称为横截面。

设拉杆在外力 $\boldsymbol{F}$ 的作用下处于平衡状态，如图 5-3 所示，运用截面法，将杆件沿任一截面 m—m 假想分为两段。拿掉部分的作用，用内力来替代，实际内力是个分布力系，我们用合力来表示。因拉压杆件的所有外力都沿杆轴线方向，由平衡条件可知，其任一截面内力的作用线也必沿杆的轴作用，正是因为这一特点，拉伸与压缩杆件横截面的内力也习惯简称为轴力，用大写符号 $\boldsymbol{N}$ 来表示。

图 5-3

轴力 $\boldsymbol{N}$ 的大小，由左段（或右段）的平衡方程得

$$\sum F_x = 0,\ N - F = 0$$

得
$$N = F$$

杆件产生拉伸变形时，轴力的指向离开横截面；杆件产生压缩变形时，轴力指向横截面。一般规定：拉伸时的轴力为正；压缩时轴力为负。

5.2.3 轴力图

轴力图是在以杆件轴线为横轴、以截面对应轴力 $\boldsymbol{N}$ 为纵轴的坐标系上作出的关于轴力的图形。轴力图可以反映出轴力沿杆件轴线的变化规律，是强度校核与设计的重要依据。在以后的拉压问题中，只要沿轴线轴力值不完全相同，就必须画出轴力图，轴力图是内力图的一种，以后介绍基本变形时，还要介绍其他变形的内力图。

轴力图的具体作法如下：

（1）将杆件按外力变化情况分段，并用截面法求出各段控制截面的轴力。

（2）建立一直角坐标系，其中 x 轴与杆的轴向方向一致，表示杆件截面的位置，N 轴垂直于 x 轴，表示轴力大小，通常坐标原点与杆端对应。

（3）根据各段轴力的大小绘出图线，标出纵标线、纵标值、正负号、图名、单位。

下面举例说明轴力计算及轴力图的画法。

【例 5-1】 试求图 5-4（a）中所示直杆指定截面的轴力值并画出整个杆的轴力图。已知：$F_1 = 20\ \text{kN}$，$F_2 = 50\ \text{kN}$。

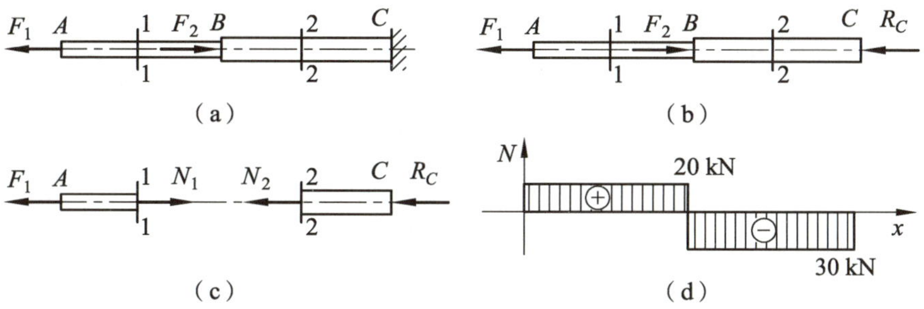

图 5-4

解：（1）求 C 端约束反力。

画出整个杆的受力图，如图 5-4（b）所示，由整个杆的平衡条件

$$\sum F_x = 0,\ F_1 - F_2 + R_C = 0$$

得 $$R_C = 30\ \text{kN}$$

（2）计算图 5-4（b）中指定截面 1—1、2—2 上的截面轴力，如图 5-4（c）所示。

1—1 截面：$N_1 = F_1 = 20\ \text{kN}$（拉力）。

2—2 截面：$N_2 = -R_C = -30\ \text{kN}$（压力）。

（3）画轴力图。

由截面法分析可知，AB 段所有截面轴力与 1—1 截面相同，BC 段所有截面轴力与 2—2 截面相同，故轴力图如图 5-4（d）所示。

5.3 横截面上的应力

轴拉（压）杆件应力计算

5.3.1 应力的概念

从力学意义上讲，应力是构件内部截面上一点的受力大小。在假想截面截开之前，构件内部每相邻两点之间都是存在相互作用的，内力只能说是截面上所有点受力的合力，仍然是不够详细的，不能详细代表构件的承力大小。而应力是最为详细的，可最为准确地表示构件的承力情况。

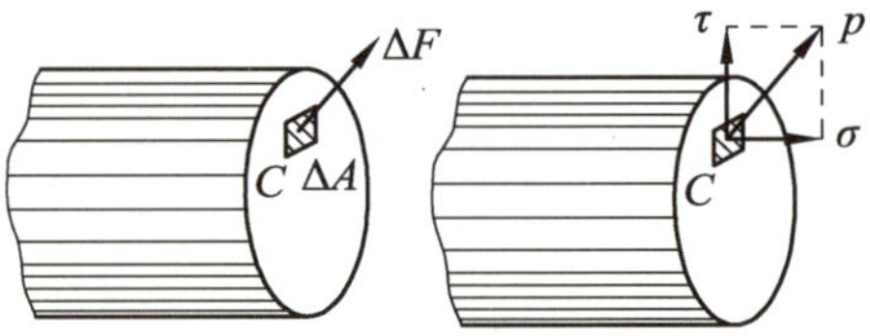

图 5-5

为了确定截面上任意点 C 点的应力大小，可绕 C 点取一微小截面积ΔA，设ΔA 上作用的微内力为$\Delta \boldsymbol{F}$，如图 5-5 所示，则该点的应力为

$$p = \lim_{\Delta A \to 0} \frac{\Delta \boldsymbol{F}}{\Delta A} = \frac{\mathrm{d}\boldsymbol{F}}{\mathrm{d}A}$$

应力是矢量，它的方向与$\Delta \boldsymbol{F}$ 方向相同。材料力学中，通常把 p 分解为垂直于截面的分量 σ 和沿截面的分量 τ，σ 称为正应力，τ 称为剪应力。正应力和剪应力所产生的变形及对构件的破坏方式是不同的，所以在强度问题中通常分开处理。

在国际单位制中，应力的单位是帕斯卡，用符号 Pa 来表示，$1\ \text{Pa} = 1\ \text{N/m}^2$，比较大的应力用 MPa（$10^6$ Pa）和 GPa（10^9 Pa）来表示。

5.3.2　轴向拉（压）杆横截面上的正应力

前面介绍过应力通常分解成垂直于截面的正应力和沿截面的剪应力。那么在拉压杆的横截面上究竟是什么样的应力，又如何去计算呢？为了解决这一问题，必须确定内力在横截面上的分布情况。下面举一个基于实际的讲解试验来说明问题。

轴拉（压）杆件应力计算例题讲解

取一个橡胶或海绵等易于变形的材料制成等截面矩形截面杆，如图5-6（a）所示，承力前在侧面画两条垂直于轴线的横向线，横向线之间上下各画一条平行于轴线的纵向线。横向线代表两个横截面，纵向线用来观察伸长情况，推知应力分布情况。

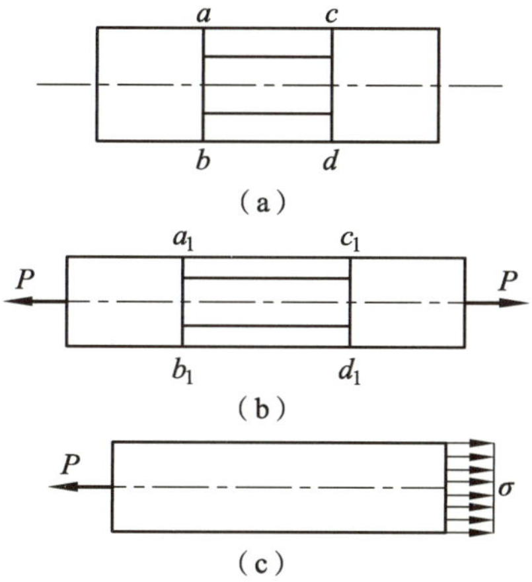

图 5-6

试验时，在杆两端加拉力。如图5-6（b）所示，可以观察到两条横向线远离，但仍保持垂直于轴线的直线，说明横截面属性未变；纵向线伸长说明两端受沿轴线拉力；纵向线伸长长度相同说明所受拉力相等。由于截面间未有错动，说明截面上每点只受正应力，未受剪应力，且截面上每点所受正应力相同，沿截面均匀分布，如图5-6（c）所示。因此，拉压构件横截面上的应力可用平均应力计算如下：

$$\sigma=\frac{N}{A} \tag{5-1}$$

式中，σ为横截面上的正应力；N为横截面上的内力（轴力）；A为横截面的面积。

【例 5-2】 圆截面阶梯杆不计自重，如图5-7（a）所示。设荷载$F=3.14\ \mathrm{kN}$，粗段直径$d_1=20\ \mathrm{mm}$，细段直径$d_2=10\ \mathrm{mm}$。试求：

（1）各段内力，并画轴力图。

（2）各段应力。

解：（1）外力分析。

画出杆的受力图，如图5-7（b）所示。由杆的平衡方程求出A端未知约束反力。

$$\sum F_x=0,\ R_A-3F+F=0$$

解得　$R_A=6.28\ \mathrm{kN}$

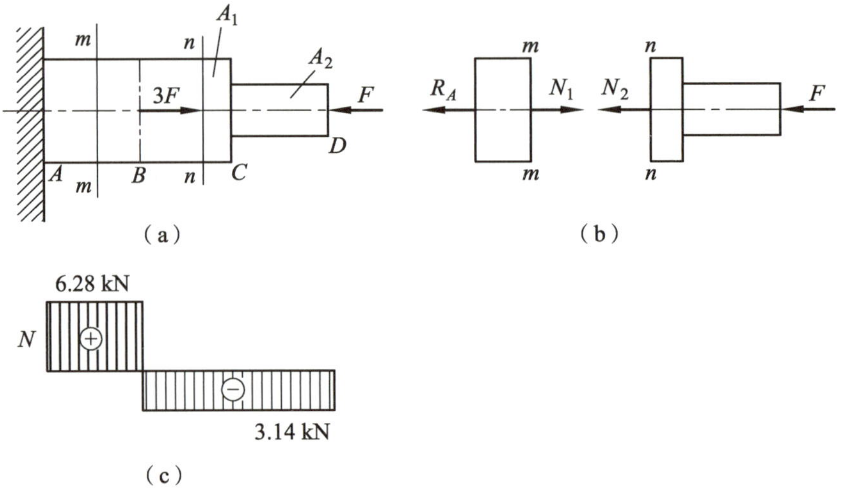

图 5-7

（2）内力分析。

首先进行分段，由于内力计算只与外力有关，与截面形状和尺寸无关，相邻外力之间的所有截面的内力相等，所以可将阶梯杆分为两段：*AB* 段和 *BD* 段。然后用轴力计算法则在每一段任取截面，用轴力计算法则计算出各段轴力：

$$N_1 = 2F = 6.28\ \text{kN}$$

$$N_2 = -F = -3.14\ \text{kN}\ \text{（压力）}$$

作出整个杆的轴力图，如图 5-7（c）所示。

（3）应力分析。

应力也要分段计算，由计算公式可知，应力与 *N* 和 *A* 有关，根据轴力将杆分为两段，而 *BD* 段粗细不同，可再分两段，故一共分为三段：*AB*、*BC*、*CD*。

$$AB\text{ 段：}\quad \sigma_{AB} = \frac{N_1}{A_1} = \frac{6.28\times10^3}{\dfrac{\pi\times20^2}{4}} = 20\ \text{MPa}$$

$$BC\text{ 段：}\quad \sigma_{BC} = \frac{N_2}{A_1} = \frac{-3.14\times10^3}{\dfrac{\pi\times20^2}{4}} = -10\ \text{MPa}$$

$$CD\text{ 段：}\quad \sigma_{CD} = \frac{N_2}{A_2} = \frac{-3.14\times10^3}{\dfrac{\pi\times10^2}{4}} = -40\ \text{MPa}$$

从以上计算结果可以看出，对于受拉受压承受能力相同的材料，*CD* 段是最危险的，因为 *CD* 段的应力绝对值最大。

5.3.3 轴力杆斜截面上的应力

在拉伸和压缩的试验中，可以看到许多现象：铸铁拉断时，其断面与轴线垂直，而压缩破坏时，其断面与轴线约呈 45°；低碳钢拉伸到屈服阶段时，出现与轴线呈 45°方向的滑移线。要全面分析这些现象，说明发生破坏的原因，除了知道横截面上的正应力外，还需要进一步研究其他斜截面上的应力情况。

取一受轴向拉伸的等直杆，研究与横截面呈 α 角的斜截面 n—n 上的应力情况，如图 5-8（a）所示。运用截面法，假想地将杆在 n—n 截面切开，并研究左段的平衡，如图 5-8（b）所示，则得到此斜截面 n—n 上的内力 N_α 为

$$N_\alpha = F \tag{5-2}$$

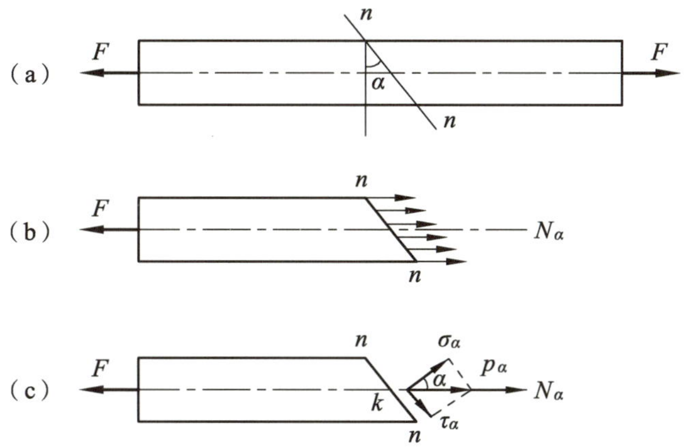

图 5-8

仿照求解横截面上正应力变化规律的过程，同样可以得到斜截面上各点处的总应力 p_α 相等的结论。于是有

$$p_\alpha = \frac{N_\alpha}{A_\alpha} \tag{5-3}$$

设横截面面积为 A，则斜截面面积为 $A_\alpha = \dfrac{A}{\cos\alpha}$，将此关系代入式（5-3），并利用式（5-2），可得

$$p_\alpha = \frac{N_\alpha}{A_\alpha} = \frac{F}{A/\cos\alpha} = \frac{F}{A}\cos\alpha = \sigma\cos\alpha \tag{5-4}$$

式中，$\sigma = \dfrac{F}{A}$，即横截面上的正应力。

将斜截面上任一点 k 处的总应力 p_α 分解为垂直于斜截面的正应力 σ_α 和沿斜截面的切应力 τ_α，这样，就可以用 σ_α 及 τ_α 两个分量来表示 n—n 斜截面上任一点 k 的应力情况，如图 5-8（c）所示。将 p_α 分解后，并利用式（5-4），得到

$$\sigma_\alpha = p_\alpha\cos\alpha = \sigma\cos^2\alpha = \frac{\sigma}{2}(1+\cos 2\alpha) \tag{5-5}$$

$$\tau_\alpha = p_\alpha\sin\alpha = \sigma\sin\alpha\cos\alpha = \frac{\sigma}{2}\sin 2\alpha \tag{5-6}$$

从上面公式可以看出，σ_α 与 τ_α 都是 α 角的函数，所以截面的方位不同，截面上的应力也就不同。当 $\alpha=0$ 时，斜截面成为垂直于 n—n 轴线的横截面，如图 5-9（a）所示，σ_α 达最大值，且

$$\sigma_0=\sigma_{\max}=\sigma$$

现若规定从 x 轴沿逆时针转到 α 截面的外法线 n 时，α 为正值，反之为负，则当 $\alpha=45°$[见图 5-9（b）]和 $\alpha=-45°$[见图 5-9（c）]时 τ_α 达到极值，分别为

$$\tau_{45°}=\tau_{\max}=\frac{\sigma}{2}$$

$$\tau_{-45°}=\tau_{\min}=-\frac{\sigma}{2}$$

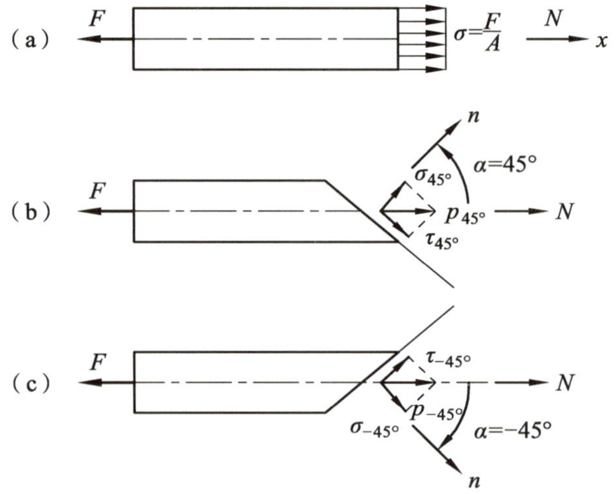

图 5-9

通过上述分析，便可说明实验中所出现的各种破坏现象：铸铁受拉时，由于横截面上的正应力达到强度极限而被拉断；受拉的低碳钢出现的滑移线和受压铸铁破坏时所发生的现象，都是由于该截面上有最大切应力，当它达到极限值时，便在最大切应力作用面上发生相互错动或剪断。

随着 α 的改变，τ 值有正、负变化，即切应力的指向随所在截面的位置而异。为了说明切应力的指向，将做如下的规定：将截面的外向法线沿顺时针转 90°，和它的方向相同的切应力为正[见图 5-10（a）]，反之为负[见图 5-10（b）]。

由以上分析还可以看到，在 − 45°和 + 45°斜截面上的切应力满足如图 5-10（c）所示关系。

− 45°和 + 45°两个截面是相互垂直的。因此，在任意两个相互垂直的截面上的切应力，总是数值相等而符号相反。这个定理称为切应力互等定理。要证明很容易：由式（5-6）得

$$\tau_\alpha=\frac{\sigma}{2}\sin 2\alpha=-\frac{\sigma}{2}\sin 2(\alpha+90°)=-\tau_{\alpha+90°}$$

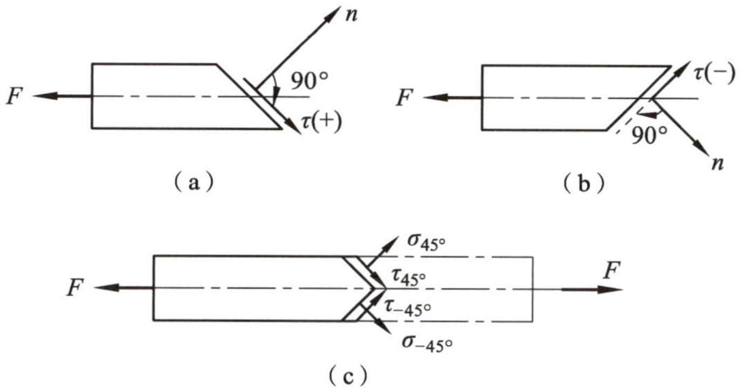

图 5-10

5.4　轴向拉（压）杆的变形及胡克定律

轴拉（压）杆件
变形计算

上节进行了拉压杆的受力研究，下面来分析一下材料力学关心的另一个问题——变形问题。

拉压杆的变形可通过变形和线应变两种形式来表示。

5.4.1　变　形

实践表明，当拉杆沿其轴向伸长时，其横向将变细；压杆则相反，轴向缩短时，横向变粗，如图 5-11 所示。

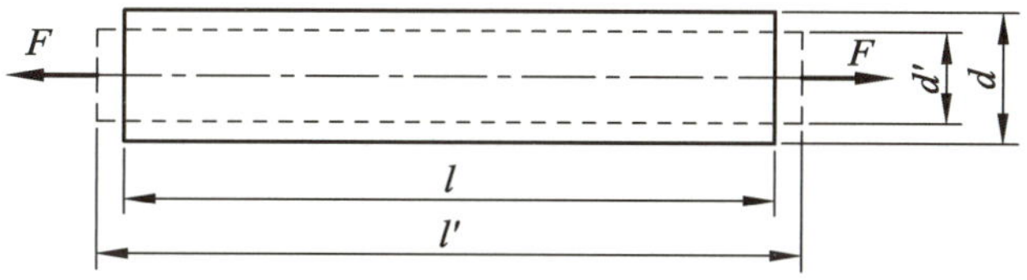

图 5 11

设直杆变形前原长为 l，横向尺寸为 d；变形后的纵向尺寸为 l'，横向尺寸为 d'，则纵向变形和横向变形分别为：

$$\Delta l = l' - l$$

$$\Delta d = d' - d$$

Δl 和 Δd 是杆纵向和横向的伸长量或缩短量，叫作纵向和横向变形，也叫绝对变形。

拉伸时 Δl 为正，Δd 为负；压缩时 Δl 为负，Δd 为正。无论拉伸或压缩，二者始终为异号。

绝对变形的优点是直观，可直接测量；缺点是无法表示变形的程度，如把 1 cm 长和 10 cm 长的两根橡皮棒均拉长 1 mm，绝对变形相同，但变形程度不同，绝对变形是无法表示变形程度的。工程中变形程度通常用线应变来表示。

5.4.2　线应变

上例中，绝对变形相同，但原长不同，使变形程度不同，如果消除原长的影响就可表示变形程度，于是定义单位长度上的绝对变形为线应变，用符号 ε 表示，则纵向线应变和横向线应变分别为：

$$\varepsilon=\frac{\Delta l}{l}$$

$$\varepsilon=\frac{\Delta d}{d}$$

线应变也叫相对变形。上例中，1 cm 杆的线应变为 10%，10 cm 杆的线应变为 1%，前者是后者的 10 倍。

5.4.3　泊松比

实验表明：对于同种材料，在弹性限度内，横向线应变和纵向线应变成正比。即

$$\varepsilon_1=-\mu\varepsilon \tag{5-7}$$

其中系数 μ 称为泊松比，其量纲为 1，随材料不同而不同。工程中常见材料的泊松比见表 5-1。

表 5-1　几种常见材料的 E、μ 值

材料名称	E/GPa	μ
低碳钢	196 ~ 216	0.25 ~ 0.33
合金钢	186 ~ 216	0.24 ~ 0.33
灰铸铁	115 ~ 157	0.23 ~ 0.27
铜及其合金	74 ~ 128	0.31 ~ 0.42
橡胶	0.007 85	0.47

泊松比指出了横向变形和纵向变形的定量联系，今后在对拉伸与压缩的变形研究时，我们不用分两个方位同时研究，而只需研究纵向变形，横向变形可以由纵向变形和泊松比推出，以后再提到变形时，若不外加说明均指纵向变形。

5.4.4　胡克定律

实践表明：对于拉伸与压缩杆件，当应力不超过比例极限时，杆的变形量Δl 与轴力 N、杆长 l 成正比，与杆的横截面积 A 成反比。即

$$\Delta l=\frac{Nl}{EA} \tag{5-8}$$

这一结论于 1678 年由英国科学家胡克提出，故称为胡克定律。胡克定律是力学中最为重要的定律之一，它最先揭示了材料力学的两大研究方向之一的力与变形的定量联系。式中系

数 E 称为弹性模量，其值大小代表材料抵抗拉伸与压缩弹性变形的能力大小，是材料重要的刚度指标，单位是 MPa 或 GPa。各种材料的弹性模量 E 可通过实验测得，几种常见材料的 E 值见表 5-1。

将应力 $\sigma=\dfrac{N}{A}$ 及线应变 $\varepsilon=\dfrac{\Delta l}{l}$，代入式（5-7），胡克定律可化为另一种形式：

$$\varepsilon=\frac{\sigma}{E} \quad \text{或} \quad \sigma=E\varepsilon \tag{5-9}$$

它表示：当应力不超过比例极限时，应力与应变成正比。它揭示了应力与应变的定量关系。

胡克定律在使用时需要注意以下几点：

（1）应力不超过比例极限是胡克定律的适用范围。比例极限是材料的一个特性指标，通过实验测得，我们将在材料的力学特性当中介绍。应力超过比例极限后，胡克定律误差较大，不再适用。

（2）应力与应变、轴力与变形必须在同一方向上。

（3）在长度 l 内，须保证 N、E、A 均为常量，经常用分段计算的方法以保证上述各量为常量。

轴拉（压）杆件变形计算例题讲解

【例 5-3】 例 5-2 中若已知材料的弹性模量 $E=200\ \text{GPa}$，$AB=BC=CD=l=100\ \text{mm}$，试计算整个杆的变形。

解： 杆的总变形为

$$\begin{aligned}\Delta l&=\Delta l_{AB}+\Delta l_{BC}+\Delta l_{CD}=\frac{N_1 l}{EA_1}+\frac{N_2 l}{EA_1}+\frac{N_2 l}{EA_2}\\&=\frac{6.28\times10^3\times100}{200\times10^3\times(\pi\times20^2)/4}+\frac{-3.14\times10^3\times100}{200\times10^3\times(\pi\times20^2)/4}+\frac{-3.14\times10^3\times100}{200\times10^3\times(\pi\times10^2)/4}\\&=0.01-0.005-0.02=-0.015\ \text{mm}\end{aligned}$$

【例 5-4】 如图 5-12（a）所示桁架，AB 和 AC 杆均为钢杆，弹性模量 $E=200\ \text{GPa}$，$A_1=200\ \text{mm}^2$，$A_2=250\ \text{mm}^2$，$F=10\ \text{kN}$。试求节点 A 的位移（杆 AB 长度 $l_1=2\ \text{m}$）。

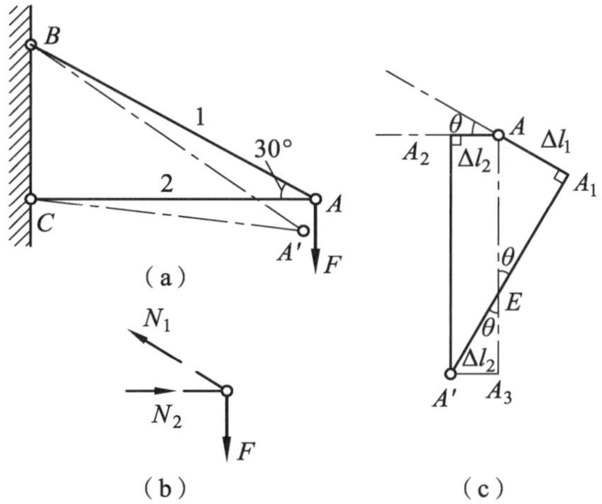

图 5-12

解：（1）受力分析。

取节点 A 作为研究对象。设杆 1，2 的轴力分别为 N_1 和 N_2，其方向如图 5-12（b）所示。由平衡条件 $\sum F_y = 0$ 和 $\sum F_x = 0$ 得两杆的轴力分别为

$$N_1 = \frac{F}{\sin 30^\circ} = 2F = 20\ \text{kN}$$

$$N_2 = N_1 \cos 30^\circ = 1.73F = 17.3\ \text{kN}$$

（2）杆件变形计算。

杆 1 沿轴线方向的伸长量为

$$\Delta l_1 = AA_1 = \frac{N_1 l_1}{E_1 A_1} = \frac{20\times10^3\times2}{200\times10^9\times200\times10^{-6}} = 1\times10^{-3}\ \text{m} = 1\ \text{mm}$$

杆 2 沿轴线方向的缩短量为

$$\Delta l_2 = AA_2 = \frac{N_2 l_2}{E_2 A_2} = \frac{17.3\times10^3\times1.73}{200\times10^9\times250\times10^{-6}} = 0.6\times10^{-3}\ \text{m} = 0.6\ \text{mm}$$

（3）节点 A 的位移。

由于 AB 杆的伸长和 AC 杆的缩短，使节点 A 位移至 A' 点。变形后的 A' 点，是以 B 点为圆心、$(l_1+\Delta l_1)$ 为半径所作圆弧，与以 C 点为圆心、$(l_2-\Delta l_2)$ 为半径所作圆弧的交点。但是，在小变形条件下，Δl_1 和 Δl_2 与杆的原长度相比很小，上述圆弧可近似用其切线代替，如图 5-12（c）所示。因此，节点 A 的水平位移 δ_H 垂直位移 δ_V 分别为

$$\delta_H = AA_2 = \Delta l_2 = 0.6\times10^{-3}\,\text{m} = 0.6\ \text{mm}$$

$$\begin{aligned}\delta_V &= AA_3 = AE + EA_3 = \frac{\Delta l_1}{\sin\theta} + \frac{\Delta l_2}{\tan\theta} = \frac{1\times10^{-3}}{0.5} + \frac{0.6\times10^{-3}}{0.577}\\ &= 3\times10^{-3}\ \text{m} = 3\ \text{mm}\end{aligned}$$

节点 A 的总位移 δ_A 为

$$\delta_A = \sqrt{\delta_H^2 + \delta_V^2} = \sqrt{(0.6\times10^{-3})^2 + (3\times10^{-3})^2} = 3.06\times10^{-3}\ \text{m} = 3.06\ \text{mm}$$

5.5 材料拉伸与压缩的力学性质

材料的力学性能是指材料承载时，在强度和变形等方面所表现出来的特性。

不同材料在受力时所表现的特性是不同的，材料的性能是影响构件强度、刚度、稳定性的重要因素。材料的力学性能只能由试验测得，通过试验建立理论，再通过试验来验证理论是科学研究的基本方法。

温度和加载方式对材料和力学性能有着很大的影响，这里所讨论的力学性能是指常温、静载下的性能。

工程中常根据材料的塑性大小将材料分为塑性材料和脆性材料。塑性材料包括钢、铜、铝等可产生较大变形的材料，以低碳钢最具代表性；脆性材料包括铸铁、玻璃等变形较小的材料。本节中将以低碳钢和铸铁为代表，分别介绍这两种材料的力学性能。

荷载随时间的变化可分为：

（1）静荷载。由零缓慢增加到某一定值以后即保持不变的荷载。

（2）动荷载。随时间不断变化的荷载。动荷载又分为交变荷载和冲击荷载。

静载拉伸试验是材料力学最基本的试验之一。其基本过程如下：首先把所要试验的材料做成一定形状和尺寸的标准试件，如图 5-13 所示，通常采用圆截面的标准长试件 ($l=10d$) 或短试件 ($l=5d$)。

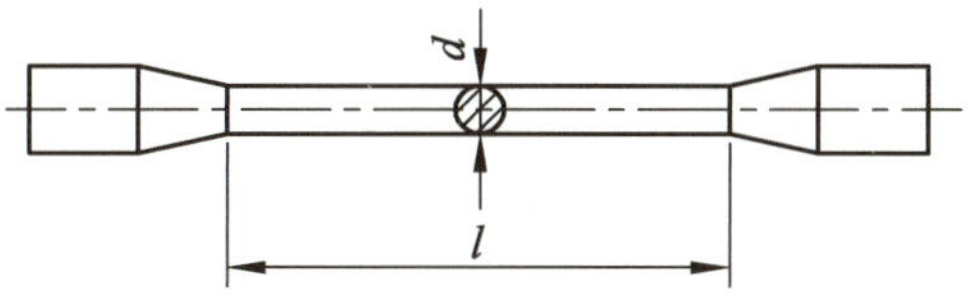

图 5-13

由于加工中存在误差，所以试验前要进行相关尺寸的测量。然后将试件装在试验机的上下夹头之间，缓慢增加荷载，一直到把试件拉断。这一过程中，试验机的测力示值系统会显示出每一时刻的拉力 F，试验机的位移-荷载记录系统会将每一时刻的拉力 F 和对应的变形 Δl 自动绘制成拉伸图。拉伸图反映出试件的力学性能与试件的尺寸是相关的。为了消除试件的几何尺寸的影响，利用 $\sigma = N/A$，$\varepsilon = \Delta l/l$，将拉伸图转化为应力-应变曲线。应力-应变曲线反映的是试件的材料的力学性能。下面就结合应力-应变曲线来说明以低碳钢为代表的塑性材料拉伸时的力学性能。

5.5.1　低碳钢拉伸时的力学性能

结合应力-应变曲线及试验的现象，可将试件的拉伸过程分为四个阶段。

1. 弹性阶段

所谓弹性阶段，是以弹性变形命名的。弹性变形是指将外力撤去后，随之消失的那部分变形。如图 5-14 所示，弹性阶段内 a 点以下的变形都是弹性变形。a 点对应的应力 σ_e 叫作弹性极限，是只产生弹性变形的最大应力值。其中 Oa' 段是直线，表明应力与应变成正比，直线的斜率为材料的弹性模量，即

$$\sigma = E\varepsilon$$

直线段最高点 a' 对应的应力 σ_p 叫作比例极限，是胡克定律适用的最大应力值。σ_e 略大于 σ_p，工程中常将二者视为相等。A3 钢的比例极限通常为 200 MPa 左右。

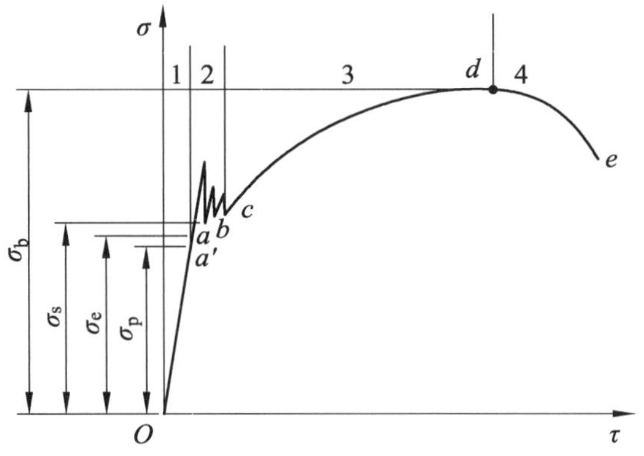

图 5-14

2. 屈服阶段

屈服阶段是以屈服现象命名的。试件进入这一阶段，曲线会剧烈波动，应力虽不再增加，但变形却继续加大，材料暂时失去抵抗变形的能力，这一现象称为屈服现象。屈服现象发生时，试件表面会出现与轴线呈 45°的条纹，称为滑移线。对于抛光较好的试件，滑移线是可以看到的。屈服现象及滑移线的出现，表明材料的内部结构已经发生改变，从这一阶段开始将产生塑性变形，即外力撤去后会有残余的变形。屈服阶段最低点对应的应力值 σ_s 称为屈服极限，是屈服现象发生的临界应力值。工程中的机械零件通常不允许产生较大的塑性变形，当应力达到屈服极限时，便认为已经丧失正常的工作能力，所以屈服极限是衡量材料强度的重要指标之一。A3 钢的屈服极限一般为 240 MPa 左右。

3. 强化阶段

经过屈服之后，材料不是彻底失去而是又恢复了抵抗变形的能力，要使它继续产生变形，就必须增加应力。这种现象称为材料的强化。*d* 点是强化阶段也是整个拉伸过程的最大应力值，称为强度极限，以 σ_b 来表示。强度极限是材料不被破坏所允许的最大应力值，是衡量材料强度的又一重要指标。A_3 钢的强度极限约为 400 MPa。

冷作硬化是工程中一种常用来提高材料承载能力的方法。如果将试件拉伸到强化阶段某点停止加载，并逐渐卸载至零，此时，应力和应变将沿着与 *Oa* 平行的直线卸载到 *g* 点，如图 5-15（a）所示。这说明卸载过程中弹性应变与应力的关系仍保持直线关系，且弹性模量近似与加载时相同。

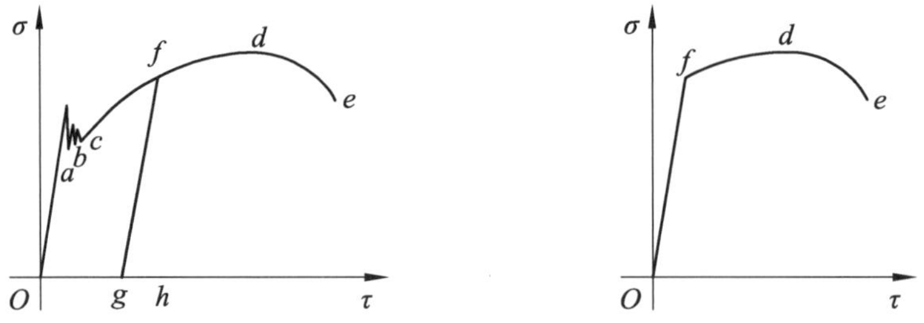

（a）　　（b）

图 5-15

如果卸载后，短期内再加载，如图 5-15（b）所示，则应力和应变将沿着卸载时的直线上升至 f 点，以后又沿原来的曲线 f_{de} 变化，直至被拉断。比较两次加载时的应力-应变曲线可知，强化阶段卸载后再加载，材料的比例极限 σ_p 和屈服极限 σ_s 都有所提高，而塑性有所下降，弹性阶段性能有较大改善，这一现象称为材料的冷作硬化。工程中常用这一方法来提高材料的承载能力，如冷拉钢筋、冷拔钢丝等。

4. 颈缩阶段

材料的前三阶段所产生的变形，无论是弹性变形还是塑性变形，都是沿整个试件均匀产生的。进入第四阶段以后，变形主要集中在试件的某一局部，变形显著增加，截面积显著减小，出现瓶颈，称为颈缩现象。试件沿颈部迅速被拉断。

试件被拉断后，弹性变形消失了，塑性变形残余下来。塑性变形的大小标志着材料塑性的大小。

工程中常用延伸率 δ 和断面收缩率 ψ 来表示材料的塑性。

设拉伸前，试件的标距为 l，截面积为 A；拉断后，标距为 l_1，断口截面积为 A_1，则

$$\delta = \frac{l_1 - l}{l} \times 100\%$$

$$\psi = \frac{A - A_1}{A} \times 100\%$$

$\delta \geqslant 5\%$ 的材料定义为塑性材料；$\delta < 5\%$ 的材料定义为脆性材料。

延伸率 δ 和断面收缩率 ψ 是衡量材料塑性大小的两个重要指标。A3 钢的塑性指标一般为：δ 为 25% ~ 27%，ψ 为 60% 左右。

5.5.2 低碳钢压缩时力学性能

用低碳钢做成短圆柱形压缩试件，一般做成高是直径的 1.5 ~ 3 倍，过长的试件会被压弯而失稳，以后会介绍。压缩试验同样可以在万能材料试验机上进行。为了便于比较材料在拉伸和压缩时的力学性能，在图 5-16 中同时以虚、实线画出应力-应变曲线，不难看出，拉伸和压缩的前两个阶段是一样的，包括相同的比例极限、屈服极限和弹性模量，没有颈缩现象。压缩时，试件变扁成片，始终不会被破坏，因而不存在强度极限。

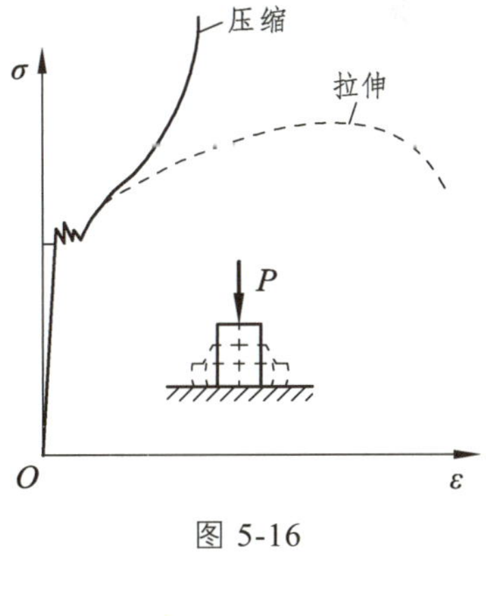

图 5-16

由于工程中多数构件设计时要求在弹性阶段内，所以，可以认为以低碳钢为代表的塑性材料，其抗拉与抗压性能基本相同，且抗拉抗压能力较强，因此工程中的受拉构件，尤其是受拉和受压交替变化的构件，多采用塑性材料，如内燃机中的连杆。

5.5.3　铸铁拉伸压缩时的力学性能

铸铁材料拉伸时应力-应变图是一条曲线，如图 5-17 虚线所示。没有屈服阶段，没有颈缩阶段，塑性变形极小，延伸率 δ 通常只有 0.5%～0.6%，强度指标只有强度极限 σ_b。

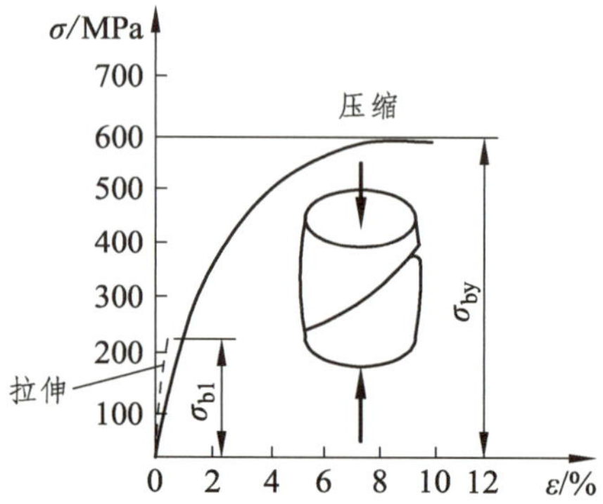

图 5-17

严格意义上讲，应力与应变的关系不符合胡克定律，但由于铸铁总是在较小的应力范围内工作，在应力较小时，应力-应变曲线与直线相近似，可以近似使用胡克定律，误差较小，弹性模量 E 近似等于常量。

铸铁压缩时的应力-应变曲线与其拉伸时相比形状极为相似。压缩时同样无明显的直线部分与屈服阶段，表明压缩时也是近似地符合胡克定律。且不存在屈服极限，其强度极限 σ_b 与延伸率 δ 都远比拉伸时高，强度极限是拉伸时的 3 倍，也比低碳钢高 1.5 倍以上。

此外，铸铁拉伸时断面与轴线垂直，而压缩时断面与轴线呈 45°角。这表明拉伸是在最大拉应力下造成的破坏，而压缩是在最大剪应力下造成的破坏。

由以上可以看出，以铸铁为代表的脆性材料，其抗拉抗压性能不同。抗压性能远高于抗拉性能，甚至高于塑性材料的抗压性能。而抗拉性能则很差，与塑性材料相比，铸铁脆性材料造价十分低廉。因此，工程中的受压构件多采用脆性材料制成，如重力较大的机器底座常由铸铁制成。

工程中常见的几种材料的力学性能指标见表 5-2。

表 5-2　几种常见材料的力学性能指标

材料名称或牌号	屈服极限 σ_s /MPa	强度极限 σ_b /MPa	延伸率 δ /%
A3 钢	216～235	373～461	25～27
45 号钢	265～353	530～588	13～16
16 Mn	275～345	471～510	19～21
40Cr	343～785	588～981	8～15
QT60-2 球墨铸铁	412	588	2
HT15～33 灰铸铁		（拉）98～275 （压）637	

5.6 轴力杆的强度计算

5.6.1 极限应力

轴拉（压）杆件
强度计算

材料丧失正常工作能力时的应力值，称为材料的极限应力，用 σ_0 表示。

对于塑性材料，极限应力有两个，即材料的屈服极限 σ_s 和强度极限 σ_b，工程中多数情况下不允许构件产生塑性变形，因此常以 σ_s 作为塑性材料的极限应力；但航空航天飞行器为减轻结构重量亦取 σ_b 为极限应力。

对于脆性材料，因其没有明显的屈服阶段，故只以强度极限 σ_b 作为极限应力。

极限应力是理论上的应力设计极限值，因为在设计时，很多情况难以精确计算，所以实际中是不能按照极限应力值进行设计的，要考虑给构件必要的安全储备。工程设计往往采用许用应力。

5.6.2 许用应力

许用应力是构件正常工作、材料允许达到的最大应力值，用 $[\sigma]$ 表示。显然，许用应力是低于极限应力的。而许用应力也是通过极限应力并考虑安全储备而得来的。即

$$\text{许用应力}[\sigma]=\frac{\text{极限应力}\sigma_0}{\text{安全系数}n}$$

对于塑性材料，通常取 $\sigma_0=\sigma_s$（对飞行器结构件，$\sigma_0=\sigma_b$）。

$$[\sigma]=\frac{\sigma_s}{n_s}$$

对于脆性材料 $\sigma_0=\sigma_b$，于是

$$[\sigma]=\frac{\sigma_b}{n_b}$$

式中，n_s 和 n_b 分别是对应于塑性材料与脆性材料的安全系数。

5.6.3 安全系数的确定

安全系数的确定是一个十分复杂的问题。其关键是要解决安全可靠与经济节省之间的矛盾，同时还要考虑以下几方面因素：

（1）荷载的分析计算是否准确。

（2）材料是否真的均匀。

（3）模型简化是否准确。

（4）构件的工作条件是否考虑周全。

设计规范中对各种结构的安全系数的范围做了规定，设计者可以进行查阅。精确确定安全系数已不是材料力学一门学科所能解决的，这里不再过多介绍。

5.6.4　强度条件

为了保证构件能够正常工作，具有足够的强度，就必须要求构件的实际工作应力的最大值不能超过材料的许用应力，即

$$\sigma_{max} = \frac{N}{A} \leqslant [\sigma]$$

上式称为拉压杆的强度条件。如果最大工作应力不超过许用应力，那么整个构件所有点的工作应力都不超过$[\sigma]$，可以认为整个构件的强度是满足的。我们把产生最大工作应力σ_{max}的截面称作危险截面，强度条件中的N、A指的是危险截面的值。反之，只要构件中存在一个点的工作应力超过了$[\sigma]$，通常一点强度不足会波及其他点，就认为整个构件强度不足。

5.6.5　强度问题

根据强度条件，按照求解方向的不同，实际强度问题可分为以下三方面的问题。

1. 强度校核

工程实际中，当需要检验某已知构件在已知荷载下能否正常工作时，构件的材料、截面积及所受荷载都是已知或可以计算出来的，要预先知道构件能否满足强度条件，即要判断强度条件不等式是否成立（见式 5-10）。如果强度条件不等式成立，则强度满足；反之，强度不足。事实上，任何设计出来的构件在投入使用之前都必须经过严格的校核。

$$\sigma_{max} = \frac{N}{A} \leqslant [\sigma] \tag{5-10}$$

2. 设计截面尺寸

如果构件的受力情况是知道的，材料也已选定，那么可以在满足强度条件的前提下，将强度条件变化为式（5-11）所示的不等式，先算出截面面积，再根据截面形状，设计出具体的截面尺寸。

$$A \geqslant \frac{N}{[\sigma]} \tag{5-11}$$

3. 确定许可荷载

通常对于已经加工出来的构件，其材料及尺寸都是已经确定的，为最大限度地应用这一构件，往往需要确定该构件所能承受的最大荷载，可将强度条件变化为

$$N \leqslant A \cdot [\sigma] \tag{5-12}$$

根据上式确定出构件的最大许可荷载，知道了结构中每个构件的许可荷载，再根据结构的受力关系，即可确定出整个结构的许可荷载。

在工程实际强度问题中，由于许用应力中包含了一定的安全储备，所以最大工作应力稍稍大于许用应力，只要不超过 5%，设计规范是允许的。

【例 5–5】 用于拉紧钢丝绳的张紧器如图 5-18（a）所示。已知所受拉力 $F=35\ \text{kN}$，套筒和拉杆均为 A3 钢，$[\sigma]=160\ \text{MPa}$，拉杆 M20 螺纹内径 $d_1=17.29\ \text{mm}$，其他尺寸如图所示，试校核拉杆与套筒的强度。

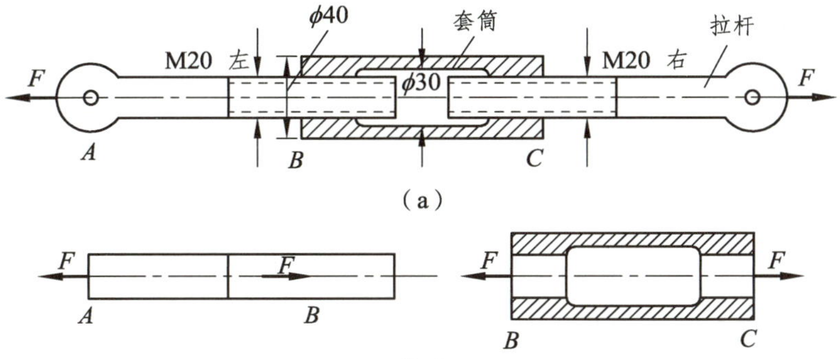

图 5-18

解：（1）外力分析。

将张紧器拆分成拉杆和套筒，并分别画出它们的受力图，如图 5-18（b）所示。螺纹部分的受力用合力替代，沿轴线作用。

（2）内力分析。

拉杆与套筒都是二力构件，轴力都等于外力 F，二力构件不需要画轴力图。

（3）应力分析。

拉杆与套筒的轴力完全相同，应力的大小就取决于截面积的大小。拉杆有螺纹部分截面积最小，因而应力最大；套筒中空部分截面积最小，因而应力也最大，那么，是拉杆的应力大，还是套筒的应力大呢？要比较一下二者的截面积。

拉杆：$A_1=\dfrac{\pi d_1^2}{4}=\dfrac{\pi}{4}\times 17.29^2=235\ \text{mm}^2$

套筒：$A_2=\dfrac{\pi}{4}\times(40^2-30^2)=550\ \text{mm}^2$

通过上述分析，真正的危险截面在拉杆的有螺纹部分。强度问题只需校核这里就可以了。

（4）校核拉杆强度。

$$\sigma_{\max}=\frac{N}{A_1}=\frac{35\times10^3}{235}=149\ \text{MPa}\leqslant160\ \text{MPa}$$

所以，该张紧器强度足够。

【例 5–6】 三绞架结构如图 5-19 所示。A，B，C 三点都是铰链连接的，两杆截面均为圆形，材料为钢，许用应力 $[\sigma]=58\ \text{MPa}$，设 B 点挂货物重 $F=20\ \text{kN}$。按要求解决如下三种强度问题。

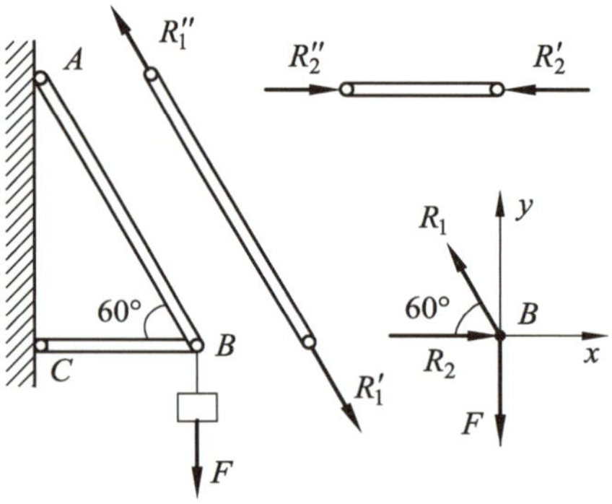

轴拉（压）杆件
强度计算例题讲解

图 5-19

1. 如果 AB、BC 杆直径均为 $d = 20$ mm，试校核此三绞架的强度。

解：（1）外力分析。

三绞架中 AB、BC 均为二力杆。为计算两杆的外力，取 B 点为研究对象，画出受力图。建立如图 5-19 所示坐标系，由平衡方程

$$\sum F_y = 0,\ R_1 \sin 60° - F = 0$$

求得 AB 杆外力

$$R_1 = \frac{F}{\sin 60°} = 23.10\ \text{kN}$$

由平衡方程 $$\sum F_x = 0,\ R_2 - R_1 \cos 60° = 0$$

求得 BC 杆外力

$$R_2 = R_1 \cos 60° = \frac{F}{2\sin 60°} = 11.55\ \text{kN}$$

（2）内力分析。

由于 AB、BC 杆都是二力杆，所以

$$N_1 = R_1 = 23.10\ \text{kN},\ N_2 = R_2 = 11.55\ \text{kN}$$

（3）强度校核。

AB 杆 $$\sigma_1 = \frac{N_1}{A} = \frac{23.10 \times 10^3}{\pi \times 20^2 / 4} = 73.5\ \text{MPa} > [\sigma] = 58\ \text{MPa}$$

BC 杆 $$\sigma_2 = \frac{N_2}{A} = \frac{11.55 \times 10^3}{\pi \times 20^2 / 4} = 36.78\ \text{MPa} < [\sigma] = 58\ \text{MPa}$$

从以上结果可以看出，AB 杆工作应力超出许用应力，而使三绞架强度不足。为了能够安全使用，方法之一是增大 AB 杆直径，从而降低杆的工作应力。而 BC 杆工作应力远没有达到许用应力，说明 BC 杆直径太大了，浪费材料，不够经济。

2. 为了安全和经济，请重新设计两杆的直径。

解： 由强度条件

$$\sigma_{max}=\frac{N}{A}=\frac{N}{\pi d^2/4}\leqslant[\sigma]$$

得直径 $$d\geqslant\sqrt{\frac{4N}{\pi[\sigma]}}$$

AB 杆直径 $$d_1\geqslant\sqrt{\frac{4N_1}{\pi[\sigma]}}=\sqrt{\frac{4\times23.10\times10^3}{3.14\times58}}=22.5\text{ mm}，取 d_1=23\text{ mm}$$

BC 杆直径 $$d_2\geqslant\sqrt{\frac{4N_2}{\pi[\sigma]}}=\sqrt{\frac{4\times11.55\times10^3}{3.14\times58}}=15.9\text{ mm}，取 d_2=16\text{ mm}$$

3. 如果两杆只能采用 20 mm 直径，那么此三绞架最多能挂起多重的货物？

解：根据强度条件

$$N\leqslant A[\sigma]=\frac{\pi}{4}\times20^2\times58=18\,212\text{ N}\approx18.2\text{ kN}$$

由于受力形式没有变，由第 1 题的静力学关系

$$N_1=\frac{F_1}{\sin60^\circ}\leqslant18.2\text{ kN}$$

得 $$F_1\leqslant18.2\times\sin60^\circ=15.76\text{ kN}$$

由 $$N_2=\frac{F_2}{2\sin60^\circ}\leqslant18.2\text{ kN}$$

得 $$F_2\leqslant2\times18.2\times\sin60^\circ=31.5\text{ kN}$$

若使两杆都满足强度，取 $F=F_{min}=15.76\text{ kN}$

【例 5-7】 某 A3 钢板的厚度 $t=12$ mm，宽 $b=100$ mm，钢板上开四个铆钉孔用以固定钢板，每个铆钉孔孔径 $d=17$ mm，钢板所受荷载 $F=100$ kN，设每个铆钉孔承力 $F/4$，设 A3 钢屈服极限 $\sigma_s=200$ MPa，安全系数 $n_s=2$，试校核该钢板强度。

解：（1）外力分析。

将钢板沿纵向看作杆，中间两孔受力，取合力作用在轴线上，画受力简图，如图 5-20（a）所示。

（2）内力分析。

四个外力将轴力分成 *AB*、*BC*、*CD* 三段。轴力分别为

$$N_1=\frac{F}{4}=25\text{ kN}$$

$$N_2=\frac{3F}{4}=75\text{ kN}$$

$$N_3=F=100\text{ kN}$$

由于钢板的轴力分为三段，根据要求，两段以上必须画轴力图，如图 5-20（b）所示。

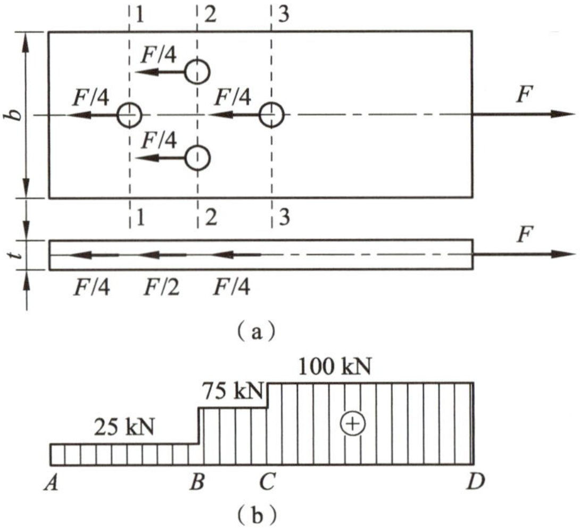

图 5-20

（3）应力分析。

钢板开孔处，由于截面积减少，会使应力增大，成为危险截面。1—1 与 3—3 截面相比，截面积相同，轴力不同，1—1 截面不是危险截面。而 2—2 与 3—3 截面相比，轴力大，截面积也大；轴力小，截面积也小。看不出哪个更危险，可以将两者同时列为可能的危险截面进行校核。

（4）强度校核。

2—2 截面：

$$\sigma_2=\frac{N_2}{A_2}=\frac{\frac{3}{4}F}{(b-2d)t}=\frac{3\times100\times10^3}{4\times(100-2\times17)\times12}$$

$$=94.7\ \text{MPa}\leqslant[\sigma]=\frac{\sigma_s}{n_s}=100\ \text{MPa}$$

3—3 截面：

$$\sigma_3=\frac{N_3}{A_3}=\frac{F}{(b-d)t}=\frac{100\times10^3}{(100-17)\times12}=100\ \text{MPa}=[\sigma]=100\ \text{MPa}$$

所以，钢板的强度满足条件。

本章小结

拉伸与压缩主要是研究杆件的内力-应力-变形。利用截面法计算构件的内力，即轴力；为了详细研究构件某一点承受能力的大小，需要进行应力计算学习，最终进行轴力杆强度计算。在弹性范围内利用胡克定律研究杆件变形大小，为消除杆件长度对变形大小的影响，提出线应变，进而研究杆件的刚度问题。本章以低碳钢和铸铁为典型代表，研究材料在拉伸和压缩时的力学性能，了解塑性材料与脆性材料在工程中的应用。

1. 研究总纲（见图 5-21）

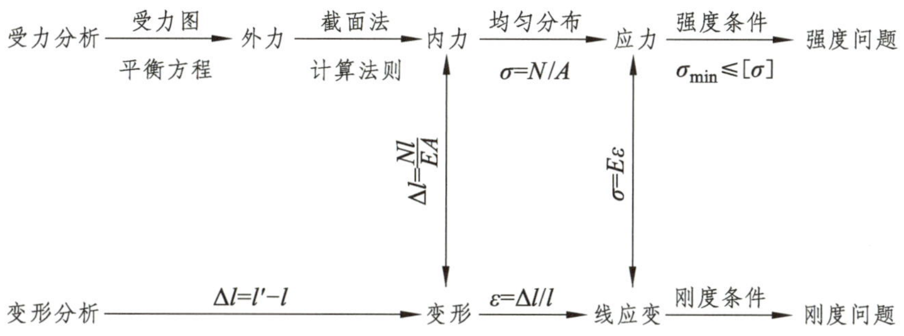

图 5-21

2. 基本概念

（1）拉伸与压缩。

受力特点：所有外力或外力的合力沿杆轴线作用。

变形特点：杆沿轴线伸长或缩短。

（2）轴力：轴向拉伸与压缩任意截面的内力都沿轴线作用，称为轴力。

（3）应力：应力是截面上一点的受力，是单位面积上的内力。应力通常分解为垂直于截面的正应力和沿截面的剪应力。拉伸与压缩杆件横截面上只有正应力，且正应力沿横截面均匀分布，截面上任意点的应力为

$$\sigma=\frac{N}{A}$$

（4）危险截面：构件内部最大正应力所在截面。

（5）变形：有绝对变形和线应变两种。

绝对变形：杆件的伸长量或缩短量。

$$\Delta l=l'-l$$

$$\Delta d=d'-d$$

线应变：单位长度上的伸长量或缩短量。

$$\varepsilon=\frac{\Delta l}{l}$$

$$\varepsilon=\frac{\Delta d}{d}$$

（6）胡克定律：建立了受力与变形、应力与应变之间的定量联系。材料力学中变形的研究主要不是通过测量得到，而是用胡克定律通过受力计算而来。

绝对变形　$\Delta l=\frac{Nl}{EA}$

线应变　$\varepsilon=\frac{\sigma}{E}$

（7）材料的力学性能：材料通常分为塑性材料（$\delta \geqslant 5\%$）和脆性材料（$\delta < 5\%$）。塑性材料抗拉压性能基本相同；而脆性材料抗压不抗拉。

强度指标——屈服极限σ_s、强度极限σ_b

刚度指标——弹性模量E、泊松比μ

塑性指标——延伸率δ、断面收缩率ψ

3. 解决拉伸与压缩强度问题需要注意的问题

原则上解决强度问题应分以下四个步骤进行。

（1）外力分析。

分析结构受力，取要解决强度问题的构件或与其受力相关的构件为研究对象，画出受力图，通过静力学平衡方程求出要解决强度问题的构件所受外力。

（2）内力分析。

轴力要进行分段研究，分段只与外力有关，与截面形状、尺寸无关，相邻外力之间为一段。用截面法或轴力计算法则计算出每一段上的轴力，分段为两段以上的，要与结构简图一一对应作出轴力图。

（3）应力分析。

应力也要分段研究，分段除了与外力有关，也与截面面积有关，可在轴力图基础上，再参考截面面积继续分段。在计算之前，要学会分析危险截面，将不可能成为危险截面的排除掉，排除不掉的列为可能的危险截面进行强度计算。分析一定要准确而全面。

（4）强度计算。

根据强度条件和前面的受力分析进行强度校核和强度设计。

课后训练

班级：__________ 学号：__________ 姓名：__________ 成绩：__________

一、填空题

1. 低碳钢拉伸时可分为四个阶段，分别为__________、__________、__________和__________。

2. 轴向拉伸的等直杆，杆内的任一点处最大剪应力的方向与轴线成__________。

3. 受轴向拉伸的等直杆，在变形后其体积将__________。

4. 低碳钢经过冷作硬化处理后，它的__________极限得到了明显的提高。

5. 工程上通常把延伸率 $\delta >$ __________的材料称为塑性材料。

二、判断题

1. 轴向拉伸或压缩杆件横截面上的内力集度——应力一定正交于横截面。(　　)

2. 材料相同的二拉杆，其横截面面积和所产生的应变相等，但杆件的原始长度不一定相等。(　　)

3. 弹性模量 E 值不相同的两根杆件，在产生相同弹性应变的情况下，其弹性模量 E 值大的杆件的受力必然大。(　　)

三、选择题

1. 计算内力的一般方法是（　　）。

A. 静力分析法　B. 节点法　C. 截面法　D. 几何法

2. 强度条件的应用不包含的是（　　）。

A. 截面设计　B. 内力计算　C. 强度校核　D. 计算许用荷载

3. 在其他条件不变时，若受轴向拉伸的杆件的横截面增加 1 倍，则杆件横截面上的正应力将减少（　　）。

A. 1/2 倍　B. 2/3 倍　C. 3/4 倍　D. 1 倍

4. 轴向拉伸（或压缩）杆件的应力公式 $\sigma = N/A$ 在什么条件下不适用？（　　）

A. 杆件是等截面直杆

B. 杆件（或杆段）各横截面上的内力不仅有轴力，还有弯矩

C. 杆件（或杆段）各横截面上的轴力不相同

D. 作用于杆件的每一个外力，其作用线与杆件轴线相重合

5. 如图 5-22 所示杆中，AB、BC、CD 段的横截面面积分别为 A、$2A$、$3A$，则三段杆的横截面上（　　）。

A. 轴力不等，应力相等

B. 轴力相等，应力不等

C. 轴力和应力都相等

D. 轴力和应力都不相等

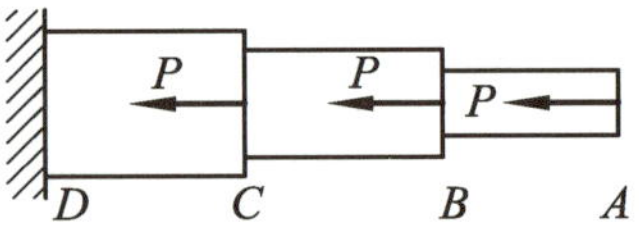

图 5-22

6. 如图 5-23 所示，轴向拉压杆件 BC 段的轴力为（　　）。

A. $4P$　　B. P　　C. $-P$　　D. $3P$

7. 利用正应力强度条件，可进行（　　）三个方面的计算。

A. 强度校核、刚度校核、稳定性校核

B. 强度校核、刚度校核、选择截面尺寸

C. 强度校核、选择截面尺寸、计算允许荷载

D. 强度校核、稳定性校核、计算允许荷载

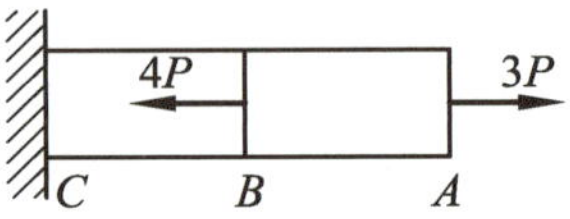

图 5-23

8. 低碳钢的拉伸过程中，胡克定律在（　　）范围内成立。

A. 弹性阶段　　B. 屈服阶段　　C. 强化阶段　　D. 颈缩阶段

9. 空心圆截面杆受轴向拉伸时，下列结论正确的是（　　）。

A. 外径和壁厚都增大　　B. 外径和壁厚都减小

C. 外径减小、壁厚增大　　D. 外径增大、壁厚减小

10. 一等直杆如图 5-24 所示，在外力 F 作用下（　　）。

A. 截面 a 的轴力最大

B. 截面 b 的轴力最大

C. 截面 c 的轴力最大

D. 三个截面上轴力一样大

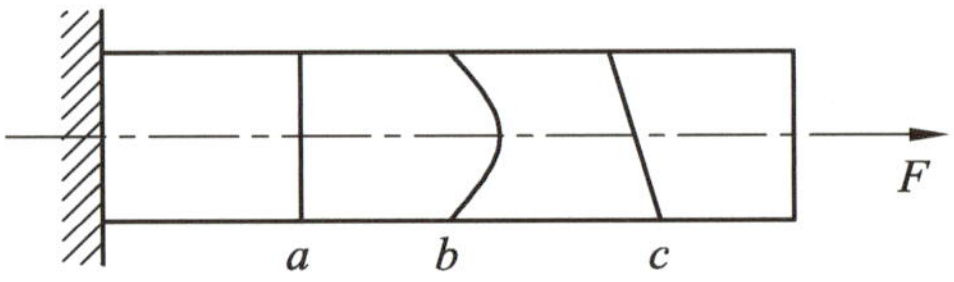

图 5-24

四、计算题

1. 杆件受力如图 5-25 所示，试画出杆的轴力图。

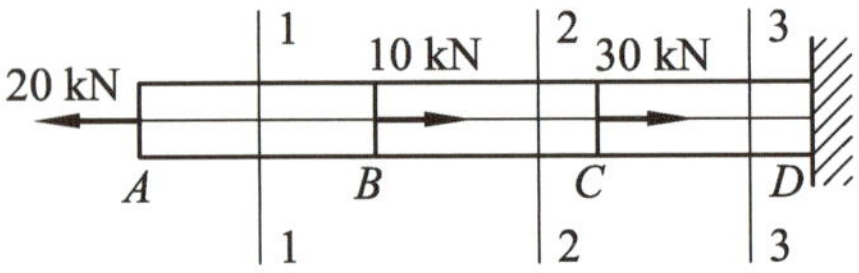

图 5-25

2. 图 5-26 所示为变截面杆，如果横截面面积 $A_1 = 200\ \text{mm}^2$，$A_2 = 300\ \text{mm}^2$，$A_3 = 400\ \text{mm}^2$，求杆内各横截面上的应力。

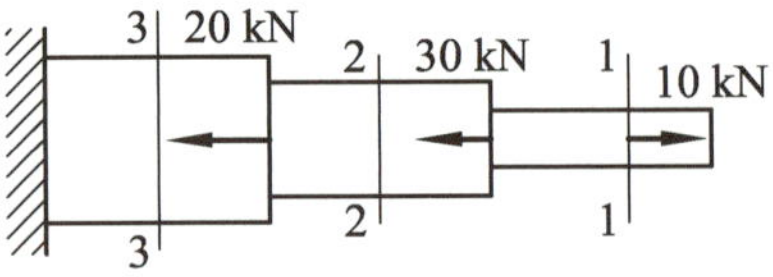

图 5-26

课堂小测

班级：__________ 学号：__________ 姓名：__________ 成绩：__________

一、填空题（每空 2 分，共计 28 分）

1. 截面法计算步骤可简化为____________、____________、____________。

2. 确定杆件内力的基本方法是：________________。

3. 如图 5-27 所示杆的抗拉（压）刚度为 EA，杆长为 $2l$，则杆总伸长量 $\Delta l =$ ____，杆内纵向最大线应变 $\varepsilon_{\max} =$ _____。

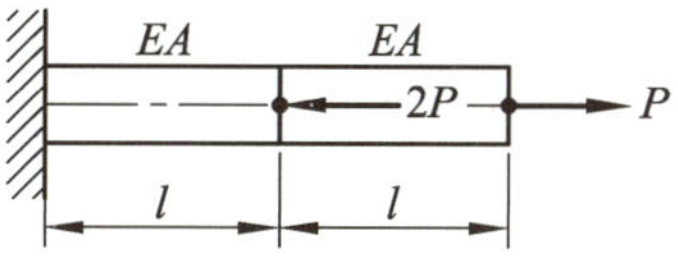

图 5-27

4. 轴向拉压时与轴线相重合的内力称________。

5. 某直杆，长度为 l，横截面面积为 A，材料弹性模量为 E，泊松比为 μ，则该杆纵向正应变 $\varepsilon =$ _______，横向正应变 $\varepsilon' =$ _________，杆件总伸长 $\Delta l =$ ________，横截面正应力 $\sigma =$ ________。

6. 图 5-28 所示杆件受轴向力作用，则 1—1 横截面上的轴力 F_{N_1} 为________kN，2—2 横截面上的轴力 F_{N_2} 为________kN。

7. 胡克定律的适用范围是：____________。

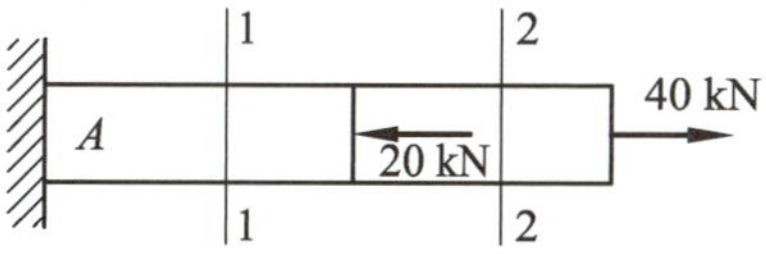

图 5-28

二、判断题（每题 3 分，共计 30 分）

1. 直杆的两端受到一对等值、反向、作用线沿杆轴线的力，杆件将产生剪切变形。(　　)

2. 脆性材料拉伸时的力学性能与压缩时相差不大。(　　)

3. 由于脆性材料的抗压能力比抗拉能力强，通常用作受压构件，例如基础、墩台、柱、墙体等。(　　)

4. 塑性变形是指杆件在外力作用下发生断裂或者显著的永久变形。(　　)

5. 构件内力的大小不但与外力大小有关，还与材料的截面形状有关。(　　)

6. 杆件的某横截面上，若各点的正应力均为零，则该截面上的轴力为零。(　　)

7. 受集中力轴向拉伸的等直杆，在变形中任意两个横截面一定保持平行。所以纵向纤维的伸长量都相等，从而在横截面上的内力是均匀分布的。(　　)

8. 杆件两端受到等值、反向和共线的外力作用时，一定产生轴向拉伸或压缩变形。(　　)

9. 轴力图可显示出杆件各段内横截面上轴力的大小，但并不能反映杆件各段变形是伸长还是缩短。(　　)

10. 一端固定的杆，受轴向外力的作用，不必求出约束反力即可画内力图。(　　)

三、选择题（每题 3 分，共计 12 分）

1. 关于轴力（　　）。

A. 是杆件轴线上的荷载　　B. 是杆件截面上的内力

C. 与杆件的截面面积有关　　D. 与杆件的材料有关

2. 下列结论正确的是（　　）。

A. 杆件某截面上的内力是该截面上应力的代数和

B. 杆件某截面上的应力是该截面上内力的平均值

C. 应力是内力的集度　　D. 内力必大于应力

3. 图 5-29 所示为一轴力杆，其中最大的轴力为（　　）。

A. 12 kN　　B. 20 kN

C. 8 kN　　D. 13 kN

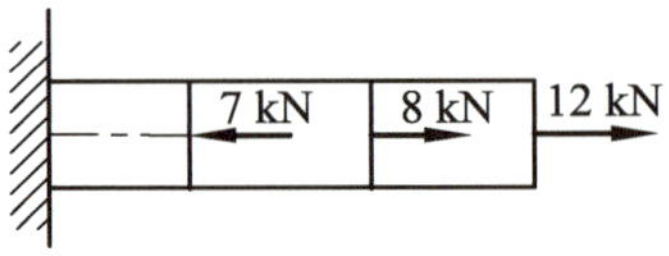

图 5-29

4. 变截面杆 *AC* 如图 5-30 所示，设 N_{AB}、N_{BC} 分别表示 *AB* 段和 *BC* 段的轴力，σ_{AB} 和 σ_{BC} 分别表示 *AB* 段和 *BC* 段的横截面上的应力，则下列结论中（　　）是正确的。

A. $N_{AB} = N_{BC}$，$\sigma_{AB} = \sigma_{BC}$

B. $N_{AB} \neq N_{BC}$，$\sigma_{AB} \neq \sigma_{BC}$

C. $N_{AB} = N_{BC}$，$\sigma_{AB} \neq \sigma_{BC}$

D. $N_{AB} \neq N_{BC}$，$\sigma_{AB} = \sigma_{BC}$

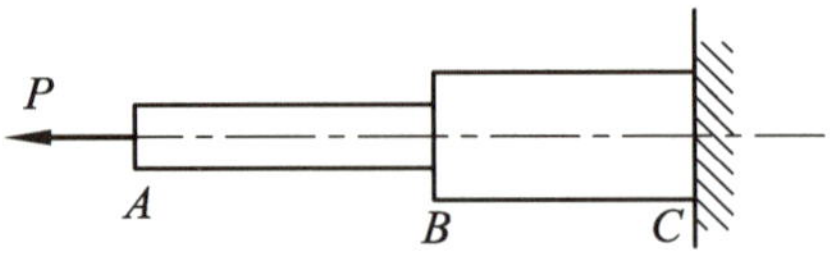

图 5-30

四、计算题（每题 15 分，共计 30 分）

1. 试求图 5-31 所示各杆 1—1、2—2、3—3 截面的轴力，并作轴力图。

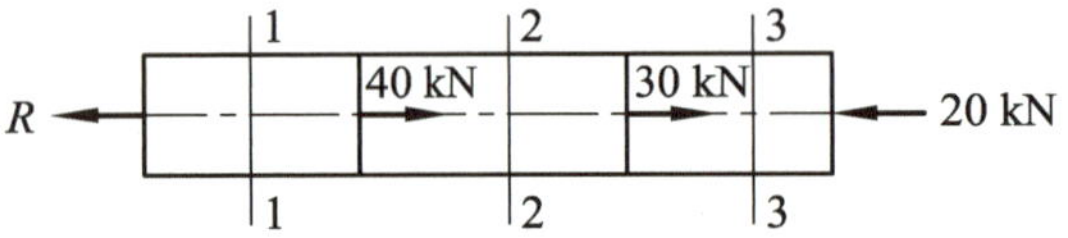

图 5-31

2. 图 5-32 所示简易吊车的 *AB* 杆为木杆，*BC* 杆为钢杆。木杆 *AB* 的横截面面积 $A_1 = 100\ \text{cm}^2$，许用应力 $[\sigma]_1 = 7\ \text{MPa}$；钢杆 *BC* 的横截面面积 $A_2 = 6\ \text{cm}^2$，许用应力 $[\sigma]_2 = 160\ \text{MPa}$。试求许可吊重 *P*。

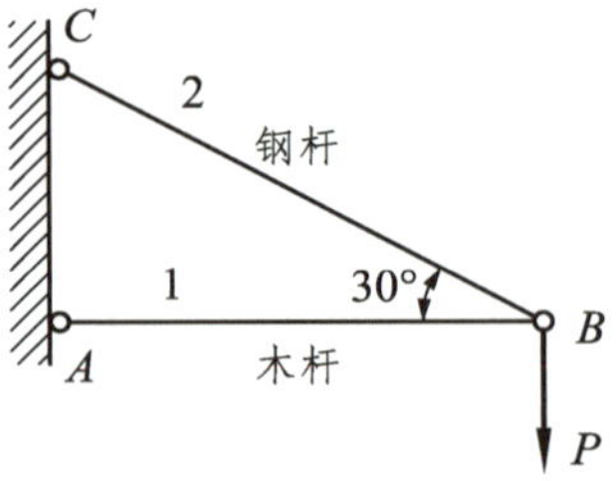

图 5-32

能力提升

班级：__________ 学号：__________ 姓名：__________ 成绩：__________

一、思考题

1. 请分析如图 5-33 所示阶梯杆各段是否仅发生拉伸或压缩变形，如不是，请描述其变形特点。

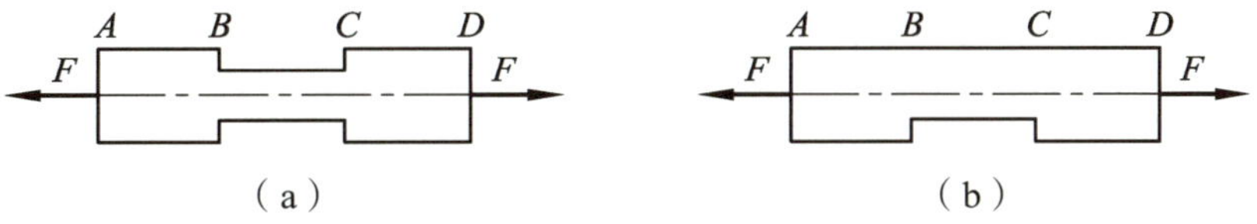

图 5-33

2. 指出下列概念的区别和联系：

（1）变形和应变。

（2）内力和应力。

（3）材料强度、刚度；构件强度、刚度。

（4）弹性变形和塑性变形。

（5）屈服极限和强度极限。

（6）极限应力和许用应力。

3. 简要说明许用应力是如何确定的。

4. 两根几何参数完全相同而材料不同的直杆受力相同时，二者的最大应力、许用应力、变形是否相同？

5. 请说明如何根据应力-应变曲线比较材料的强度、刚度和塑性大小。

二、计算题

1. 图 5-34 所示杆系结构中，各杆横截面面积相等，即 $A = 30\ \text{cm}^2$，荷载 $F = 200\ \text{kN}$。试求各杆横截面上的应力。

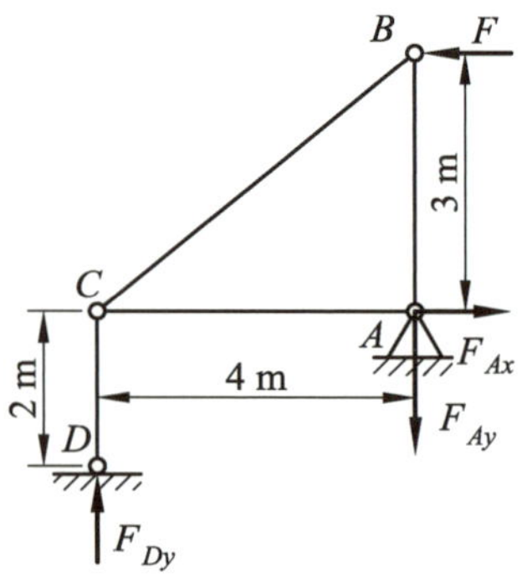

图 5-34

2. 一根直径 $d = 16$ mm、长 $l = 3$ m 的圆截面杆，承受轴向拉力 $F = 30$ kN，其伸长为$\Delta l = 2.2$ mm。试求杆横截面上的弹性模量 E。

6 剪切、挤压、扭转

学习指南

工程中经常遇到剪切、挤压和扭转现象，本章通过一些剪切和挤压的实例来说明杆件剪切和挤压变形的特点，以及杆件剪切和挤压变形时的内力、应力简化方法和实用计算方法；通过机械工程中常见的轮轴扭转的实例介绍扭矩、扭转强度和刚度的计算公式，重点是圆截面传动轴扭转的应力、应变分析与强度、刚度计算。

本章的基本内容如下思维导图所示。

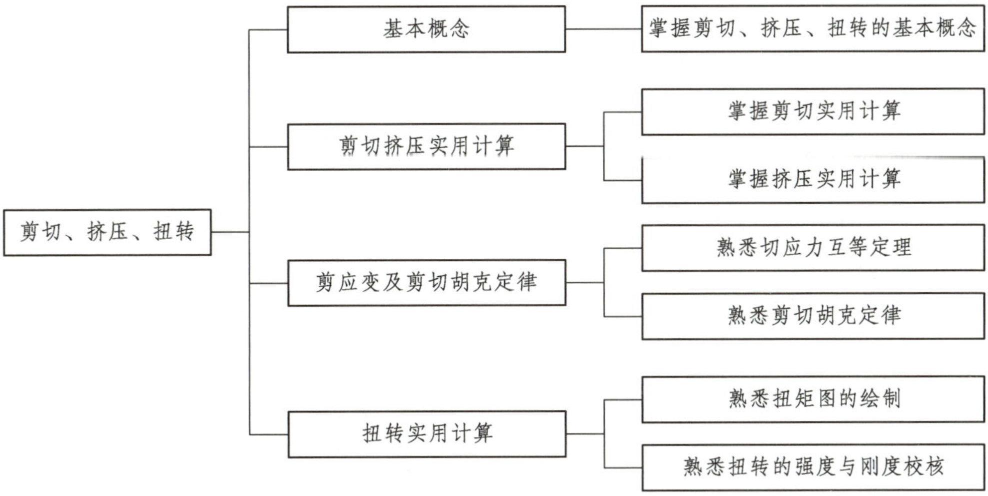

6.1 剪切和挤压、扭转的概念

6.1.1 剪切和挤压的概念

剪切是工程实际中一种常见的变形形式，其大多发生在工程中的连接构件上，如螺栓、销钉、铆钉、键等，都是剪切变形的工程实例。图 6-1（a）表示一铆钉连接两块钢板的简图。当钢板受拉时，铆钉的左上侧面和右下侧面受到钢板传来的一对力 P 作用[见图 6-1（b）]。这时，铆钉的上、下部分将沿着外力的方向分别向右和向左移动[见图 6-1（c）]。当传递的压力很大时，钢板圆孔可能被挤压成椭圆孔，导致连接松动[见图 6-1（d）]，或铆钉可能被压扁或压坏，这就是挤压破坏。螺栓、轴销等和铆钉的特点极其相似。

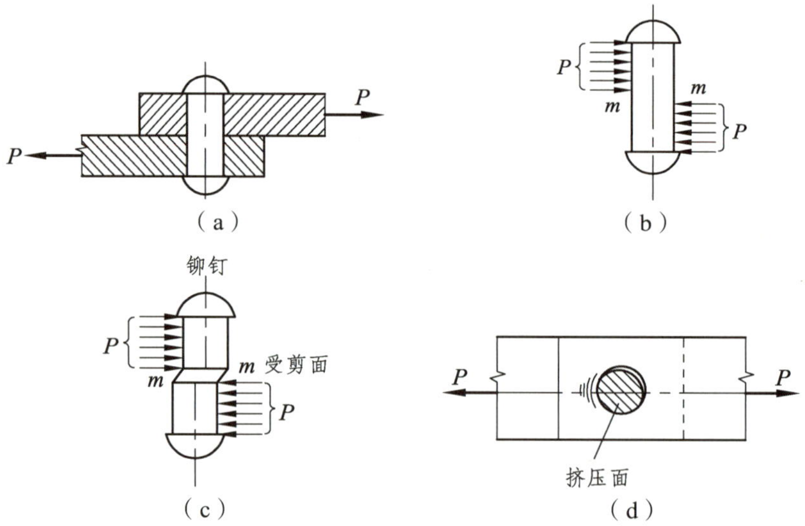

图 6-1

综上所述，杆件受到一对大小相等、方向相反、作用线相距很近并垂直杆轴的外力作用，两力间的横截面将沿力的方向发生相对错动，这种变形称为剪切变形。

发生相对错动的截面称为剪切面；连接件受剪切时，两构件接触面上相互压紧，产生局部压缩的现象，称为挤压；受压的表面称为挤压面，作用在挤压面上的压力称为挤压力。

键也是工程中常见的发生剪切变形的连接构件，如图 6-2 所示，在匀速转动条件下，平键所受的用轴传递的主动力与由轮产生的约束反力形成等值、反向、错开的平行力，中间连接面也同样发生剪切变形。

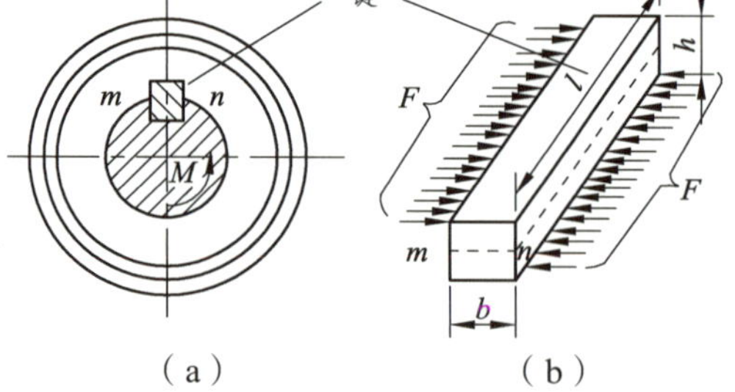

图 6-2

值得说明的是，挤压只发生在接触面的表层，不像拉压与剪切那样发生在构件的内部，从严格意义上讲，挤压不属于杆件的基本变形形式，只因与剪切同时发生，而与之齐名，而挤压过大，同样会使构件发生破坏。我们同样仿照基本变形的研究方法研究挤压变形。对于前面所举的平键，其挤压面是平面；而对于铆钉，挤压面是曲面，是圆柱侧面，如图 6-3 所示。

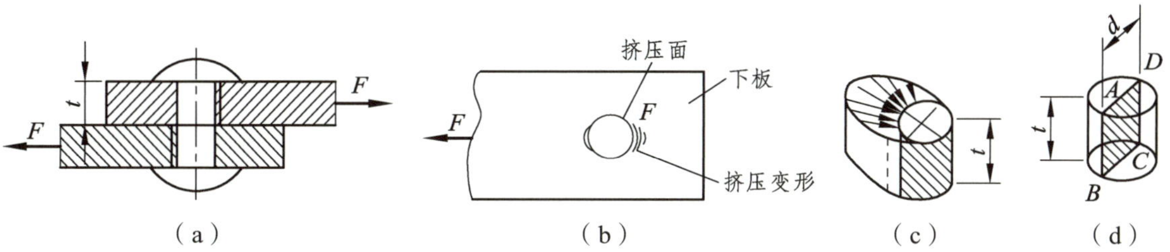

图 6-3

6.1.2 扭转的概念

轴是工程机械中主要构件之一。轴作为传动构件，在传递动力时往往受到力偶矩的作用。如起重机的传动轴如图 6-4 所示，来自电动机的主动力偶矩与来自转轮的工作力偶矩形成一对反向力偶，传动轴匀速工作时，两反向力偶相等。由于力偶对物体具有转动效应，会使轴上力偶之间的截面发生相对转动，使轴内部产生变形。搅拌机的机轴工作时同样受到来自电动机和叶片的反向力偶作用，如图 6-5 所示，机轴截面产生相对转动；攻丝的丝锥（见图 6-6）、汽车的方向盘（见图 6-7）等都受到反向力偶作用，力偶间截面发生一定的相对转动。这些都是扭转的实例。

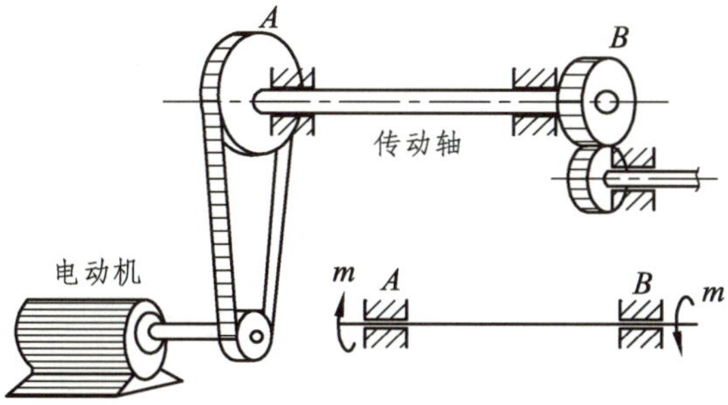

图 6-4

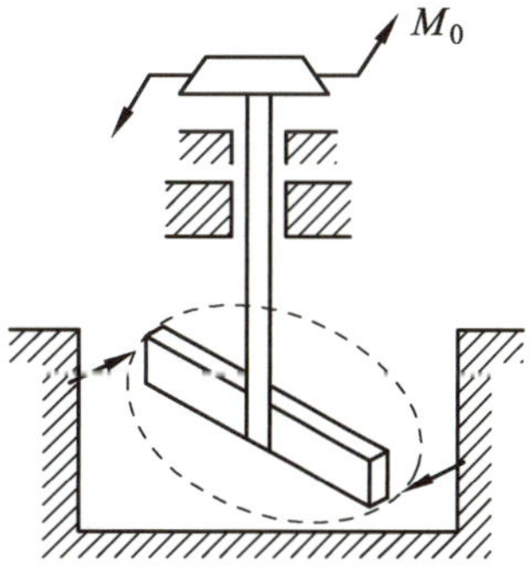

图 6-5

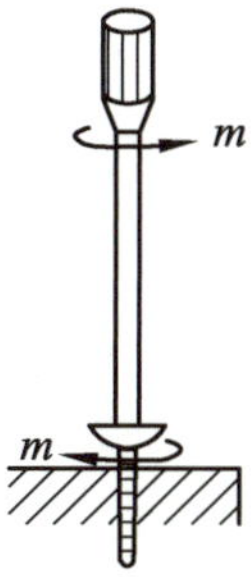

图 6-6

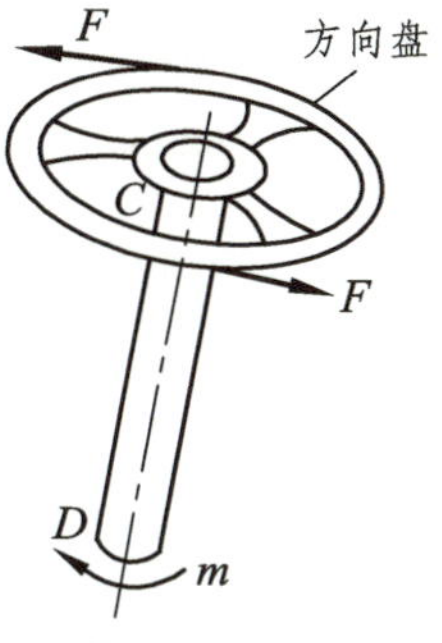

图 6-7

从以上实例不难看出，扭转变形的受力特点是：受到一对大小相等、方向相反、作用面垂直于轴线的力偶作用。变形特点是：反向力偶间各横截面绕轴线发生相对转动。

轴任意两横截面间相对转过的角度，叫作扭转角，用符号 φ 来表示。由于力偶产生转动效应，所以用角度来表示扭转的变形，这点会在以后详细说明。

工程中大多数的轴在传动中除有扭转变形以外，还常常伴有其他形式的变形。以齿轮和带轮传动为例，轮上的圆周力对轴心的转矩使轴发生扭转变形，而径向力会使轴发生弯曲变形。

本章将主要研究轴的扭转变形，而且主要以工程中最为常见的圆形截面轴为例，轴上的弯曲变形将在弯曲和组合变形中继续介绍。

6.2 剪切和挤压的实用计算

6.2.1 剪切实用强度计算

连接件的受力通常不复杂，正确分析其受力后，根据条件，利用平衡方程，可以很快计算出外力。下面仍以铆钉为例，如图 6-8 所示，说明剪切强度的计算方法。

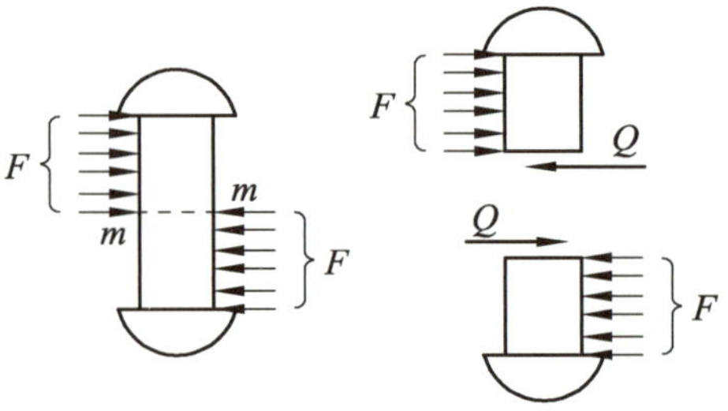

图 6-8

1. 剪切面上内力——剪力 Q

首先，用截面法分析和计算剪切面上的内力。

用平面将铆钉从 $m—m$ 截面处假想截开，分为上下两部分，任取上部分或下部分为研究对象。为了与整体一致保持平衡，剪切面 $m—m$ 上必有与外力 F 大小相等、方向相反的内力存在，这个内力沿截面作用，叫作剪力。为了与拉压时垂直于截面的轴力 N 相对应，剪力用符号 Q 表示。由截面法，根据截取部分的平衡方程，可以求出剪力 Q 的大小。

$$\sum F_x = 0,\ F - Q = 0$$

得

$$Q = F$$

2. 剪切面上的应力——剪应力 τ

剪力 Q 是剪切面内各点应力构成的分布力系的合力。实践证明，剪切面上各点的应力也是沿截面作用的，称为剪应力，用符号 τ 表示。由剪力计算剪应力，需要分析剪切面上剪应力的分布规律，实际上，剪切面上的剪应力分布规律是相当复杂的，但总体来讲，各点应力值差异不大。工程上，为了简化计算，假设剪应力在剪切面上均匀分布，这样计算出的平均应力与实际值相差不大，这种经过试验验证的近似计算方法，叫作实用计算法。所以，剪应力可用下式计算：

$$\tau = \frac{Q}{A}$$

式中，Q 为剪切面上的剪力；A 为剪切面的面积。

3. 剪切实用强度计算

为了保证连接件在工作时不发生剪切破坏，剪切面上的最大剪应力不得超过连接件材料的许用剪应力$[\tau]$，即满足如下剪切强度条件：

$$\tau_{max} = \frac{Q}{A} \leqslant [\tau]$$

许用剪应力$[\tau]$与许用正应力$[\sigma]$相似，由通过试验得出的剪切强度极限应力除以安全系数得来。常见材料的许用剪应力$[\tau]$可以从有关设计规范中查到，一般地：

塑性材料：　$[\tau] = (0.6 \sim 0.8)[\sigma]$

脆性材料：　$[\tau] = (0.8 \sim 1.0)[\sigma]$

相比于拉压实用强度条件，剪切实用强度条件同样可以解决三类强度问题：强度校核问题、设计截面尺寸问题和确定许可荷载问题。

6.2.2　挤压实用强度计算

1. 挤压应力 σ_{jy}

挤压面上各点的受力称作挤压应力，由于挤压力 F 垂直于挤压面，所以挤压应力用符号 σ_{jy} 表示。挤压应力在挤压面的分布也比较复杂，对于平键一类连接件，挤压面为平面，挤压应力在挤压面上的分布是均匀的；而对于铆钉、销钉、螺栓一类的连接件，挤压面为曲面，挤压应力在挤压面上的分布是不均匀的，如图 6-9（b）所示，很明显，最大应力在中部，平均应力小于最大应力，但如果我们把为曲面的挤压面垂直于外力方向正投影为直径面，将挤压力 F 平均在直径面上，如图 6-9（c）所示，所得应力非常接近实际最大应力，我们把挤压面的正投影面称作实用挤压面，其面积用符号 A_{jy} 来表示。为简化计算，可以假定挤压力 F 在实用挤压面上是均匀分布的，于是挤压面上的最大应力可用下式计算：

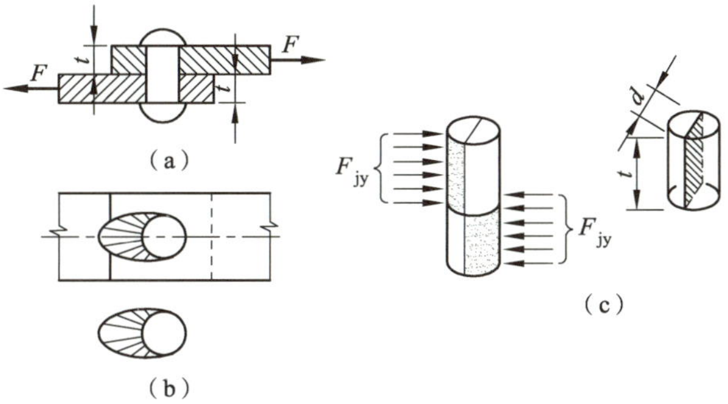

图 6-9

$$\sigma_{jy} = \frac{F}{A_{jy}}$$

式中，F 为挤压面上的挤压力；A_{jy} 为实用挤压面面积。

2. 挤压实用强度计算

为了防止挤压破坏，挤压面上的挤压应力不得超过连接件材料的许用挤压应力$[\sigma_{jy}]$，即满足挤压强度条件：

$$\sigma_{jy} = \frac{F}{A_{jy}} \leqslant [\sigma_{jy}]$$

许用挤压应力等于由试验测定挤压极限应力除以安全系数，也可以从有关规范中查取，一般情况下，$[\sigma_{jy}]$与$[\sigma]$有如下近似关系。

塑性材料：$[\sigma_{jy}]=(1.5\sim2.5)[\sigma]$

脆性材料：$[\sigma_{jy}]=(0.9\sim1.5)[\sigma]$

6.2.3 剪切和挤压应用实例

需要说明的是，工程中的连接构件和构件的接头部分，往往同时发生剪切和挤压变形，为保证其不被破坏，多数情况下需要同时考虑剪切强度和挤压强度，有时还应考虑接头处的拉压强度，下面就工程中常见的基本问题举例说明。

首先举一个单剪的螺栓连接问题，铆钉及销钉的单剪问题与其处理基本相同。

【例 6-1】 两块钢板用螺栓连接，如图 6-10（a）所示。每块钢板厚度 $t=10$ mm，螺栓直径 $d=16$ mm，螺栓材料的许用剪切应力$[\tau]=60$ MPa，钢板与螺栓的许用挤压应力$[\sigma_{jy}]=180$ MPa，已知连接过程中，每块钢板作用 $F=10$ kN 的拉力。试校核螺栓的强度。

解：（1）取螺栓为研究对象，受力分析如图 6-10（b）所示。

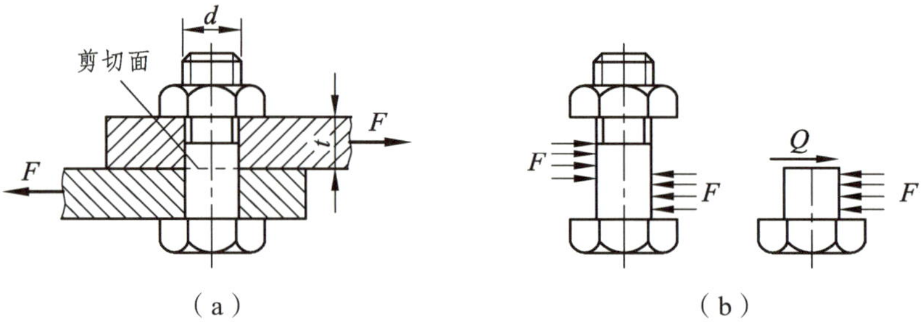

图 6-10

（2）确定螺栓的剪切面为中间水平圆截面，挤压面为左上和右下部分半圆柱面，实用挤压面为直径面。

剪切面积 A：

$$A = \frac{1}{4}\pi d^2 = \frac{3.14\times16^2}{4} \approx 201\ \text{mm}^2$$

挤压面积 A_{jy}：

$$A_{jy} = dt = 16 \times 10 = 160 \text{ mm}^2$$

（3）校核剪切和挤压强度。

剪切强度校核：

$$\tau_{max} = \frac{Q}{A} = \frac{10 \times 10^3}{201} \approx 49.8 \text{ MPa} \leqslant 60 \text{ MPa}$$

挤压强度校核：

$$\sigma_{jy} = \frac{Q}{A_{jy}} = \frac{10 \times 10^3}{160} = 62.5 \text{ MPa} \leqslant 180 \text{ MPa}$$

故螺栓的强度满足要求。

【例 6-2】 电动机机轴与皮带轮用平键连接，如图 6-11（a）所示。已知轴的直径 $d = 70 \text{ mm}$，键的尺寸 $b \times h \times l = 20 \text{ mm} \times 12 \text{ mm} \times 100 \text{ mm}$，轴传递的最大力矩 $M = 1.5 \text{ kN} \cdot \text{m}$。平键的材料为 45 号钢，$[\tau] = 60 \text{ MPa}$，$[\sigma_{jy}] = 100 \text{ MPa}$。试校核键的强度。

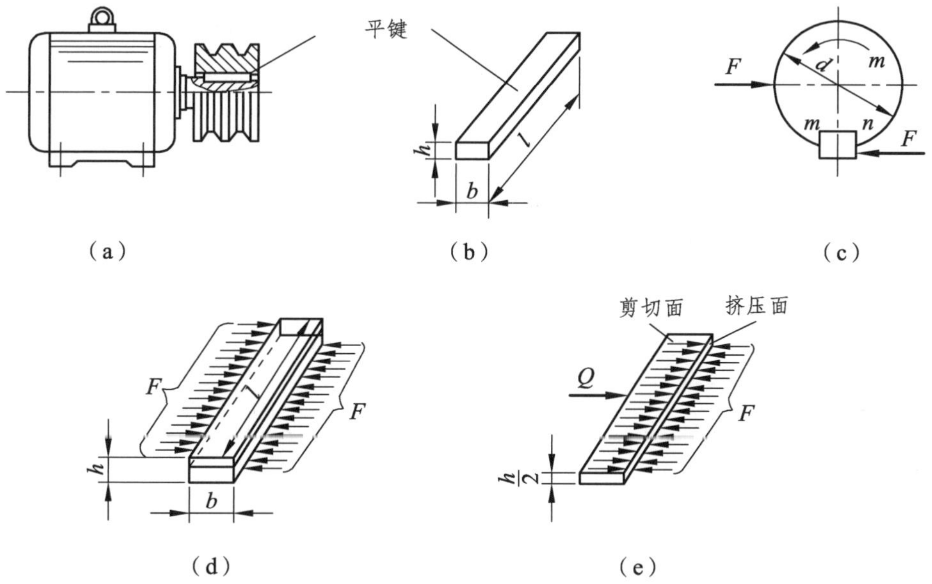

图 6-11

解：（1）为计算键的受力 F，取键与轴为研究对象，受力分析如图 6-11（c）所示。

$$\sum m = 0,\ M - F \times \frac{d}{2} = 0$$

$$F = \frac{2M}{d} = \frac{2 \times 1.5 \times 10^3}{70} \approx 42.9 \text{ kN}$$

（2）取键为研究对象，受力如图 6-11（d）、图 6-11（e）所示。确定剪切面为中间水平截面，$A=bl$；挤压面为左上和右下半侧面，$A_{jy}=\frac{1}{2}hl$。

（3）校核键的剪切强度。

$$Q=F=42.9\text{ kN}$$

$$\tau_{max}=\frac{Q}{A}=\frac{42.9\times10^3}{20\times100}=21.45\text{ MPa}\leqslant[\tau]=60\text{ MPa}$$

（4）校核键的挤压强度。

$$\sigma_{jy}=\frac{F}{A_{jy}}=\frac{42.9\times10^3}{\frac{12\times100}{2}}=71.5\text{ MPa}\leqslant[\sigma_{jy}]=100\text{ MPa}$$

故平键的剪切和挤压强度都满足要求。

工程问题中，连接部分包括连接件和被连接件的接头部分，在进行强度分析时，应全面考虑各个部分的各种强度，以保证其绝对安全，除了要考虑剪切和挤压强度以外，被连接部分由于接头截面积被削减，往往拉伸强度不能忽略，需要综合考虑，下面举一个双剪的实例。

【例 6-3】 拖车的挂钩靠插销连接，如图 6-12（a）所示，挂钩厚度 $t=8$ mm，宽度 $b=30$ mm，直板销孔中心至边的距离 $a=10$ mm，两部分挂钩材料与销相同，为 20 号钢，$[\sigma]=100\text{ MPa}$，$[\tau]=60\text{ MPa}$，$[\sigma_{jy}]=100\text{ MPa}$。拖车的拉力 $F=15\text{ kN}$。试确定插销的直径并校核整个挂钩连接部分的强度。

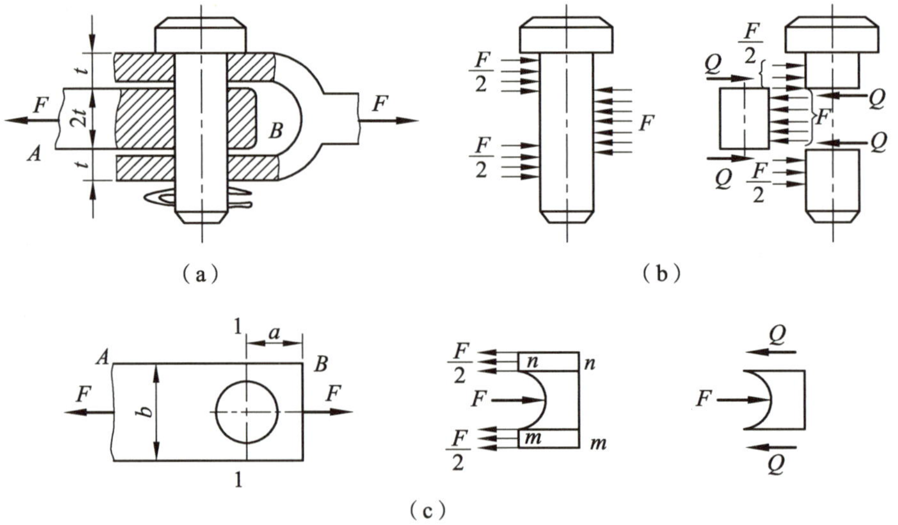

图 6-12

解：（1）分析插销变形，取插销为研究对象，画受力图，如图 6-12（b）所示。插销是连接件，要考虑剪切和挤压变形。

（2）有两处剪切面，为双剪问题，两处剪切面的情况相同；三处挤压面，受力与面积成倍数关系，情况也基本相同。考虑强度时，可分别取一处进行分析。

（3）根据剪切强度条件设计插销直径，运用截面法求剪力。

$$Q=\frac{F}{2}$$

由剪切强度条件

$$\tau_{\max}=\frac{Q}{A}=\frac{\frac{F}{2}}{\frac{\pi d_1^2}{4}}\leqslant[\tau]$$

$$d_1\geqslant\sqrt{\frac{2F}{\pi[\tau]}}=\sqrt{\frac{2\times15\times10^3}{3.14\times60}}\approx12.6\ \text{mm}$$

（4）再根据挤压强度条件设计插销直径。

$$\sigma_{\text{jy}}=\frac{F}{A_{\text{jy}}}=\frac{\frac{F}{2}}{d_2 t}\leqslant[\sigma_{\text{jy}}]$$

$$d_2\geqslant\frac{F}{2t[\sigma_{\text{jy}}]}=\frac{15\times10^3}{2\times8\times100}\approx9.4\ \text{mm}$$

综合（3）和（4）可知，同时满足剪切和挤压强度要求，因此选取大的直径，取整后 $d=13$ mm。

（5）要使整个连接部分满足强度，还需要挂钩 AB 部分的剪切和拉伸强度，受力分析如图 6-12（c）所示，孔心截面是拉伸最危险截面。

剪切强度：

$$\tau_{\max}=\frac{Q}{A}=\frac{\frac{F}{2}}{a\times2t}=\frac{15\times10^3}{2\times10\times2\times8}\approx46.9\ \text{MPa}\leqslant[\tau]=60\ \text{MPa}$$

拉伸强度：

$$\sigma_{\max}=\frac{N}{A}=\frac{F}{(b-d)\times2t}=\frac{15\times10^3}{(30-13)\times2\times8}\approx55.1\ \text{MPa}<[\sigma]=100\ \text{MPa}$$

所以，整个挂钩连接部分的强度满足要求。

请读者自行思考：AB 部分的挤压强度是否需要考虑？整个连接部分是否还存在隐患？

6.3 剪应变及剪切胡克定律

6.3.1 剪应变

剪切变形时，截面沿外力的方向产生相对错动，如图 6-13（a）所示，在剪切部分 A 点处取一边长为 $\mathrm{d}x$ 的微立方体 $abcd$，在剪力作用下将变成平行六面体 $ab'cd'$，如图 6-13（b）

所示。其中线段 bb'（或 dd'）为面 bd 相对于 ac 面的滑移量，称为绝对剪切变形（与拉、压变形时的绝对变形 Δl 相当）。小变形时有 $\tan\gamma \approx \gamma$，故

$$\frac{bb'}{\mathrm{d}x} \approx \gamma$$

式中，γ 称为相对剪切变形或剪应变。如图 6-13（c）所示，剪应变 γ 可看作是直角的改变量，故又称为角应变，用弧度（rad）来度量。角应变 γ 与线应变 ε 是度量变形程度的两个基本量。

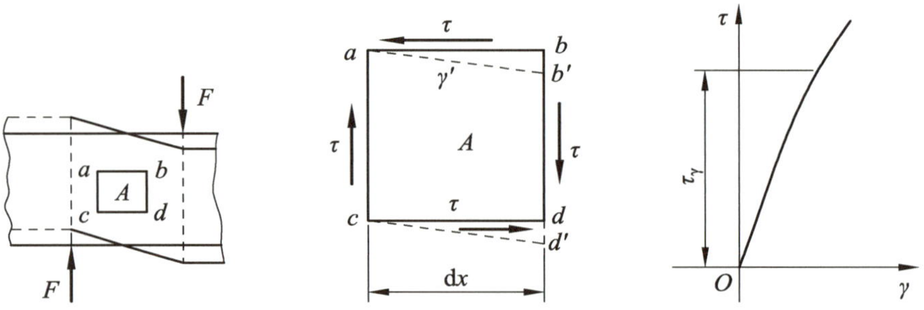

（a）　（b）　（c）

图 6-13

6.3.2　剪切胡克定律

实验证明：当剪应力不超过材料的剪切比例极限 τ_b 时，剪应力 τ 与剪应变 γ 成正比。即

$$\tau = G\gamma$$

上式称为剪切胡克定律，反映剪切变形时受力与变形之间的定量关系。式中常数 G 称为剪切弹性模量，是表示材料抵抗剪切变形能力的量，它的量纲与应力相同。各种材料的 G 值可由试验测定，也可从有关手册中查得。

可以证明，对于各向同性的材料，剪切弹性模量 G、弹性模量 E、泊松比 μ 之间存在以下关系：

$$G = \frac{E}{2(1+\mu)}$$

可见，G、E、μ 是与材料本身紧密相关的 3 个弹性常量，当已知其中任意两个，可由上式求出第三个。

6.4　扭转实用计算

作用在轴上的外力偶矩，一般可通过力的平移，并利用平衡条件来确定。但是，对于传动轴等传动构件，通常只知道它们的转速和所传递的功率，这样，在分析内力之前，首先需要根据转速和功率计算出外力偶矩。

由物理学可知，力偶在单位时间内所做的功，即功率 P，等于力偶矩 M 与角速度 ω 之积。

$$P = M\omega$$

在工程中，功率常用千瓦（kW），转速常用转/分钟（rpm 或 r/min），所以，上式可化为

$$P \times 10^3 = M \cdot \frac{2\pi n}{60}$$

得

$$M(\mathrm{N \cdot m}) = 9\,549 \frac{P(\mathrm{kW})}{n(\mathrm{r/min})} \tag{6-1}$$

在工程中，还有用马力作功率单位的，1 马力 = 735.3 瓦特，于是

$$M(\mathrm{N \cdot m}) = 7\,024 \frac{P(\text{马力})}{n(\mathrm{r/min})} \tag{6-2}$$

外力偶矩的方向常由力向轴线的简化结果确定，对于传动轴，可根据下列原则确定：主动轮上的功率为输入功率，主动力偶矩与轴转向相同；从动轮上的功率为输出功率，从动力偶矩与轴转向相反。如无特殊说明，可理想化地认为机械效率等于 100%，即输入功率等于输出功率。

6.4.1 扭转内力

1. 扭 矩

确定了作用在轴上的外力偶矩之后，据此可分析和计算轴的内力，内力的计算仍采用截面法。取一段简化的传动轴模型，如图 6-14 所示。

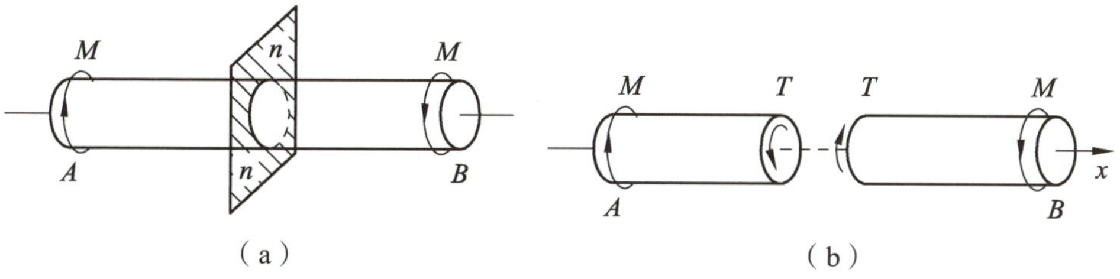

图 6-14

设两端作用的反向外力偶矩 M 为已知，要分析任意截面 n—n 内力，首先用假想截面沿 n—n 处截开，取其任一段（如左段）为研究对象，由力偶的平衡条件可知，外力是力偶，故在横截面 n—n 的分布内力必然构成一内力偶矩与之平衡。该内力偶矩作用于 n—n 截面内。此内力偶矩习惯上称为扭矩，为了与外力偶矩区别，用符号 T 表示。其大小可由力偶平衡方程求得

$$\sum m = 0, \quad T - M = 0$$

$$T = M$$

如取右段研究，会得出与上面同样大小的扭矩，但两者转向相反。为使扭矩转向能有统一的规定，并使截面法的计算过程得到简化，今后可用建立在截面法基础上的扭矩计算法则来计算扭矩。

2. 扭矩计算法则

（1）扭矩等于截面一侧所有外力偶矩的代数和。

（2）外力偶矩正负可用右手定则来判定：使右手四指沿外力偶矩方向，则拇指指向与截面外法线反向者为正，同向者为负。

扭矩计算法则中，右手定则用来判定外力偶矩的正负，扭矩的正负可由扭矩计算法则计算得出。使用扭矩计算法则时，确定外法线方向是关键，当取左右不同侧时，外法线方向是不同的，这样才可保证左右两侧的计算结果及符号完全相同。

上例中 n—n 截面的扭矩可用扭矩计算法则直接算出：

$$T = M$$

（3）扭矩的符号规定：采用右手螺旋法则，如果以右手四指表示扭矩的转向，则拇指的指向与截面外法线方向一致时，扭矩取正号；反之，拇指的指向与截面外法线方向相反时，扭矩取负号，如图 6-15 所示。

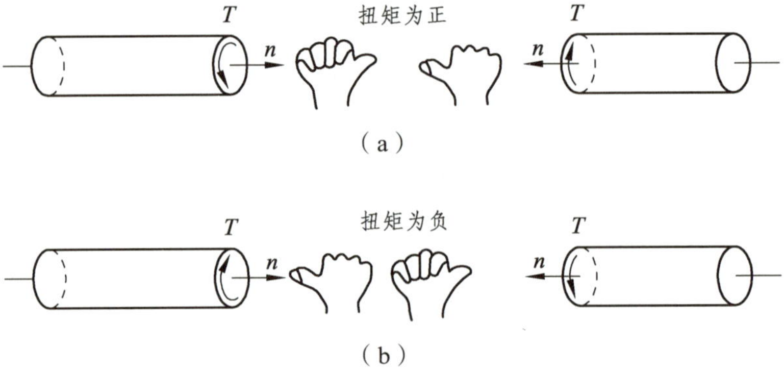

图 6-15

与轴力的计算方法相似，用截面法计算扭矩时，截面上的扭矩通常采用设正法设出。注意外力偶矩的正负规定与扭矩正负规定相反。

3. 扭矩图

当轴受多个外力偶矩作用时，各段上的扭矩是各不相同的。为了表示各横截面上的扭矩沿轴线的变化情况，可用作图的办法，用横坐标代表横截面的位置，纵坐标代表各横截面上的扭矩大小，这样作出的图线称作扭矩图。扭矩图形象而直观地显现了扭矩沿轴线的变化情况，可帮助我们确定最大扭矩的大小和位置，从而在今后的强度问题中确定出真正的危险截面。扭矩图的作图方法与轴力图基本相同。

【例 6-4】 传动轴受力如图 6-16（a）所示。转速 $n = 300\ \mathrm{r/min}$，主动轮 A 输入功率 $P_A = 50\ \mathrm{kW}$，从动轮 B、C、D 的输出功率分别为：$P_B = P_C = 15\ \mathrm{kW}$，$P_D = 20\ \mathrm{kW}$。试作出轴的扭矩图，并确定轴的最大扭矩值。

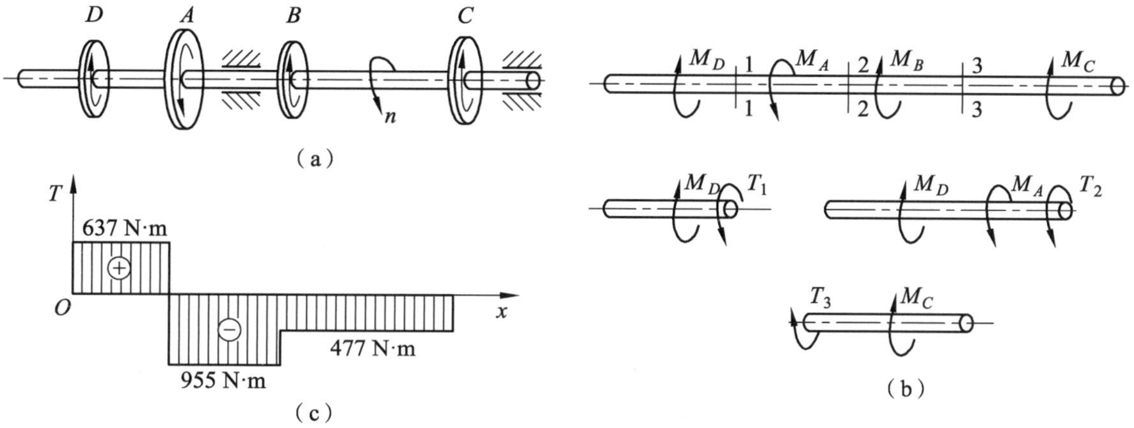

图 6-16

解：（1）外力偶矩计算。

根据转速和功率计算出各轮上的外力偶矩，并作出轴的受力简图。

$$M_A = 9\,549\frac{P_A}{n} = 9\,549\times\frac{50}{300}$$
$$= 1\,591.5\ \text{N}\cdot\text{m} \approx 1\,592\ \text{N}\cdot\text{m}$$

$$M_B = M_C = 9\,549\frac{P_B}{n}$$
$$= 9\,549\times\frac{15}{300} = 477.45\ \text{N}\cdot\text{m} \approx 477\ \text{N}\cdot\text{m}$$

$$M_D = 9\,549\frac{P_D}{n} = 9\,549\times\frac{20}{300}$$
$$= 636.6\ \text{N}\cdot\text{m} \approx 637\ \text{N}\cdot\text{m}$$

（2）扭矩计算。

首先分段，四个外力偶矩将轴分为 *DA*、*AB*、*BC* 三段。用扭矩计算法则分别计算出各段扭矩值。

DA 段：取左侧，截面的外法线向右。

$$T_1 = M_D = 637\ \text{N}\cdot\text{m}$$

AB 段：仍取左侧，截面的外法线向右。

$$T_2 = M_D - M_A = 637 - 1\,592 = -955\ \text{N}\cdot\text{m}$$

BC 段：为计算方便可取右侧，截面的外法线向左。

$$T - M_C = -477\ \text{N}\cdot\text{m}$$

扭矩负值表示方向，不表示大小。

（3）作出扭矩图。

扭矩图要求在受力简图的下方作出，截面位置与受力简图一一对应。由于相邻外力偶矩之间所有截面扭矩值相同，故整个轴的扭矩图为三段平直线。将三段平直线用竖线连成封闭区域，区域内标明正负，用等距竖线填充，然后在平直线上方（下方）标明扭矩值。这样就作出了完整的扭矩图。图中允许隐去横轴和纵轴，但必须形成封闭区域与受力简图一一对应。

扭矩图中每相邻两段间扭矩的差值正好等于两段相邻处外力偶矩的值，可利用这一点快速检验扭矩图是否正确。

画出的扭矩图直观地显示出扭矩沿轴线变化情况，如图 6-16（c）所示。可以看出，最大扭矩（绝对值）存在于 AB 段，以后可以证明，如果此轴为相同材料的等截面轴，那么危险截面就在 AB 段，最大扭矩为 $T_{max} = 955\ \text{N} \cdot \text{m}$。

（4）讨论。

如果设计中重新排定各轮的顺序，会使最大扭矩值发生变化。如单纯为了排列方便而将主动轮排在一侧，则最大扭矩 $|T|_{max} = 1\,592\ \text{N} \cdot \text{m}$，扭矩图请读者自己尝试来画。从提高强度的观点来看，这样排列显然没有题中的合理。在设计条件允许的情况下，将主动轮放在从动轮之间的合适位置上，是提高扭转强度的简单而有效的办法。

6.4.2　圆轴扭转时的应力和强度计算

前面研究了扭转时轴横截面上的扭矩，通过对拉压及剪切两种基本变形的研究，我们知道，内力是截面上所有点应力的合力。在已知合力的前提下去研究每一个点的应力，必须首先了解内力在横截面上的分布情况。为此，按照材料力学建立应力公式的基本方法，首先通过对圆轴扭转试验现象的观察与分析，从几何关系、物理关系和静力学关系等三方面建立应力与扭矩的定量关系。

1. 平面假设

取一等直圆轴，如图 6-17（a）所示，实验前在圆轴表面画上一组平行于轴线的纵向线和一组代表横截面的圆周线，然后在圆轴两端施加外力偶矩 M，圆轴即发生扭转变形。

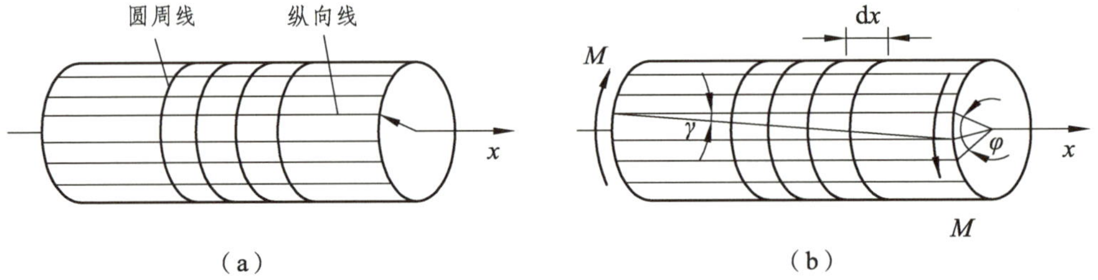

图 6-17

观察到的现象：

（1）圆周线的形状、大小及两圆周线间的距离均保持不变。

（2）各纵向线仍近似为直线，只是倾斜了同一个角度 γ。

上述现象表明：圆轴横截面变形后仍保持为平面，其形状、大小和相互距离不变，只是绕轴线相对转过一个角度。以上称为圆轴扭转的平面假设。

根据平面假设，圆轴扭转的变形为各横截面刚性地相对转过一个角度，截面间距离始终保持不变。这一假设与实际情况是极其接近的，同时又忽略一些次要因素，使研究更加方便。

任意两截面之间相对转过的角度，称为扭转角 φ。两指定截面 A、B 之间的扭转角，用 φ_{AB} 表示。

由平面假设，可推出如下推论：

（1）横截面上无正应力。

因为扭转变形时，横截面大小、形状、纵向间距均未发生变化，说明没有发生线应变。由胡克定律 $\sigma = E\varepsilon$ 可知，没有线应变，也就没有正应力。

（2）横截面上有剪应力。

因为扭转变形时，相邻横截面间发生相对转动。但对截面上的点而言，只要不是轴心点，那么两截面上的相邻两点实际发生的是相对错动，相对错动必会产生剪应变。由剪切胡克定律 $\tau = G\gamma$ 可知，有剪应变 γ，必有剪应力 τ。因错动沿周向，因此，剪应力 τ 也沿周向，与半径垂直。

2. 变形几何关系

取变形后相邻两截面，如图 6-18 所示，将其放大后如图 6-19 所示。设 1—1 截面相对 2—2 截面转动了角度 $\mathrm{d}\varphi$，1—1 截面上任意点的扭转半径为 ρ，则 a 点、b 点的剪切绝对变形为：

$$\widehat{aa} = R\mathrm{d}\varphi$$

$$\widehat{bb} = \rho\mathrm{d}\varphi$$

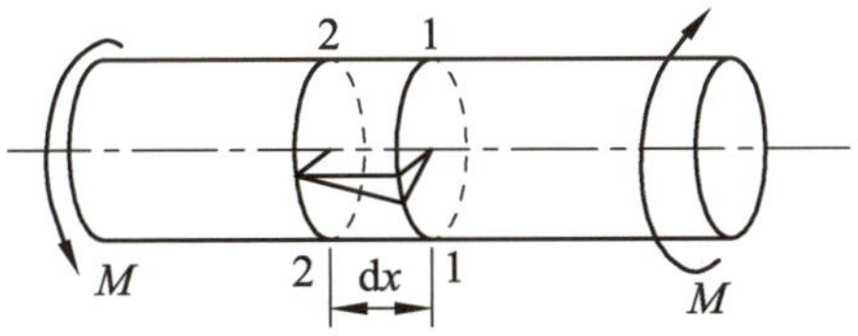

图 6-18

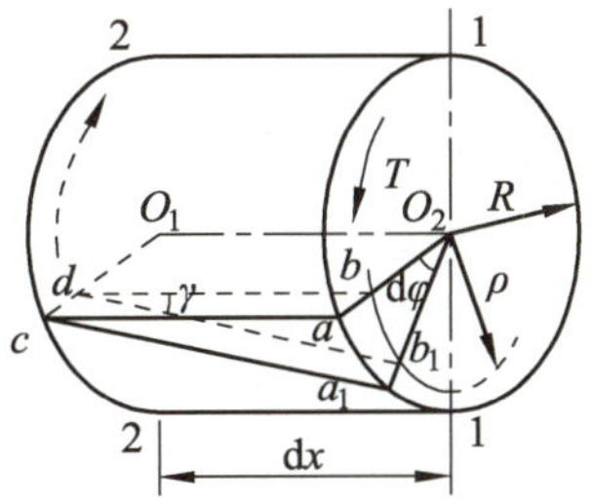

图 6-19

上式表明，横截面上各点的绝对剪切变形与点的扭转半径成正比，圆心处变形为零，外圆上各点变形最大，同一圆上的各点变形相等。

b 点的剪应变为

$$\gamma = \frac{bb_1}{\mathrm{d}x} = \rho\frac{\mathrm{d}\varphi}{\mathrm{d}x}$$

式中，$\mathrm{d}\varphi/\mathrm{d}x$ 为扭转角沿轴线 x 的变化率。对于同一横截面来说，$\mathrm{d}\varphi/\mathrm{d}x$ 为一常数。因此，上式横截面上任一点的剪应变 γ 也与扭转半径 ρ 成正比。

3. 物理关系

再由剪切胡克定律

$$\tau = G\gamma$$

可得

$$\tau = G\rho\frac{\mathrm{d}\varphi}{\mathrm{d}x} \tag{6-3}$$

上式表明，同一横截面内部，剪应力 τ 也与扭转半径 ρ 成正比。实心圆轴与空心圆轴的剪应力分布规律如图 6-20 所示。

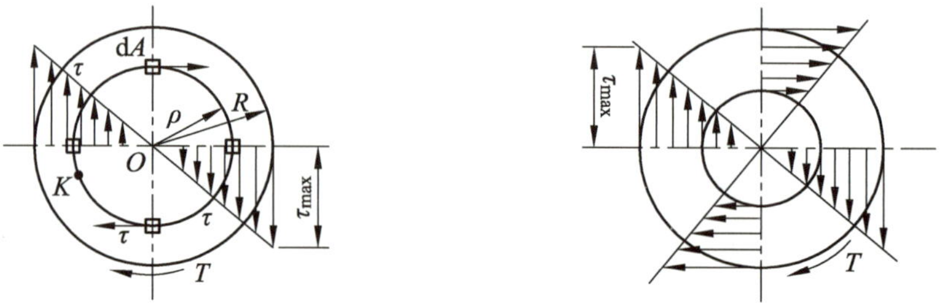

（a）　　　　（b）

图 6-20

4. 静力学关系

设作用在微面积 $\mathrm{d}A$ 上的剪力为 $\tau\cdot\mathrm{d}A$，其对轴心的力矩为 $\rho\tau\cdot\mathrm{d}A$，由于扭矩是横截面上内力系的合力偶矩，所以，截面上所有上述微力矩的总和就等于同一截面上的扭矩，即

$$T = \int_A \rho\tau\cdot\mathrm{d}A = \int_A \rho\cdot G\rho\frac{\mathrm{d}\varphi}{\mathrm{d}x}\mathrm{d}A = G\frac{\mathrm{d}\varphi}{\mathrm{d}x}\int_A \rho^2\mathrm{d}A$$

式中，积分 $\int_A \rho^2\mathrm{d}A$ 仅与截面形状和尺寸有关，称为截面对圆心的极惯性矩，用符号 I_P 表示。即令

$$I_P = \int_A \rho^2\mathrm{d}A$$

则

$$T = GI_P\frac{\mathrm{d}\varphi}{\mathrm{d}x}$$

所以

$$\frac{\mathrm{d}\varphi}{\mathrm{d}x} = \frac{T}{GI_P} \tag{6-4}$$

代入（6-3）式得剪应力计算公式为：

$$\tau = \frac{T\rho}{I_P} \tag{6-5}$$

式中，τ 为横截面上任一点 K 点的剪应力；T 为横截面上的扭矩；ρ 为 K 点的扭转半径；I_P 为横截面的极惯性矩。

5. 最大剪应力

从剪应力分布情况来看，剪应力在横截面上的分布是不均匀的，轴心点应力最小为零，

最外圆上的点应力最大。材料力学的强度问题所关心的是最大应力，最大剪应力可用剪应力计算公式求出

$$\tau_{\max}=\frac{T}{I_P}R=\frac{T}{I_P/R}$$

令 $$W_T=\frac{I_P}{R}$$

则 $$\tau_{\max}=\frac{T}{W_T}$$

式中，T 为危险截面上的扭矩；W_T 为危险截面的抗扭截面模量。

6. 极惯性矩 I_P 与抗扭截面模量 W_T

极惯性矩 I_P 是一个表示截面几何性质的几何量，定义式为 $\int_A \rho^2 \mathrm{d}A$。$I_P$ 只与截面的形状、尺寸有关，国际单位是 m^4。而抗扭截面模量 W_T 是另一个表示截面几何性质的几何量，$W_T=I_P/R$，国际单位是 m^3。

由于工程中圆轴常采用实心（圆形截面）与空心（圆环形截面）两种情况，以下就这两种情况讨论一下极惯性矩与抗扭截面模量的计算。

（1）圆形截面。

对圆形截面，可取一半径为 ρ、宽为 $\mathrm{d}\rho$ 的圆环形微面积，如图 6-21（a）所示。

$$\mathrm{d}A=2\pi\rho\mathrm{d}\rho$$

于是

$$I_P=\int_A \rho^2\mathrm{d}A=\int_0^{\frac{d}{2}}2\pi\rho^3\mathrm{d}\rho=\frac{\pi d^4}{32}\approx 0.1d^4$$

$$W_T=\frac{I_P}{d/2}=\frac{\pi d^3}{16}\approx 0.2d^3$$

（2）圆环形截面。

与圆形截面方法相同，如图 6-21（b）所示。

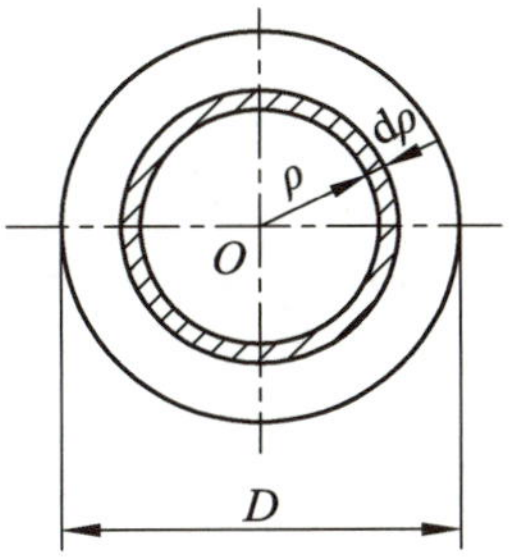

（a）

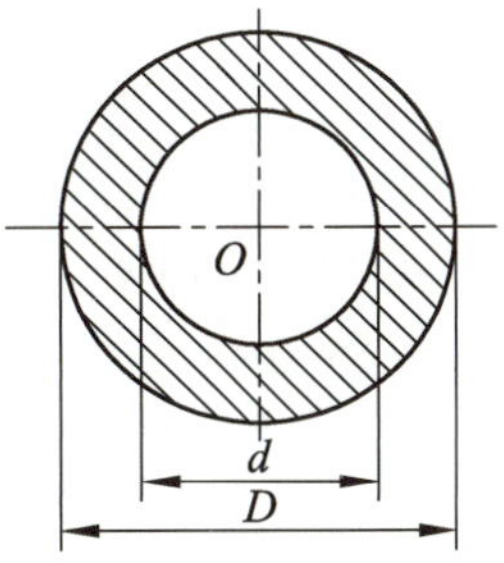

（b）

图 6-21

$$I_P=\int_A \rho^2 \mathrm{d}A=\int_{\frac{d}{2}}^{\frac{D}{2}} 2\pi\rho^3 \mathrm{d}\rho=\frac{\pi}{32}(D^4-d^4)\approx 0.1(D^4-d^4)$$

如果令 $\alpha=d/D$，上式可简写成

$$I_P=\frac{\pi D^4}{32}(1-\alpha^4)\approx 0.1D^4(1-\alpha^4)$$

同样

$$W_T=\frac{I_P}{D/2}=\frac{\pi D^3}{16}(1-\alpha^4)\approx 0.2D^3(1-\alpha^4)$$

7. 计算分析

【例 6–5】 实心阶梯轴受力如图 6-22 所示。已知：$T=4\ \mathrm{kN\cdot m}, d_1=60\ \mathrm{mm}, d_2=40\ \mathrm{mm}$，1—1 截面上 K 点 $\rho_K=20\ \mathrm{mm}$。

（1）计算 1—1 截面上离 O 点距离为 ρ_K 的 K 点剪应力及截面最大剪应力。

（2）计算 2—2 截面上的最大剪应力。

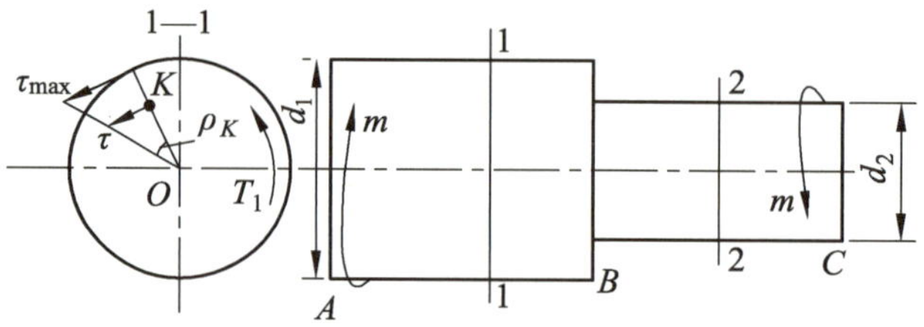

图 6-22

解:（1）用剪应力公式计算 1—1 截面上 K 点剪应力 τ_K：

$$\tau_K=\frac{T\rho_K}{I_{P_1}}=\frac{4\times10^6\times20}{0.1\times60^4}\approx 61.7\ \mathrm{MPa}$$

用最大剪应力公式计算 1—1 截面最大剪应力 $\tau_{\max}$：

$$\tau_{\max}=\frac{T}{W_{T_1}}=\frac{4\times10^6}{0.2\times60^3}\approx 92.6\ \mathrm{MPa}$$

（2）用最大剪应力公式计算 2—2 截面上最大剪应力 $\tau_{\max}$：

$$\tau_{\max}=\frac{T}{W_{T_2}}=\frac{4\times10^6}{0.2\times40^3}\approx 312.5\ \mathrm{MPa}$$

【例 6–6】 AB 轴传递的功率为 $N=7.5\ \mathrm{kW}$，转速 $n=360\ \mathrm{r/min}$。如图 6-23 所示，轴 AC 段为实心圆截面，CB 段为空心圆截面。已知，$D=3\ \mathrm{cm}$，$d=2\ \mathrm{cm}$。试计算 AC 以及 CB 段的最大与最小剪应力。

解:（1）计算扭矩。

轴所受的外力偶矩为

$$M=9\,549\frac{N}{n}=9\,549\times\frac{7.5}{360}\approx 199\ \mathrm{N\cdot m}$$

由截面法

$$T = M = 199\ \mathrm{N \cdot m}$$

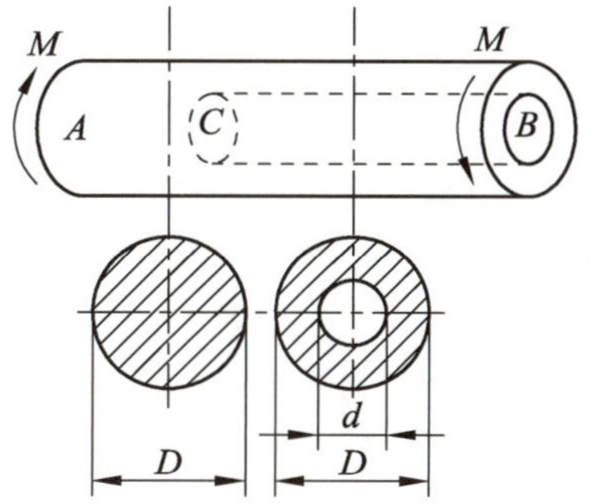

图 6-23

（2）计算极惯性矩。

AC 段和 *CB* 段轴横截面的极惯性矩分别为

$$I_{P_1} = \frac{\pi D^4}{32} \approx 7.95\ \mathrm{cm}^4$$

$$I_{P_2} = \frac{\pi}{32}(D^4 - \mathrm{d}^4) \approx 6.38\ \mathrm{cm}^4$$

（3）计算应力。

AC 段轴在横截面边缘处的剪应力为

$$\tau_{\max}^{AC} = \tau_{外}^{AC} = \frac{T}{I_{P_1}} \cdot \frac{D}{2} = \frac{199}{7.95} \times \frac{3}{2} \times 10^6 \approx 37.5 \times 10^6\ \mathrm{Pa} = 37.5\ \mathrm{MPa}$$

$$\tau_{\min}^{AC} = 0$$

CB 段轴横截面内、外边缘处的剪应力分别为

$$\tau_{\min}^{CB} = \tau_{内}^{CB} = \frac{T}{I_{P_2}} \cdot \frac{d}{2} = \frac{199}{6.38} \times \frac{2}{2} \times 10^6 \approx 31.2 \times 10^6\ \mathrm{Pa} = 31.2\ \mathrm{MPa}$$

$$\tau_{\max}^{CB} = \tau_{外}^{CB} = \frac{T}{I_{P_2}} \cdot \frac{D}{2} = \frac{199}{6.38} \times \frac{3}{2} \times 10^6 \approx 46.8 \times 10^6\ \mathrm{Pa} = 46.8\ \mathrm{MPa}$$

8. 圆轴扭转强度条件

为了使圆轴在工作时不被破坏，轴内的最大扭转剪应力不得超过材料的许用剪应力。

$$\tau_{\max} = \frac{T}{W_T} \leqslant [\tau] \tag{6-6}$$

式中，$[\tau]$为材料的许用剪应力。

材料许用剪应力与许用正应力的确定方法相似，都是通过试验测得材料的极限剪应力，再以极限剪应力除以安全系数而得来，即

$$[\tau] = \frac{\tau_0}{n}$$

工程实践证明，材料的许用剪应力与许用正应力存在着一定的联系：

塑性材料：　$[\tau] = (0.5 \sim 0.6)[\sigma]$

脆性材料：　$[\tau] = (0.8 \sim 1.0)[\sigma]$

因此，在已知材料许用正应力的前提下，也可以通过许用正应力来间接确定许用剪应力。

又因为工程中传动轴一类的构件受到的往往不是标准的静荷载，所以实际使用的许用剪应力比理论值还要更低些。

9. 应用实例

根据强度条件，同样可以解决三类不同的强度问题，即强度校核、设计截面尺寸、确定许可荷载。

等截面圆轴由于加工比较方便，在工程中应用较为普遍。根据强度条件，等截面轴扭矩的最大的部分最危险。因此，对于等截面轴强度问题，画出详细、准确的扭矩图是解决问题的关键。

【例 6-7】 如图 6-24（a）所示，直径 $d = 30$ mm 的等截面传动轴，转速为 $n = 250$ r/min，A 轮输入功率 $P_A = 7$ kW，B、C、D 轮输出功率分别为 $P_B = 3$ kW，$P_C = 2.5$ kW，$P_D = 1.5$ kW。轴材料的许用剪应力$[\tau] = 40$ MPa，剪切弹性模量 $G = 80$ GPa。试：

（1）画此等截面轴的扭矩图。

（2）校核轴的强度。

（3）若强度不足，在不增加直径的前提下，能否有措施使轴的强度得到满足？

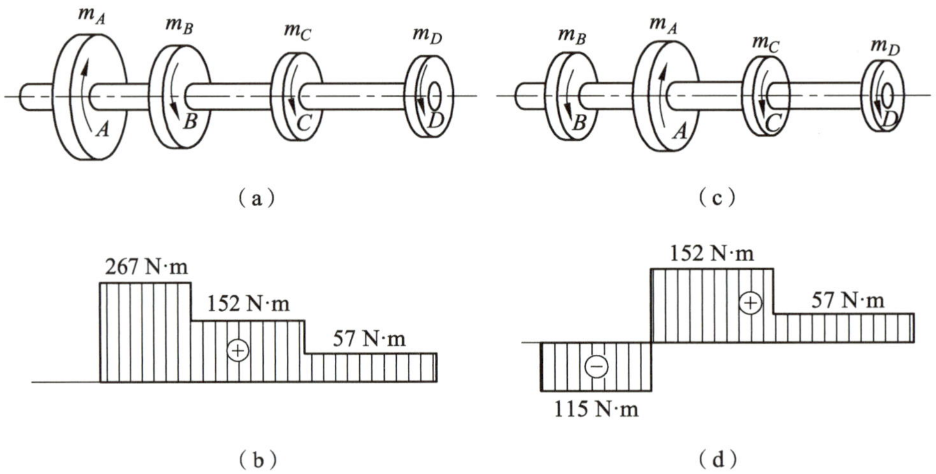

图 6-24

解：（1）首先根据轴的转速及轮上的功率计算出各轮上的外力偶矩。

$$m_A = 9\,549\frac{P_A}{n} = 9\,549 \times \frac{7}{250} \approx 267\ \text{N}\cdot\text{m}$$

$$m_B = 9\,549\frac{P_B}{n} = 9\,549 \times \frac{3}{250} \approx 115\ \text{N}\cdot\text{m}$$

$$m_C = 9\,549\frac{P_C}{n} = 9\,549 \times \frac{2.5}{250} \approx 96\ \text{N}\cdot\text{m}$$

$$m_D = 9\,549\frac{P_D}{n} = 9\,549 \times \frac{1.5}{250} \approx 57\ \text{N}\cdot\text{m}$$

四个外力偶矩将轴上扭矩分为三段，用扭矩计算法则计算各段扭矩。

$$T_1 = 267\ \text{N}\cdot\text{m}$$

$$T_2 = 152\ \text{N}\cdot\text{m}$$

$$T_3 = 57\ \text{N}\cdot\text{m}$$

根据三段扭矩值作出扭矩图，如图 6-24（b）所示。

（2）校核轴的强度。由扭矩图可知，最大扭矩在 AB 段，由于是等截面轴，故 AB 段最危险。

$$\tau_{\max}=\frac{T_1}{W_T}=\frac{267\times10^3}{0.2\times30^3}\approx49.4\ \text{MPa}>40\ \text{MPa}$$

故此等截面轴强度不足。

（3）当轴上有多个轮时，主动轮在一侧是不合理的。为此，将 A、B 轮位置互换，如图 6-24（c）所示。扭矩图变为图 6-24（d）所示，最大扭矩在 AC 段。

$$\tau_{\max}\frac{T_{AC}}{W_T}=\frac{152\times10^3}{0.2\times30^3}\approx28.2\ \text{MPa}<40\ \text{MPa}$$

这样，轴的强度满足要求。

工程中有时根据设计中的需要，要采用非等截面轴，其中常用的是阶梯轴。阶梯轴的危险截面除了要考虑扭矩的大小，还要考虑截面的极惯性矩及抗扭截面模量，这种情况下有时会出现多处可能的危险截面，强度问题一定要考虑全面。

【例 6–8】 阶梯形圆轴如图 6-25（a）所示。AC 段直径 $d_1=4$ cm，CD 段直径 $d_2=7$ cm。主动轮 3 的输入功率为 $P_3=30$ kW，轮 1 的输出功率为 $P_1=13$ kW，轴工作时转速 $n=200$ r/min，材料的许用剪应力$[\tau]=60$ MPa。试校核轴的强度。

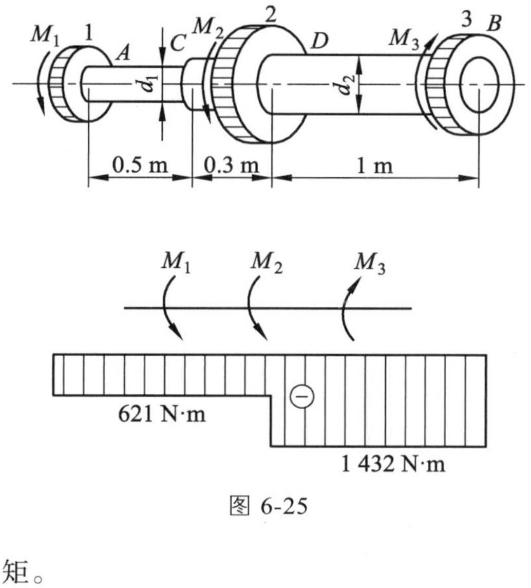

图 6-25

解：（1）计算外力偶矩。

$$M_1=9\,549\frac{P_1}{n}=9\,549\times\frac{13}{200}\approx621\ \text{N}\cdot\text{m}$$

$$M_3=9\,549\frac{P_3}{n}=9\,549\times\frac{30}{200}\approx1\,432\ \text{N}\cdot\text{m}$$

M_2 可以不求出。

（2）计算扭矩。扭矩分为两段。

$$T_1 = -621\ \text{N} \cdot \text{m}$$
$$T_2 = -1\,432\ \text{N} \cdot \text{m}$$

画出扭矩图，如图 6-25（b）所示。

（3）分析危险截面。

AC 段与 *CD* 段相比，扭矩相同，*CD* 段较粗，I_P、W_T 较大，应力小，不危险；*AC* 段与 *DB* 段相比，*AC* 段细，扭矩也小，*DB* 段粗，扭矩也大，不通过计算，很难确定哪段更危险。不妨都看作危险截面进行校核。

（4）强度校核。

$$AC\text{ 段：}\ \tau_{\max}^{AC} = \frac{T_1}{\frac{\pi d_1^3}{16}} = \frac{16 \times 621 \times 10^3}{3.14 \times 40^3} = 49.4\ \text{MPa} < [\tau]$$

$$DB\text{ 段：}\ \tau_{\max}^{DB} = \frac{T_2}{\frac{\pi d_2^3}{16}} = \frac{16 \times 1\,432 \times 10^3}{3.14 \times 70^3} = 21.3\ \text{MPa} < [\tau]$$

故该阶梯轴的强度足够。

工程中常采用实心圆轴，这是因为实心圆轴便于加工。而从截面设计的合理性来看，空心圆轴要优于实心圆轴。因为对实心轴而言，靠近轴心的剪应力是很小的，而较大的应力都作用在远离轴心的地方。而空心轴则正好把中间材料节省出来加强在外围，从而起到了“好钢用在刀刃上”的作用，因而更为合理。我们通过下面例题，对两截面加以比较。

【例 6-9】 实心轴和空心轴通过牙嵌离合器连接在一起，如图 6-26 所示。两轴材料相同，已知轴的转速 $n = 100$ r/min，传递的功率 $P = 7.35$ kW，材料的许用剪应力 $[\tau] = 20$ MPa，试：

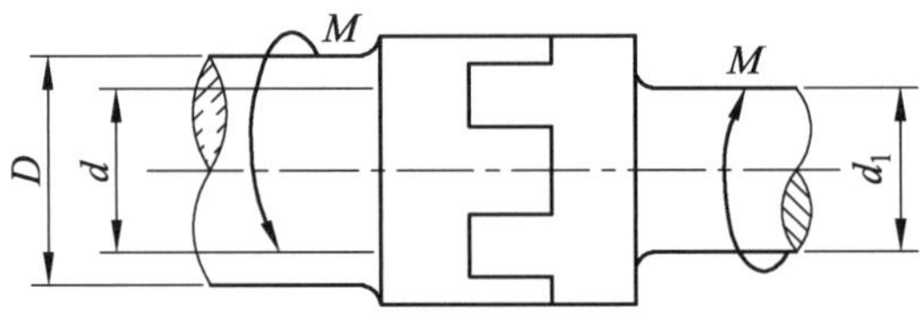

图 6-26

（1）设计实心轴直径 d_1。

（2）设计内外径比为 0.5 的空心轴的外径 *D*。

（3）比较相同长度的空心轴与实心轴的重力。

解：（1）首先设计实心轴直径。

外力偶计算如下：

$$M = 9\,549 \frac{P}{n} = 9\,549 \times \frac{7.35}{100} = 702\ \text{N} \cdot \text{m}$$

由于只受两个反向力偶作用，所以

$$T = M = 702\ \text{N}\cdot\text{m}$$

根据强度条件设计直径：

$$\tau_{\max} = \frac{T}{W_T} = \frac{T}{\dfrac{\pi d_1^3}{16}} \leqslant [\tau]$$

得
$$d_1 \geqslant \sqrt[3]{\frac{16T}{\pi[\tau]}} = \sqrt[3]{\frac{16\times 702\times 10^3}{3.14\times 20}} \approx 56.3\ \text{mm}$$

取 $d_1 = 57$ mm。

（2）再次根据强度条件设计空心轴外径 D。

$$\tau_{\max} = \frac{T}{W_T} = \frac{T}{\dfrac{\pi D^3}{16}(1-\alpha^4)} \leqslant [\tau]$$

$$D \geqslant \sqrt[3]{\frac{16T}{\pi[\tau](1-\alpha^4)}} = \sqrt[3]{\frac{16\times 702}{3.14\times 20\times 10^{-6}\times(1-0.5^4)}} \approx 5.76\times 10^{-2}\ \text{m} = 57.6\ \text{mm}$$

取 $D = 58$ mm，$d = 29$ mm。

（3）空心圆轴与实心圆轴的重力比较。

因两轴材料相同，长度相同，强度条件同时取等号时强度也相同。故

$$\frac{G_{空}}{G_{实}} = \frac{A_2}{A_1} = \frac{\dfrac{\pi}{4}(D^2-d^2)}{\dfrac{\pi}{4}d_1^2} = \frac{57.6^2-28.8^2}{56.3^2} = 0.785$$

由此可以看出，在材料、长度、荷载、强度都相同的情况下，空心轴用的材料仅为实心轴用的材料的 78.5%，因此空心轴要比实心轴节省材料；另 方面，相同材料、相同重力的情况下，空心轴的强度要比实心轴的强度高。

工程中较为精密的机械，如飞机、轮船、汽车等，常采用空心轴来提高运输能力。不仅可以提高强度，还可以节省材料，减轻重力。

但空心轴的加工难度及造价要远高于实心轴，对于某些长轴，如车床中的光轴，纺织、化工机械中的长传动轴等，都不适宜用空心轴。

6.4.3 圆轴扭转时的变形和刚度计算

对于轴这类构件，通常不仅要求其具有足够的强度，而且对其变形也有严格的限制，不允许产生过大的扭转变形。例如机床主轴若产生过大变形，工作时不仅会产生振动，加大摩擦，降低机床使用寿命，还会严重影响工件的加工精度。因此，变形及刚度问题也是圆轴设计所关心的一个问题。

1. 扭转变形

（1）扭转角。

扭转角是轴横截面间相对转过的角度，用φ表示，如图 6-27 所示，单位为弧度（rad），工程中也用度（°）作扭转角的单位，换算关系为 π = 180°。

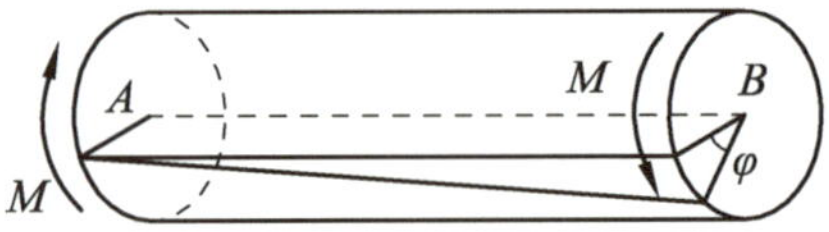

图 6-27

由公式（6-4）可知，相距 dx 的两横截面间的扭转角为

$$\mathrm{d}\varphi = \frac{T}{GI_P}\mathrm{d}x$$

则相距为l的两横截面间的扭转角为

$$\varphi = \int_l \mathrm{d}\varphi = \int_l \frac{T}{GI_P}\mathrm{d}x$$

对于同一材料的等截面圆轴，如在长度l内扭矩为常量，即T、G、I_P均为常量，则上式可积分为

$$\varphi = \frac{Tl}{GI_P} \tag{6-7}$$

式（6-7）也被称为扭转胡克定律，请注意扭转胡克定律从形式上与拉压胡克定律$\Delta l = \dfrac{Nl}{EA}$是一样的，只不过扭转胡克定律是以力偶为内力，以角度为变形，加之材料及截面几何性质以不同的量表示而已。扭转胡克定律在使用时也要分段，保证每段的T、G、I_P为常量才能使用。

（2）单位扭转角。

单位扭转角是单位长度上的扭转角，用符号θ表示，单位是 rad/m。单位扭转角通常用来表示扭转变形的程度。扭转胡克定律可用另一种形式表示：

$$\theta = \frac{\varphi}{l} = \frac{T}{GI_P}(\mathrm{rad/m})$$

由于工程中常用度/米[（°）/m]作单位扭转角的单位，所以，上式经常写为

$$\theta = \frac{\varphi}{l} = \frac{T}{GI_P}\times\frac{180}{\pi}[(°)/\mathrm{m}] \tag{6-8}$$

2. 刚度条件

工程设计中，通常限定轴的最大单位扭转角θ_{max}不得超过规定的许用单位扭转角[θ][（°）/m]，即

$$\theta_{\max} = \frac{T}{GI_P} \times \frac{180}{\pi} \leqslant [\theta] \quad (6\text{-}9)$$

式（6-9）称为圆轴扭转的刚度条件。许用单位扭转角[θ]是根据设计要求定的，可从有关手册中查出，也可参考下列数据：

精密机械的轴：[θ] =（0.15° ~ 0.5°）/m

一般传动轴：[θ] =（0.5° ~ 1.0°）/m

精度要求较低的轴：[θ] =（1.0° ~ 4.0°）/m

从以上可以看出，对于工程中较为精密的机械中的轴，通常需要同时考虑强度条件和刚度条件。

【例 6-10】 已知传动轴受力如图 6-28（a）所示。若材料采用 45 号钢，G = 80 GPa，取 [τ] = 60 MPa，[θ] = 1.0°/m。试根据强度、刚度条件设计轴的直径。

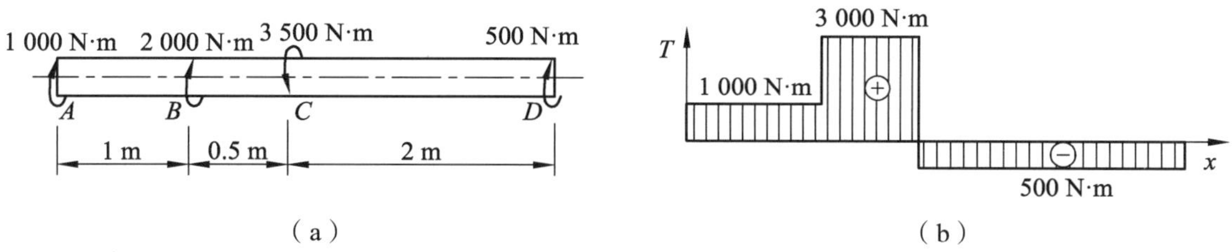

图 6-28

解：（1）内力计算。

$$T_{AB} = 1\,000\ \text{N}\cdot\text{m}$$
$$T_{BC} = 3\,000\ \text{N}\cdot\text{m}$$
$$T_{CD} = -500\ \text{N}\cdot\text{m}$$

扭矩图如图 6-28（b）所示。

（2）危险截面分析。

由于是等截面轴，扭矩（绝对值）最大的 BC 段，同时是强度和刚度的危险段。

（3）由强度条件设计直径。

$$\tau_{\max} = \frac{T_{\max}}{W_T} = \frac{T_{\max}}{\frac{\pi d^3}{16}} \leqslant [\tau]$$

$$d_1 = \sqrt[3]{\frac{16T_{\max}}{\pi[\tau]}} = \sqrt[3]{\frac{16 \times 3\,000}{3.14 \times 60 \times 10^6}} \approx 6.34 \times 10^{-2}\ \text{m} = 63.4\ \text{mm}$$

（4）由刚度条件再设计直径。

需要注意的是，[θ]的单位是[（°）/m]，所以长度单位最好统一用 m，扭矩用 N · m，G 单位用 Pa，这样计算单位是统一的。

$$\theta_{max}=\frac{T_{max}}{GI_P}\times\frac{180}{\pi}=\frac{T_{max}\times 180}{G\times\frac{\pi d^4}{32}\times\pi}\leqslant[\theta]$$

$$d_2\geqslant\sqrt[4]{\frac{32T_{max}\times 180}{G\pi^2[\theta]}}=\sqrt[4]{\frac{32\times 3\,000\times 180}{80\times 10^9\times 3.14^2\times 1.0}}=0.068\,4\ \text{m}=68.4\ \text{mm}$$

要同时满足强度和刚度条件，须 $d\geqslant d_{max}$，取 d 为 69 mm 或 70 mm。

工程中对较为精密的轴或较长的轴，除了对刚度进行要求以外，往往十分关注特定截面间的扭转角 φ 的大小。

【例 6-11】 某传动轴受力情况如图 6-29 所示。已知：$M_A=0.5$ kN·m，$M_C=1.5$ kN·m，轴截面的极惯性矩 $I_P=2\times 10^5\ \text{mm}^4$，两段长度为 $l_1=l_2=2$ m，轴的剪切弹性模量 $G=80$ GPa。试计算 C 截面相对 A 截面的扭转角 φ_{AC}。

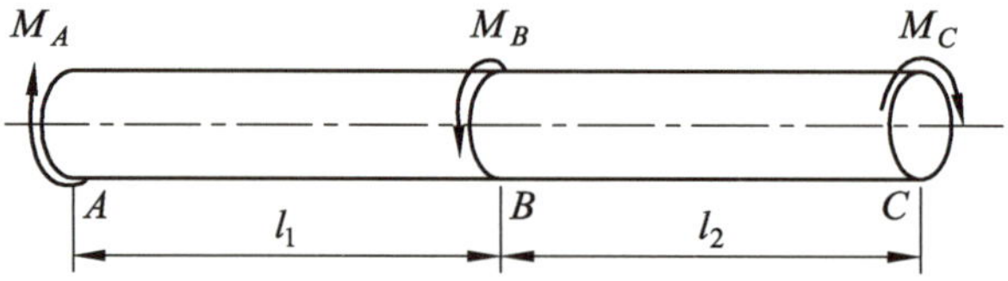

图 6-29

解：（1）计算各段扭矩。

$$T_{AB}=0.5\ \text{kN}\cdot\text{m}$$
$$T_{BC}=-1.5\ \text{kN}\cdot\text{m}$$

（2）计算扭转角。

扭转角是代数值，B 截面相对 A 截面为逆时针转动，扭转角为正；C 截面相对 B 截面为顺时针转动，扭转角为负。

$$\varphi_{AB}=\frac{T_{AB}l_1}{GI_P}\times\frac{180}{\pi}=\frac{0.5\times 10^6\times 2\times 10^3\times 180}{80\times 10^3\times 2\times 10^5\times 3.14}=3.6°$$
$$\varphi_{BC}=\frac{T_{BC}l_2}{GI_P}\times\frac{180}{\pi}=\frac{-1.5\times 10^6\times 2\times 10^3\times 180}{80\times 10^3\times 2\times 10^5\times 3.14}=-10.8°$$
$$\varphi_{AC}=\varphi_{AB}+\varphi_{BC}=3.6°-10.8°=-7.2°$$

本章小结

一、剪切与挤压

剪切变形是杆件基本变形形式之一，剪切胡克定律是本学科的基本理论，应清楚理解。连接件及接头的强度计算具有很强的应用性，必须很好掌握。

1. 剪切变形的受力特点

外力作用线平行、反向、相隔距离很小。这样的外力将在剪切面上产生沿截面的剪力 Q，从而使剪切面上的点受剪应力的作用。

2. 剪切变形的变形特点

截面沿外力方向产生相对错动，使微立方体变成了平行六面体。其变形程度多用剪应变 γ，即直角的改变量来表示。

3. 实用计算

结构中的连接件主要发生剪切和挤压变形，应同时考虑剪切强度和挤压强度。实用计算假设应力均匀分布，其强度条件为

$$\tau_{\max}=\frac{Q}{A}\leqslant[\tau]$$

$$\sigma_{\mathrm{jy}}=\frac{F}{A_{\mathrm{jy}}}\leqslant[\sigma_{\mathrm{jy}}]$$

4. 剪切和挤压计算中应注意的问题

对构件进行剪切、挤压强度计算时，关键在于正确地判断剪切面和挤压面的位置并能够计算出它们的实用面积。

剪切面：平行于外力，介于反向外力之间，面积为实际面积。

挤压面：构件传力接触面。当接触面为平面时，挤压面积就是接触面面积；当接触面为半圆柱面时，挤压面积为半圆柱面的正投影面积。

二、扭　转

1. 扭转的概念

受力特点：受到一对等值、反向、作用面垂直于轴线的力偶作用。

变形特点：截面间相对转动。

2. 外力偶矩计算

已知轴所传递的功率 P 及转速 n，则

$$M(\mathrm{N\cdot m})=9\,549\frac{P(\mathrm{kW})}{n(\mathrm{r/min})}$$

$$M(\mathrm{N\cdot m})=7\,024\frac{P(\text{马力})}{n(\mathrm{r/min})}$$

3. 扭矩计算

可用截面法计算，也可用扭矩计算法则计算。

（1）扭矩等于截面一侧所有外力偶矩的代数和。

（2）外力偶矩正负可用右手定则来判定：使右手四指沿外力偶矩方向，则拇指指向与截面外法线反向者为正，同向者为负。

4. 圆轴扭转时应力及最大应力：

$$\tau = \frac{T\rho}{I_P}$$

$$\tau_{\max} = \frac{T}{W_T}$$

实心圆截面：

$$I_P = \frac{\pi d^4}{32} \approx 0.1d^4,\ W_T = \frac{\pi d^3}{16} \approx 0.2d^3$$

空心圆截面：

$$I_P = \frac{\pi D^4}{32}(1-\alpha^4) \approx 0.1D^4(1-\alpha^4)$$

$$W_T = \frac{\pi D^3}{16}(1-\alpha^4) \approx 0.2D^3(1-\alpha^4)$$

5. 圆轴扭转强度条件：

$$\tau_{\max} = \frac{T}{W_T} \leqslant [\tau]$$

6. 扭转角及刚度条件：

$$\theta = \frac{Tl}{GI_P},\ \theta_{\max} = \frac{T}{GI_P} \times \frac{180}{\pi} \leqslant [\theta]$$

课后训练

班级：__________ 学号：__________ 姓名：__________ 成绩：__________

一、填空题

1. 构件受剪时，剪切面的方位与两外力的作用线相_________。

2. 剪切胡克定律适用于__________变形范围。

3. 当轴传递的功率一定时，轴的转速越小，则轴受到的外力偶矩越_________；当外力偶矩一定时，传递的功率越大，则轴的转速越______________。

二、判断题

1. 若在构件上作用有两个大小相等、方向相反、相互平行的外力，则此构件一定产生剪切变形。(　　)

2. 两板件用一受剪切的螺栓联结，在进行剪切强度校核时，只针对螺栓校核就完全可以了。(　　)

3. 圆杆扭转变形实质上是剪切变形。(　　)

4. 因木材沿纤维方向的抗剪能力差，故若受扭木质圆杆的轴线与木材纤维方向平行，当扭矩达到某一极限值时，圆杆将沿轴线方向出现裂纹。(　　)

三、选择题

1. 一联结件如图 6-30 所示，两端受拉力 P 作用，已知许用挤压应力为$[\sigma_{jy}]$，故该联结件的强度条件应为（　　）。

A. $\dfrac{2P}{(h-e)b} \leqslant [\upsilon_{jy}]$　　B. $\dfrac{2P}{hb} \leqslant [\sigma_{jy}]$

C. $\dfrac{P}{eb} \leqslant [\sigma_{jy}]$　　D. $\dfrac{P}{(h-e)b} \leqslant [\sigma_{jy}]$

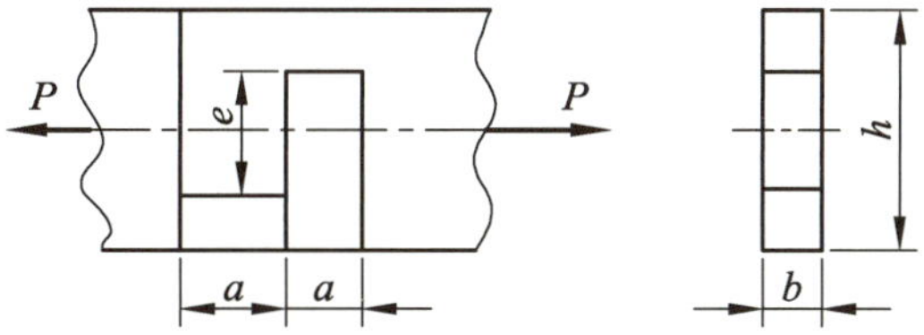

图 6-30

2. 受扭圆轴，当横截面上的扭矩 T 不变，而直径减小一半时，该横截面的最大切应力与原来的最大切应力之比是（　　）。

A. 2　　　　B. 4　　　　C. 6　　　　D. 8

3. 实心圆轴①和空心圆轴②，它们的横截面面积均相同，受相同扭矩作用，则其最大切应力以下正确的是（　　）

A. $\tau_{max2} > \tau_{max1}$　　B. $\tau_{max2} < \tau_{max1}$

C. $\tau_{max2} = \tau_{max1}$　　D. 无法比较

四、计算题

求如图 6-31 所示各轴截面 1—1、2—2、3—3 上的扭矩，并画出扭矩图。

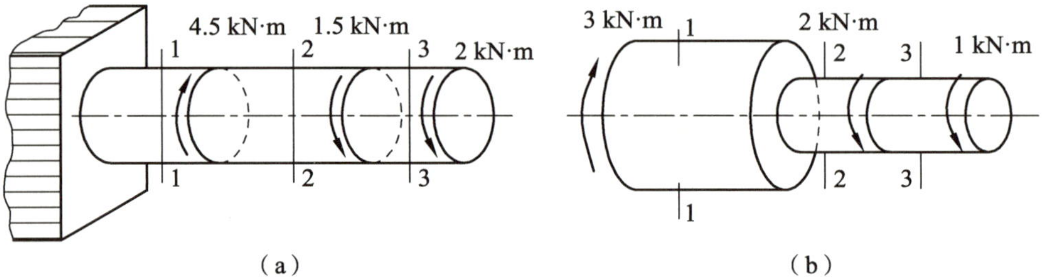

图 6-31

课堂小测

班级：____________ 学号：____________ 姓名：____________ 成绩：____________

一、填空题（每空 2 分，共计 20 分）

1. 剪切的受力特点，是作用于构件某一截面两侧的外力大小相等、方向相反、作用线相互________且相距________。

2. 剪切的变形特点是：位于两力间的构件截面沿外力方向发生__________。

3. 用截面法求剪力时，沿________面将构件截分成两部分，取其中一部分为研究对象，由静力平衡方程便可求得剪力。

4. 用剪子剪断钢丝时，钢丝发生剪切变形的同时还会发生___________变形。

5. 一螺栓联结了两块钢板，其侧面和钢板的接触面是半圆柱面，因此挤压面面积即为半圆柱面___________的面积。

6. 挤压应力与压缩应力不同，前者是分布于两构件________上的压强而后者是分布在构件内部截面单位面积上的内力。

7. 剪切的实用计算中，假设了剪应力在剪切面上是__________分布的。

8. 钢板厚为 t，冲床冲头直径为 d，今在钢板上冲出一个直径为 d 的圆孔，其剪切面面积为___________。

9. 当剪应力不超过材料的剪切__________极限时，剪应变与剪应力成正比。

二、判断题（每题 3 分，共计 27 分）

1. 在构件上有多个面积相同的剪切面，当材料一定时，若校核该构件的剪切强度，则只对剪力较大的剪切面进行校核即可。(　　)

2. 两钢板用螺栓联结后，在螺栓和钢板相互接触的侧面将发生局部承压现象，这种现象称挤压。当挤压力过大时，可能引起螺栓压扁或钢板孔缘压皱，从而导致联结松动而失效。(　　)

3. 进行挤压实用计算时，所取的挤压面面积就是挤压接触面的正投影面积。(　　)

4. 由挤压应力的实用计算公式可知，构件产生挤压变形的受力特点和产生轴向压缩变形的受力特点是一致的。(　　)

5. 圆杆受扭时，杆内各点处于纯剪切状态。(　　)

6. 薄壁圆管和空心圆管的扭转切应力公式完全一样。(　　)

7. 用剪刀剪的纸张和用刀切的菜，均受到了剪切破坏。(　　)

8. 受剪构件的剪切面总是平面。(　　)

9. 受扭杆件的扭矩，仅与杆件受到的转矩（外力偶矩）有关，而与杆件的材料及

其横截面的大小、形状无关。(　　)

三、选择题（每题 3 分，共计 21 分）

1. 车床传动光杠的安全联轴器由销钉和套筒组成，如图 6-32 所示，轴的直径为 D，传递的力偶的最大力偶矩为 m，这时销钉每个剪切面上的剪力为（　　）。

A. $4m/D$　　B. $2m/D$

C. $m/2D$　　D. m/D

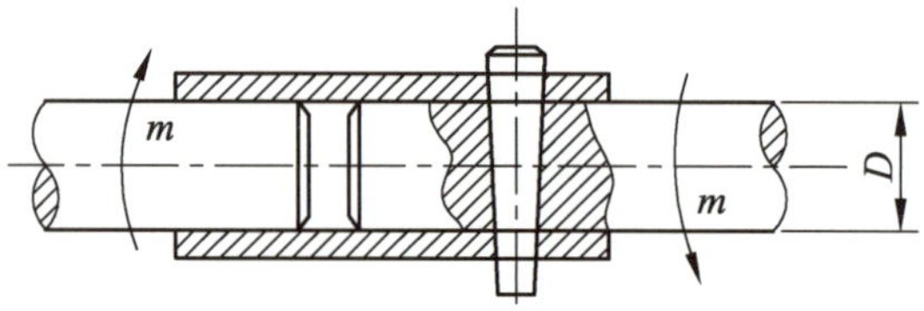

图 6-32

2. 电瓶车挂钩用插销联结，如图 6-33 所示，插销直径为 d，当牵引力为 P 时，插销横截面的剪应力应为（　　）。

A. $\dfrac{P}{\pi d^2}$　　B. $\dfrac{4P}{\pi d^2}$

C. $\dfrac{2P}{\pi d^2}$　　D. $\dfrac{4P}{3\pi d^2}$

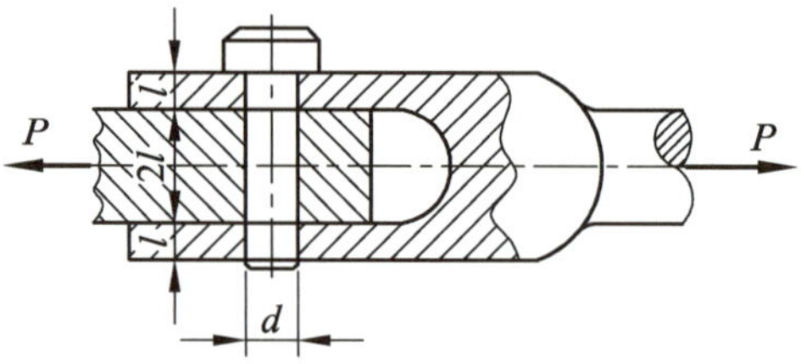

图 6-33

3. 一拉杆与板用四个铆钉联结，如图 6-34 所示，若拉杆承受的拉力为 P，铆钉的许用应力为$[\tau]$，则铆钉直径应设计为（　　）。

A. $\sqrt{\dfrac{P}{\pi[\tau]}}$　　B. $\sqrt{\dfrac{2P}{\pi[\tau]}}$

C. $\sqrt{\dfrac{3P}{\pi[\tau]}}$　　D. $\sqrt{\dfrac{4P}{\pi[\tau]}}$

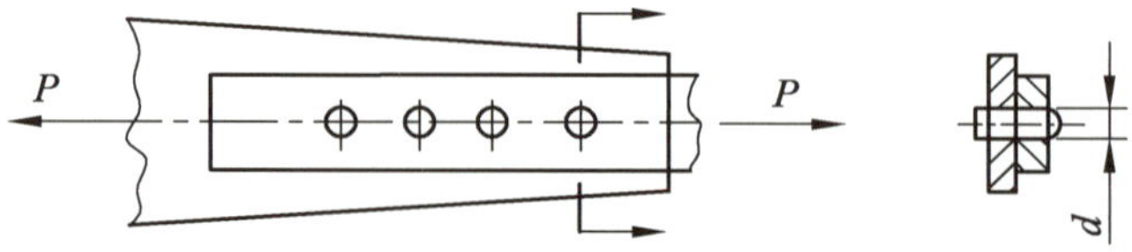

图 6-34

4. 空心圆轴的外径为 D，内径为 d，$\alpha=d/D$，其抗扭截面系数为（　　）。

A. $W_p=\dfrac{\pi D^3}{16}(1-\alpha)$　　B. $W_p=\dfrac{\pi D^3}{16}(1-\alpha^2)$

C. $W_p=\dfrac{\pi D^3}{16}(1-\alpha^3)$　　D. $W_p=\dfrac{\pi D^3}{16}(1-\alpha^4)$

5. 一内外径之比为 $\alpha=\dfrac{d}{D}$ 的空心圆轴，当两端承受扭转力偶矩时，横截面上的最大切应力为 τ，则内圆轴处的切应力为（　　）。

A. τ　　B. $\alpha\tau$　　C. $(1-\alpha^3)\tau$　　D. $(1-\alpha^4)\tau$

6. 轴扭转切应力公式 $\tau_\rho=\dfrac{T\rho}{I_p}$ 适用于如下哪种截面轴？正确的答案是（　　）。

A. 矩形截面轴　　B. 椭圆截面轴

C. 圆形截面轴　　D. 各种形状截面轴

7. 一内、外直径分别为 d 和 D 的空心圆轴，其抗扭截面系数以下正确的是（　　）。

A. $W_t=\dfrac{\pi D^3}{16}-\dfrac{\pi d^3}{16}$　　B. $W_t=\dfrac{\pi D^3}{32}-\dfrac{\pi d^3}{32}$

C. $W_t=\dfrac{\pi}{16D}(D^4-d^4)$　　D. $W_t=\dfrac{\pi D^4}{32}-\dfrac{\pi d^4}{32}$

四、计算题（每题 16 分，共计 32 分）

1. 如图 6-35 所示的空心圆轴，外径 $D=100$ mm，内径 $d=80$ mm，$l=500$ mm，$M_1=6$ kN · m，$M_2=4$ kN · m，$G=80$ GPa。

（1）绘轴的扭矩图。

（2）求最大切应力。

（3）求 C 截面的扭转角。

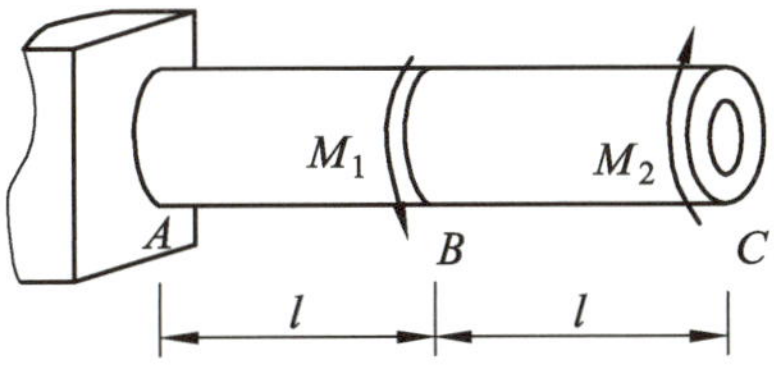

图 6-35

2. 如图 6-36 所示凸缘联轴器，在凸缘上沿直径 $D = 150$ mm 的圆周上，对称地分布着四个直径 $d = 12$ mm 的螺栓。若此轴传递的外力偶矩 $m = 1.5$ kN · m，螺栓的剪切许用应力$[\tau] = 60$ MPa，试校核螺栓的剪切强度。

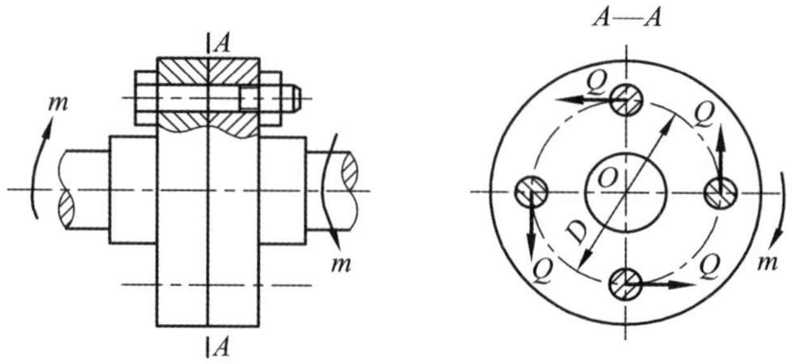

图 6-36

能力提升

班级：____________ 学号：____________ 姓名：____________ 成绩：____________

一、思考题

1. 剪切变形的受力特点、变形特点与轴向拉伸比较有何不同?

2. 什么是剪切与挤压实用计算方法？应用这种实用计算方法进行强度计算时，关键要弄清哪些方面?

3. 在变速箱中，为什么低速轴直径比高速轴直径大?

二、计算题

1. 如图 6-37 所示，已知圆轴的直径 $d = 50$ mm，两端受力偶矩 $M_0 = 1$ kN·m 作用，试求任意横截面上半径$\rho_A = 12.5$ mm 处的剪应力 τ_ρ及边缘处的最大扭转剪应力 $\tau_{\max}$。

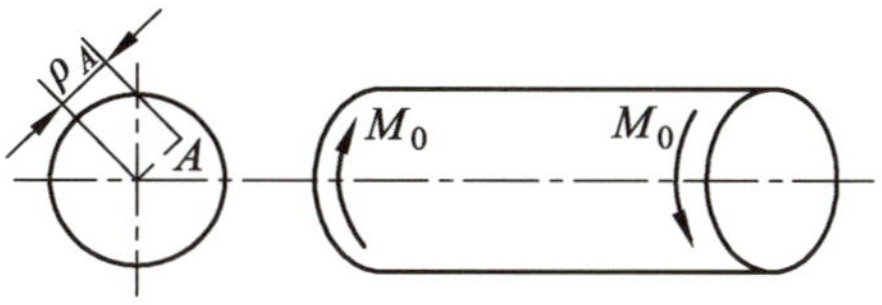

图 6-37

2. 如图 6-38 所示等截面传动轴的转速为 $n = 500$ r/min，主动轮 A 输入功率为 368 kW，从动轮 B 和 C 的输出功率分别为 147 kW 和 221 kW。已知许用剪应力 $[\tau] = 70$ MPa，许用单位长度扭转角 $[\varphi'] = 1°/\text{m}$，材料的剪切弹性模量 $G = 80$ GPa。试：

（1）设计传动轴的直径。

（2）提出一个提高传动轴承载能力的方法，并简述其理由。

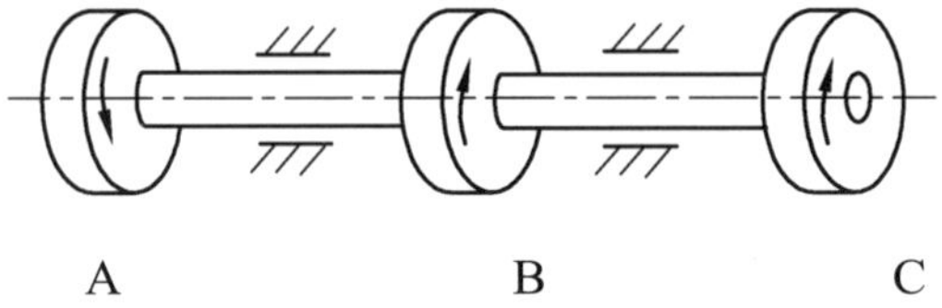

图 6-38

7 弯曲内力

学习指南

梁的弯曲变形特别是平面弯曲是工程中遇到得最多的一种基本变形，弯曲强度和刚度的研究在材料力学中占有重要位置。

本章重点讲述梁的内力分析及绘制内力图相关问题，这是计算梁的强度和刚度的首要条件，学习中应注意理解概念，熟悉方法，掌握理论解决实际问题。在学习时可以参照下面的思维导图。

- 弯曲内力
  - 平面弯曲的概念
    - 掌握平面弯曲的概念
    - 了解作用于梁上的荷载类型
    - 掌握梁不同的支座所对应的支座反力
  - 梁的内力
    - 熟悉剪力、弯矩的概念
    - 掌握截面法计算梁的内力计算步骤
    - 掌握梁的内力计算规则
  - 剪力图、弯矩图的绘制
    - 了解剪力方程、弯矩方程的推导
    - 能够根据剪力方程绘制剪力图
    - 能够根据弯矩方程绘制弯矩图
  - 荷载集度、剪力、弯矩间的微分关系
    - 了解荷载集度、剪力和弯矩之间的微分关系
    - 能够根据三者的关系绘制剪力图和弯矩图
  - 叠加法绘制弯矩图
    - 熟悉叠加法的基本原理
    - 掌握叠加法绘制弯矩图的基本步骤

7.1 平面弯曲的概念

梁的概述

7.1.1 梁的平面弯曲

弯曲是杆件的基本变形之一。工程上常遇到这样一类直杆，如公路桥梁[见图 7-1（a）]、火车轮轴[见图 7-1（b）]、摇臂钻床的横梁[见图 7-1（c）]等，它们具有这样的特点：所受的外力垂直于杆的轴线，变形前为直线的轴线变形后成为曲线。这种变形形式称为弯曲变形。以弯曲变形为主的杆件习惯上称为梁。

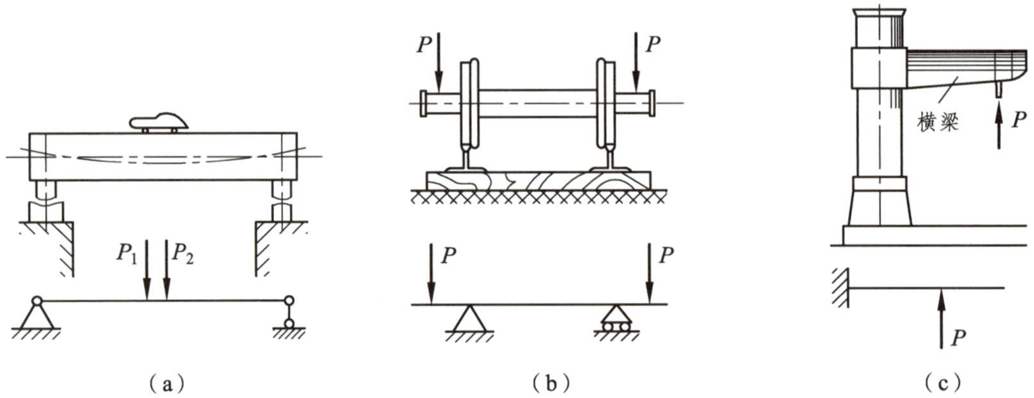

图 7-1

工程中常见的梁的横截面一般都有一根对称轴，如图 7-2 所示。由梁的轴线与横截面的对称轴组成的平面称为纵向对称面，并且当梁上所有外力均匀作用在纵向对称平面内时，梁变形后的轴线将在此纵向对称面内弯成一条平面曲线，如图 7-3 所示。这种梁的轴线弯曲后所在平面与外力所在平面相重合的弯曲变形称为平面弯曲。这是弯曲问题中最基本的情况。

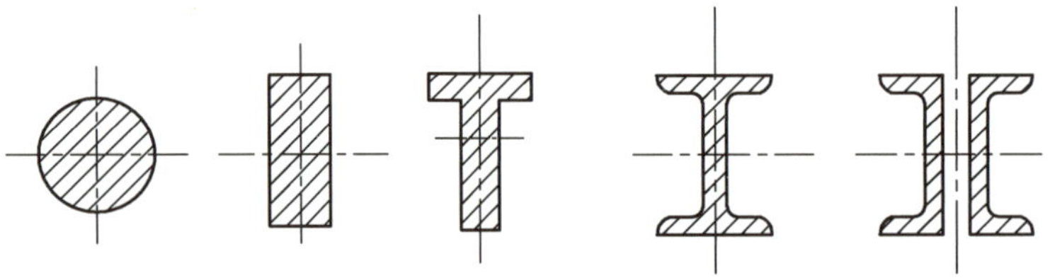

图 7-2

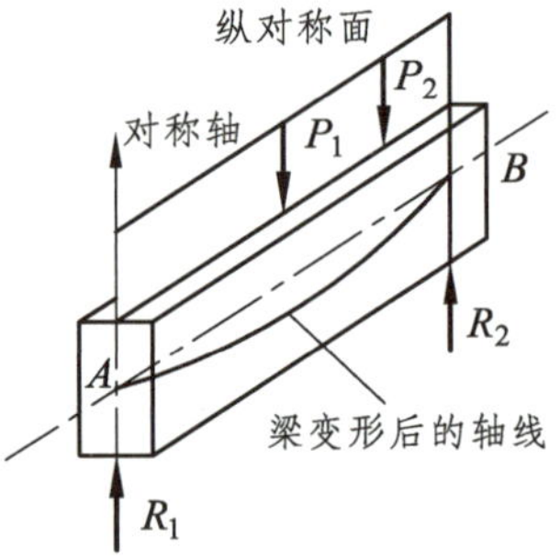

图 7-3

7.1.2 梁的荷载和约束

工程上应用的主要是等截面直梁，且外力均匀作用在梁的纵对称面内，因此在梁的计算简图中可用梁的轴线来代表整个梁。而梁的支座和所受外力有各种情况，一般比较复杂，有必要对它们进行合理的简化，以便建立计算简图。

荷载的概念

作用在梁上的外力，可以简化为下面三种类型。

（1）集中力。如前面公路桥梁上的车轮压力、火车车轮对车轴的压力，其作用范围远小于公路桥梁、车轴的长度，可视为集中作用于一点，这类力称为集中力或集中荷载，其单位常用牛顿（N）表示。

（2）分布荷载。沿梁的全长或部分长度连续分布的横向力叫分布荷载。均匀分布的称为均布荷载。单位长度内的荷载叫均布荷载的集度，用 q 表示，其单位常用牛顿/米（N/m）表示。另外，图 7-1（a）所示公路桥梁的自重也是均布荷载。

（3）集中力偶。如图 7-4（a）所示圆锥齿轮，当只讨论与轴线平行的荷载 P_a 时，简化图如图 7-4（b）所示，将 P_a 平移到轴线上的 C 点，则成为一个沿轴线方向作用的集中力 P_a 和一个作用在梁轴线平面内的集中力偶 $M_0=P_ar$，如图 7-4（c）所示。集中力偶的单位常用牛顿·米（N·m）表示。

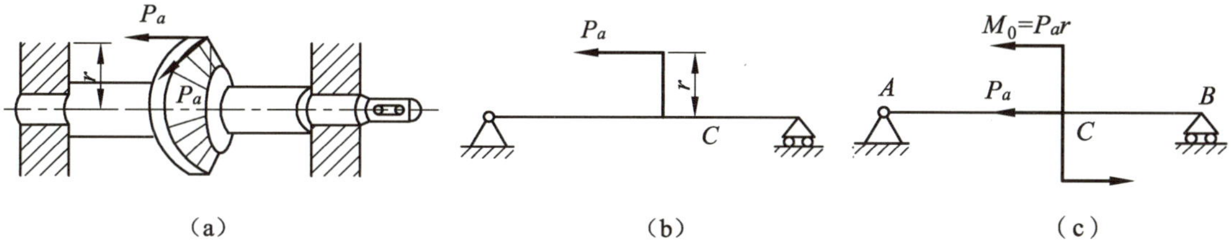

图 7-4

梁的支座按其对梁的约束情况可以简化为以下三种形式。

（1）可动铰支座。能阻止支承处截面沿垂直方向移动，不能阻止发生横向移动和转动的支座称为可动铰支座。其简化形式如图 7-5（a）或图 7-5（b）所示。这种支座对梁仅有一个约束，相应地提供一个支反力，即垂直方向的支反力 R，如图 7-5（c）所示。注意：该支座在垂直方向既可承受压力，也可承受拉力。

（2）固定铰支座。能阻止支撑处截面沿水平和铅垂方向移动，但不能阻止发生转动的支座称为固定铰支座。其简化形式如图 7-5（d）或 7-5（e）所示。固定铰支座对梁提供两个约束，相应地有两个支反力，即垂直方向的支反力 R 和水平方向的支反力 H，如图 7-5（f）所示。

（3）固定端支座（固定端）。这种支座使梁端既不发生移动也不发生转动。因此它对梁提供三个约束，相应地有三个支反力，即水平支反力 H、铅垂支反力 R 和矩为 M 的支反力偶。其简化形式及支反力如图 7-5（g）、图 7-5（h）、图 7-5（i）所示。

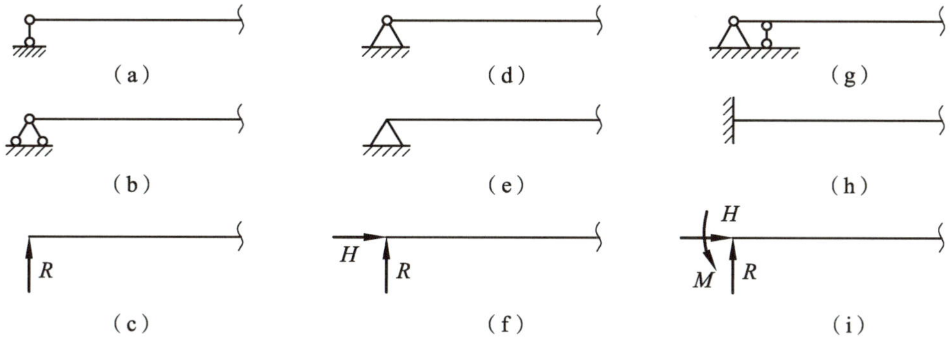

图 7-5

7.1.3 静定梁及其分类

由上面的分析可知，如果梁只有一个固定端，或者在梁的两个截面处分别有一个固定铰支座和一个可动铰支座，就可保证梁不产生刚体位移。此时梁的三个支反力均可由平面力系的三个平衡方程求得，这种梁称为静定梁。静定梁有三种基本形式：

（1）简支梁。一端为固定铰支座，一端为可动铰支座，计算简图如图 7-6（a）所示。

（2）悬臂梁。一端固定，一端自由的梁，如图 7-6（b）所示。

（3）外伸梁。梁的一端或两端伸出支座之外，这样的梁称为外伸梁，如图 7-6（c）所示。

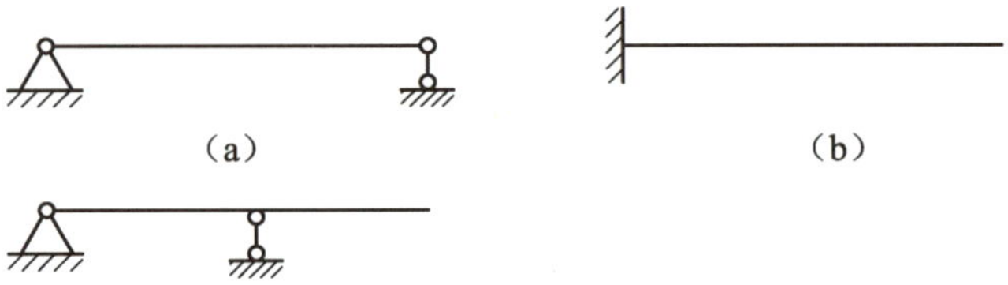

图 7-6

7.2 梁的内力——剪力和弯矩

梁的内力

7.2.1 截面法计算梁的内力

作用有均布荷载 q 的悬臂梁如图 7-7 所示，用截面法计算任一截面 m—m 上内力的步骤如下。

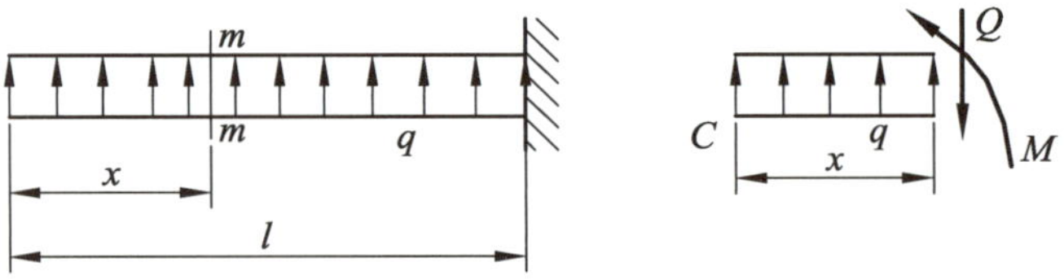

图 7-7

1. 剪力和弯矩的计算

（1）切：用一假想平面，将梁沿横截面 m—m 切开，并分为两段。

（2）取：以左段为研究对象。

（3）代：由于左段梁上有外力的作用，左段梁沿 m—m 截面有向上错动趋势，同时将绕截面形心顺时针转动。因此，要使截面左侧梁段保持平衡，在 m—m 截面上必有向下的内力 Q 和位于梁纵向对称面内的、逆时针转向且矩为 M 的内力偶。

（4）平：根据左段的平衡条件列方程。

$$\sum F_y = 0,\ qx - Q = 0$$

即 $$Q = qx$$

$$\sum M_C = 0,\ M + \frac{qx^2}{2} - qx^2 = 0$$

即
$$M = \frac{q}{2}x^2$$

同样，以右段梁为研究对象，亦可求得 m—m 截面上的内力 Q' 和内力 M'，分别与 Q 和 M 数值相同，方向相反。

由于内力 Q 在横截面内，说明对梁有剪切作用，故称 Q 为该截面上的剪力。截面上内力偶 M 的存在，说明对梁有弯曲作用，故称 M 为该截面上的弯矩。

2. 剪力和弯矩的符号规定

在材料力学中，一般需根据内力引起梁的变形情况来规定剪力和弯矩的正负号。其目的是不论选取梁的左段还是右段，在计算同一截面的剪力和弯矩时取得一致的符号。

剪力符号规定为：使该截面的临近微段有顺时针转动趋势时剪力取正号，反之取负号，如图 7-8（a）所示；或剪力 Q 逆时针转 90°与截面外法线方向一致时剪力为正，反之为负，如图 7-8（b）所示。

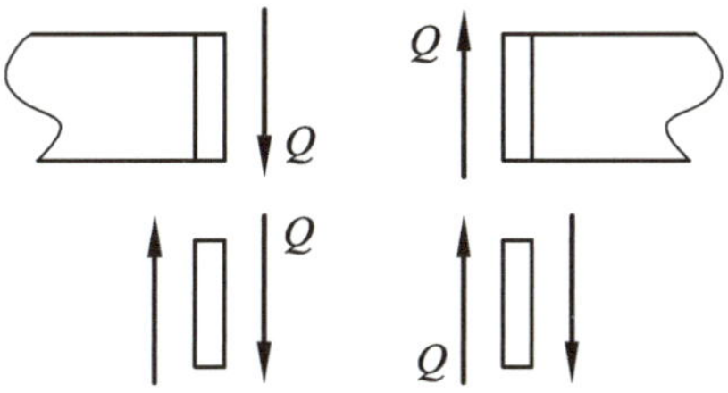

图 7-8

弯矩符号规定为：使梁弯曲成下凸变形时弯矩为正，反之为负，如图 7-9 所示。

图 7-9

【例 7-1】 如图 7-10 所示，试计算图示各梁指定截面（标有细线者）的剪力与弯矩。

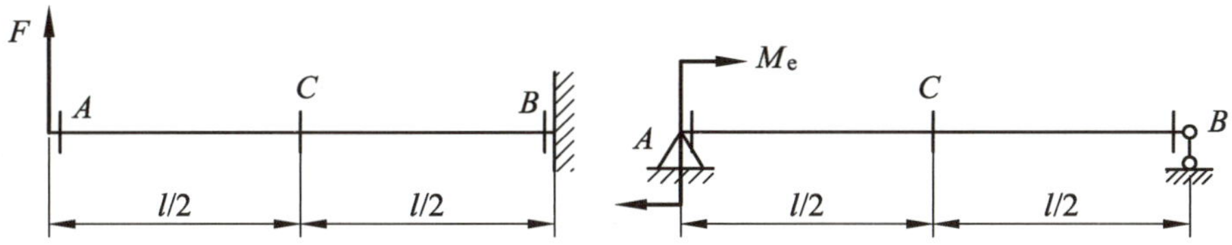

图 7-10

【1】 对于例 7-1（a），计算过程如下：

解：（1）取 A+截面左段研究，其受力如图 7-11 所示。

由平衡关系求内力：$F_{SA+}=F \quad M_{A+}=0$

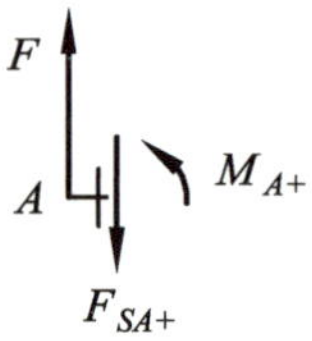

图 7-11

（2）求 C 截面内力。

取 C 截面左段研究，其受力如图 7-12 所示。

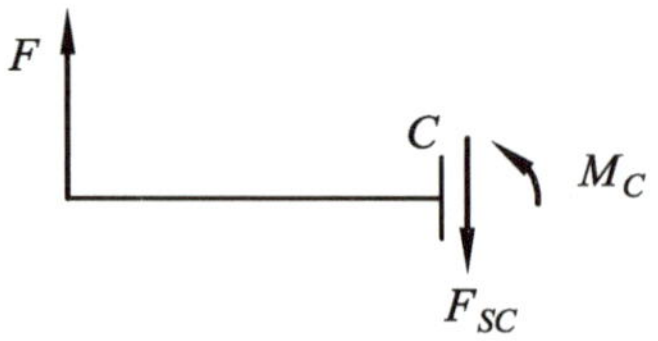

图 7-12

由平衡关系求内力：$F_{SC}=F \quad M_C=\dfrac{Fl}{2}$

（3）求 $B-$ 截面内力。

截开 $B-$ 截面，研究左段，其受力如图 7-13 所示。

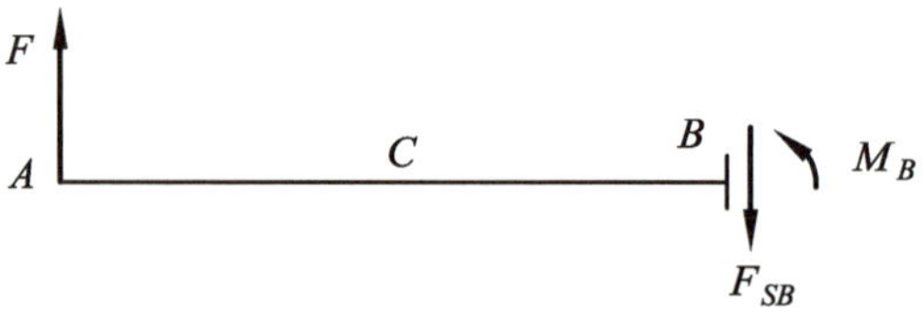

图 7-13

由平衡关系求内力：$F_{SB}=F \quad M_B=Fl$

【2】 对于例 7-1（b），计算过程如下：

解：（1）求 A、B 处约束反力，如图 7-14 所示：$R_A=R_B=\dfrac{M_e}{l}$

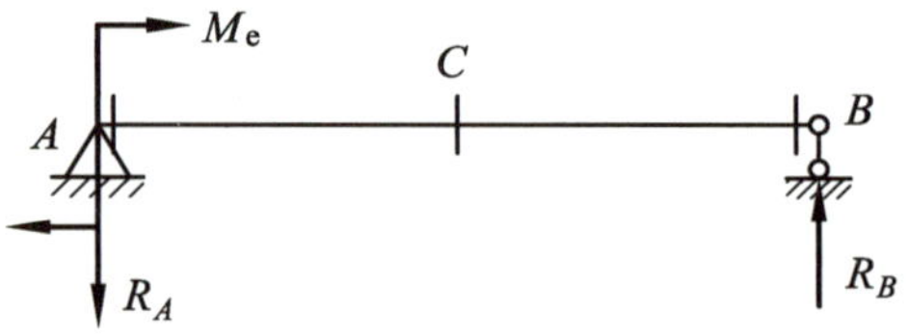

图 7-14

（2）求 A+截面内力。

取 A+截面左段研究，其受力如图 7-15 所示。

$$F_{SA+}=-R_A=-\frac{M_e}{l} \quad M_{A+}=M_e$$

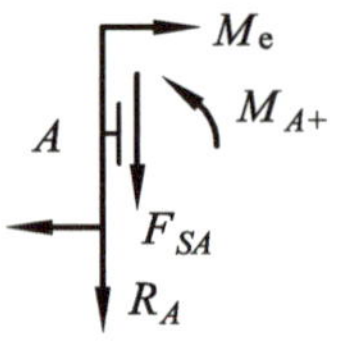

图 7-15

（3）求 C 截面内力。

取 C 截面左段研究，其受力如图 7-16 所示。

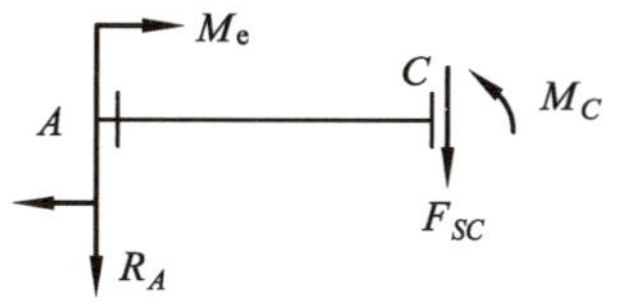

图 7-16

$$F_{SC}=-R_A=-\frac{M_e}{l}$$

$$M_{A+}=M_e-R_A\times\frac{l}{2}=\frac{M_e}{2}$$

（4）求 B 截面内力。

取 B 截面右段研究，其受力如图 7-17 所示。

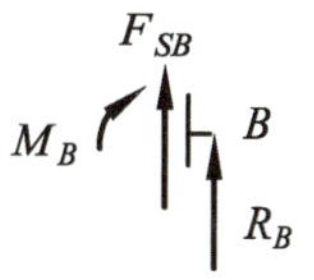

图 7-17

$$F_{SB}=-R_B=-\frac{M_e}{l} \qquad M_B=0$$

7.2.2 梁的内力计算规则

1. 内力计算规则

为了简化计算，可以不必用平面假设将梁截开，而是由梁截面一侧的外力直接计算得到该截面的内力。其规则是：利用理论力学中力的平移定理和同平面内力偶等效定理，将截面一侧所有外力（包括力偶）移动到所求截面位置，直接进行求和计算。即：

剪力（Q）＝截面一侧梁上所有外力的代数和

弯矩（M）＝截面一侧梁上所有外力对该截面形心的力矩代数和

符号规定如下：

对于剪力，若取左段梁为分离体时，则此段梁上所有向上的外力会使该截面上产生正剪力，而所有向下的外力会使该截面上产生负剪力。对于右梁则符号相反。

对于弯矩，无论取左段梁还是右段梁为分离体时，梁上所有向上的外力都会使该截面上产生正弯矩，而所有向下的外力都会使该截面上产生负弯矩。左段梁上所有顺时针转向的外力偶会使该截面上产生正弯矩，而所有逆时针转向的外力偶会使该截面上产生负弯矩。对于右段梁，则符号相反。

2. 利用内力计算规则求指定截面上的内力

【例 7-2】 如图 7-18 所示，悬臂梁作用有均布荷载 q 及力偶 $M=qa^2$，求 A 点右侧截面、C 点左侧和右侧截面以及 B 点左侧截面的剪力和弯矩。

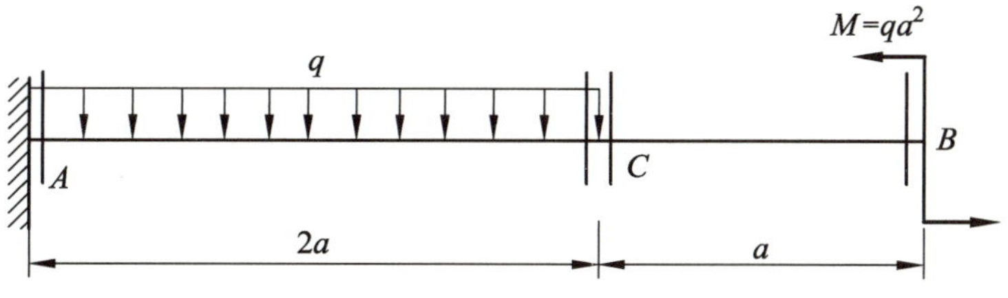

图 7-18

解： 对于悬臂梁不必求支座反力，可由自由端开始分析：

截面 $B-$ 上的内力，由截面右侧梁段得：$M_{B-}=qa^2$。

截面 $C+$ 上的内力，由截面右侧梁段得：$M_{C+}=qa^2$。

截面 $C-$ 上的内力，由截面右侧梁段得：$M_{C-}=qa^2$。

截面 $A+$ 上的内力，由截面右侧梁段得：$M_{A+}=qa^2-q\cdot 2a\cdot a=-qa^2$。

7.3 剪力方程和弯矩方程、剪力图和弯矩图

7.3.1 剪力方程和弯矩方程

一般情况下，梁各截面上的内力是不相同的，即梁横截面剪力和弯矩是随截面的位置而变化的，如果沿梁轴线方向选取 x 表示横截面的位置，则梁各个横截面上的剪力和弯矩可表示为坐标 x 的函数，即

$$Q=Q(x),\ M=M(x)$$

这两个函数表达式分别称为剪力方程和弯矩方程。

7.3.2 剪力图和弯矩图

为了能形象地表明剪力和弯矩沿梁轴线的变化情况，以 x 为横坐标轴，以 Q 或 M 为纵坐标轴，分别绘出 $Q=Q(x)$ 和 $M=M(x)$ 的图线，这种曲线称为梁的剪力图和弯矩图。一般地，正的 Q 和 M 画在 x 轴的上方。

剪力图和弯矩图

利用剪力图和弯矩图能方便地确定梁上最大剪力和最大弯矩，找出梁上危险截面所在的位置。

以下讨论剪力图、弯矩图的具体作法。

如图 7-19（a）所示，一悬臂梁 A 端固定，B 端受集中力 F 作用。画出此悬臂梁的剪力图和弯矩图。

（1）列剪力方程和弯矩方程。首先建立坐标轴，取 B 点为原点，然后在梁上取横坐标为 x 的任意截面，用一假想平面将梁切开。以梁的右段为研究对象，如图 7-19（b）所示，并在所切的截面上假设一个正的剪力 Q 和一个正的弯矩 M，画出分离段的受力图。根据平衡条件

$$\sum F_x=0,\ Q-F=0$$

得

$$Q(x)=F\quad (0<x<L) \tag{7-1}$$

由

$$\sum M_C=0,\ -M-Fx=0$$

得

$$M(x)=-Fx(0\leqslant x\leqslant L) \tag{7-2}$$

式（7-1）和式（7-2）即为剪力方程和弯矩方程。

（2）画剪力图和弯矩图。由剪力方程式（7-1）看出，各横截面上的剪力均等于 F，故剪力图是一条平行于 x 轴的直线，Q 为正，应画在 x 轴的上方，如图 7-19（c）所示。

从梁的弯矩方程（7-2）可见，梁在各横截面的弯矩为 x 的一次函数，弯矩图应为一斜直线。

只要确定直线上的两个点，便可画出此直线。

$$x=0,\ M_B=0$$

$$x=L,\ M_A=-FL$$

根据这两个数据作出弯矩图，如图 7-19（d）所示。

从弯矩图可以看出，在悬臂梁的固定端处弯矩值最大，$|M|_A=|M|_{\max}=FL$ 。

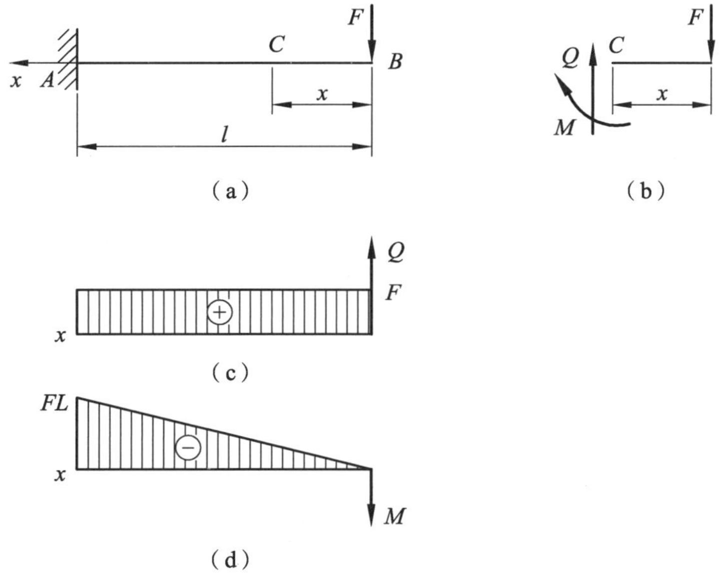

图 7-19

【例 7-3】 如图 7-20（a）所示，一简支梁 AB 受均布荷载 q 作用。试列出该梁的剪力方程和弯矩方程，并绘出剪力图和弯矩图。

均布力作用下的内力图规律

解：（1）首先求约束力。利用荷载与支座反力的对称性，可直接得到约束力为

$$R_A=R_B=\frac{qL}{2}$$

（2）按图 7-20（b）所示，列剪力方程和弯矩方程。由内力计算法则可得

剪力方程：

$$Q(x)=R_A-qx=\frac{qL}{2}-qx \quad (0<x<L) \tag{7-3}$$

弯矩方程：

$$M(x)=R_Ax-qx\frac{x}{2}=\frac{qL}{2}x-\frac{q}{2}x^2 \quad (0\leqslant x\leqslant L) \tag{7-4}$$

（3）作剪力图和弯矩图。

由剪力方程（7-3）可知，梁的剪力是 x 的一次函数，剪力图应为一条斜直线。

$$x=0,\ Q(x)=\frac{qL}{2};\ x=L,\ Q(x)=-\frac{qL}{2}$$

剪力图如图 7-20（c）所示。

由弯矩方程（7-4）可知，该梁的弯矩是 x 的二次函数，故弯矩图应为一条二次抛物线。先确定抛物线上三个特征点的弯矩：

$$x=0,\ M(x)=0;\ x=L, M(x)=0;\ x=\frac{L}{2},\ M(x)=\frac{1}{8}qL^2$$

根据梁的荷载与支座反力均具有对称性这一个特性，则弯矩图也必然为对称的，对称点即为抛物线的顶点，在 $x=L/2$ 处。

作弯矩图，如图 7-20（d）所示。由剪力图和弯矩图可见，在梁的两端支座处剪力值为最大，$|Q|_{\max}=qL/2$；在梁跨度中点处，横截面上有最大弯矩值 $M_{\max}=qL^2/8$，而 $Q=0$。

由此题可知，受均布荷载的梁剪力图和弯矩图均是连续的曲线。剪力图为斜直线，弯矩图为抛物线。

在以上的例题中，由于梁上没有外力突变，所以只要把梁分为一段，就可以通过平衡方程得到剪力方程和弯矩方程。但当作用在梁上的外力发生突变时，突变处应是梁的分段处。

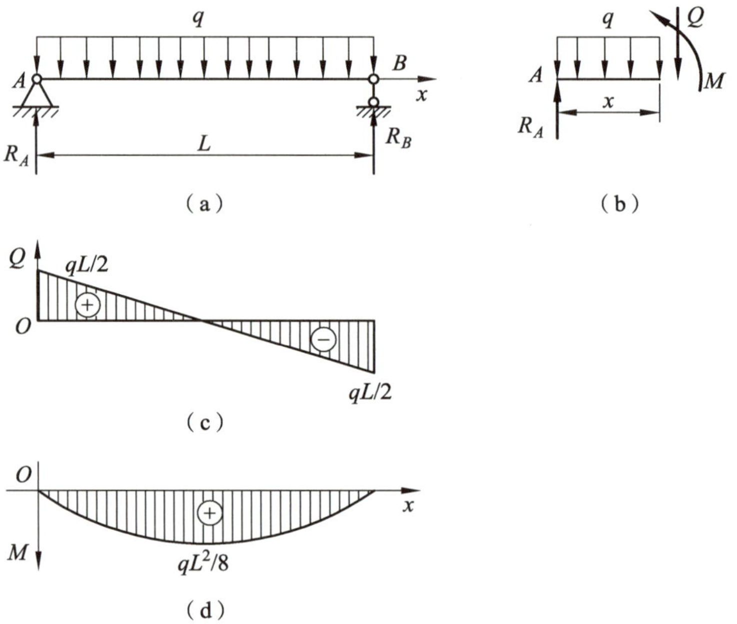

图 7-20

【例 7-4】 一简支梁 AB，在 C 点处受集中荷载 F 的作用，如图 7-21（a）所示，试列出梁的剪力方程和弯矩方程，并作此梁的剪力图和弯矩图。

解：（1）求约束力。

集中力作用下的内力图规律

由平衡方程式$\sum M_B = 0$和$\sum F_y = 0$分别算得支座反力：

$$R_A = \frac{Fb}{L} \qquad R_B = \frac{Fa}{L}$$

（2）列剪力方程及弯矩方程。

一找。以梁的左端 A 为原点，选取如图 7-21（b）所示的坐标系。由于 C 截面处有集中力 F 作用，故 C 应为分段点。AC 和 CB 两段梁上各截面的剪力和弯矩不同，必须分段列出。

二查。在 AC 段内，取与原点距离为 x_1 的任意截面，该截面左段一侧的外力为 R_A，外力对截面形心的矩为 R_Ax_1。

三判定。由于 R_A 向上和 R_Ax_1 顺时针转向，根据平衡条件求得该截面的剪力和弯矩分别为

$$Q(x_1) = R_A = \frac{Fb}{L} \quad (0 < x_1 \leqslant a)$$

$$M(x_1) = R_A x_1 = \frac{Fb}{L} x_1 \quad (0 \leqslant x_1 \leqslant a)$$

以上两式表示 AC 段内任一截面上的剪力和弯矩，即为 AC 段的剪力方程和弯矩方程。

对于 CB 段内的剪力和弯矩，取截面右段为研究对象，坐标原点不变，根据平衡条件得 CB 段的剪力方程和弯矩方程。

$$Q(x_2) = -R_B = -\frac{Fa}{L} \quad (a < x_2 \leqslant L)$$

$$M(x_2) = R_B(L - x_2) = \frac{Fa}{L}(L - x_2) \quad (a \leqslant x_2 \leqslant L)$$

（3）绘剪力图及弯矩图。

由$Q(x_1)$和$Q(x_2)$可以作出剪力图，如图 7-21（c）所示。$Q(x_1)$、$Q(x_2)$表示在 AC 段和 CB 段内梁各截面的剪力均为常数，分别等于Fb/L和Fa/L，所以，两段中的剪力图是与 x 轴平行的直线，正值画在 x 轴的上方，负值画在下方。从剪力图可以看出，当$a > b$时，全梁的最大剪力出现在 CB 段，$|Q|_{\max} = Fa/L$。

由$M(x_1)$和$M(x_2)$可知，AC 段和 CB 段内的弯矩皆为 x 的一次函数，表明弯矩均为一条斜线，因而，每条直线只要确定两点，便可完全确定。例如

$$x_1 = 0,\ M_1 = 0;\ x_1 = a,\ M_1 = \frac{Fab}{L}$$

$$x_2 = a,\ M_2 = \frac{Fab}{L};\ x_2 = L,\ M_2 = 0$$

分别连接与M_1、M_2相应的两点，便得到 AC 及 CB 段的弯矩图，如图 7-21（d）所示。从弯矩图中可看出，最大弯矩发生在集中力 F 作用的截面 C 处，$M_{\max} = Fab/L$。若$a = b = L/2$，

即集中荷载作用在梁跨度中点时，则最大弯矩值 $M_{max} = FL/4$ 。

由上面分析可知，在集中力作用处，剪力图有突变，突变处的差值即为该集中力的值，突变方向与集中力方向相同。弯矩图有折角，即弯矩图的图线走向开始改变。

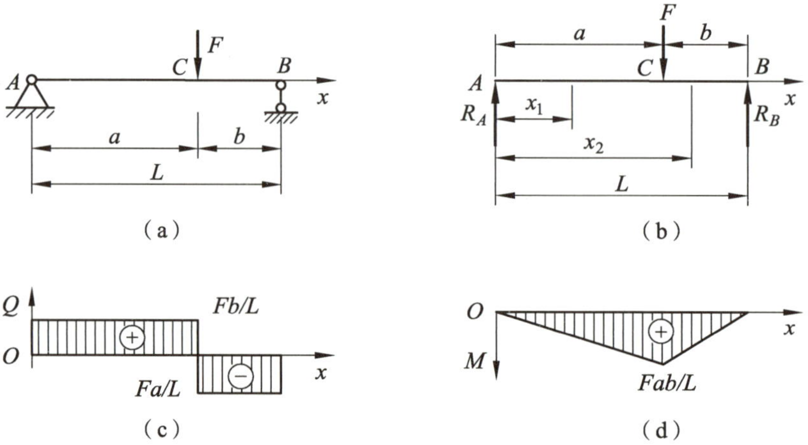

图 7-21

【例 7-5】 简支梁如图 7-22（a）所示，在 C 点处受集中力偶 M_0 作用。试作此梁的剪力图和弯矩图。

解：（1）计算支座反力。梁 AB 受力如图 7-22（b）所示，R_A、R_B 组成力偶与 M_0 平衡。列平衡方程：

集中力偶作用下的内力图规律

$$\sum M_B = 0, -R_A L + M_0 = 0, \ R_A = \frac{M_0}{L}$$

$$\sum F_y = 0, \ R_B = R_A = \frac{M_0}{L}$$

（2）剪力方程与弯矩方程。选梁左端 A 为坐标原点，由于 C 截面有集中力偶 M_0 作用，所以 C 为分段点，分别在 AC 与 CB 段内取截面。根据计算规则，由截面一侧的外力可列出剪力方程与弯矩方程。

AC 段的剪力方程与弯矩方程分别为

$$Q(x_1) = \frac{M_0}{L} \quad (0 < x_1 \leqslant a)$$

$$M(x_1) = \frac{M_0}{L} x_1 \quad (0 \leqslant x_1 \leqslant a)$$

CB 段的剪力方程和弯矩方程分别为

$$Q(x_2) = \frac{M_0}{L} \quad (a < x_2 \leqslant L)$$

$$M(x_2) = \frac{M_0}{L} x_2 - M_0 \quad (a < x_2 \leqslant L)$$

（3）画剪力图及弯矩图。从剪力方程可知全梁各截面上的剪力相等，均为同一常数 M_0/L，故剪力为平行于 x 轴的直线，如图 7-22（c）所示，最大剪力 $Q_{\max}=M_0/L$。

从弯矩方程可知梁各截面的弯矩为 x 的一次函数。计算各控制点处的弯矩值：

AC 段：$x_1=0, M_1=0; x_1=a, M_1=\dfrac{M_0a}{L}$

CB 段：$x_2=a, M_2=-\dfrac{M_0b}{L};\ x_2=L, M_2=0$

弯矩图如图 7-22（d）所示。由图可见，在 $a>b$ 的情况下，集中力偶作用处的左侧横截面上的弯矩值为最大，$|M|_{\max}=M_0a/L$。

由此可得结论，在集中力偶作用处，弯矩图发生突变，其突变值等于该集中力偶矩之值，而剪力图图形不变。

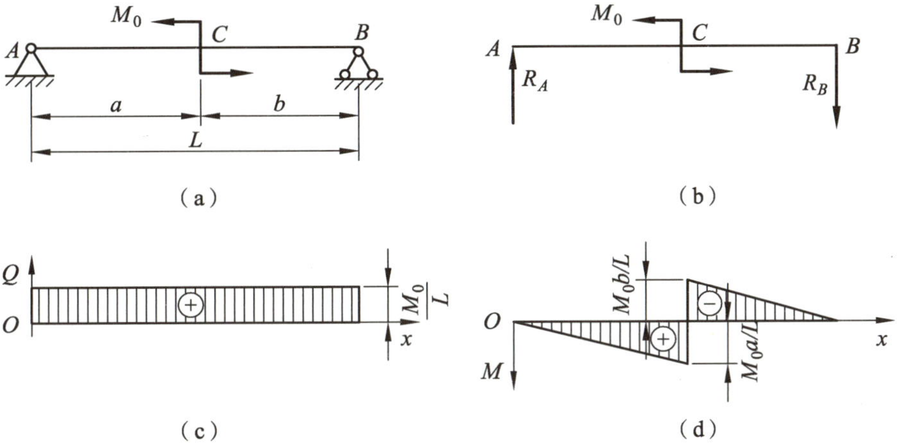

图 7-22

从以上绘制剪力图及弯矩图的过程，可归纳出绘制剪力图及弯矩图的步骤。

（1）建立直角坐标系。沿平行于梁轴线的方向，以各横截面的所在位置为横坐标 x，以对应各横截面上的剪力值或弯矩值为纵坐标，建立直角坐标系。

画梁内力图的步骤

（2）寻找分段点。即寻找剪力和弯矩图形的不连续点，一般以荷载变化点为分界点，确定剪力方程和弯矩方程的适用区间，即划定剪力图和弯矩图各自的分段连续区间。

（3）计算控制点的内力值。分段点左右两侧面的剪力和弯矩值一般是不相同的，需要分别计算出来。假想在分段点把梁切开，将梁分成两段，分段点也称为控制点。计算控制点内力值，实际上就是求各段连续内力曲线开区间的端点值。

（4）确定每段内力图的形状。由每段剪力方程和弯矩方程 x 的幂次，可判断出该段剪力图和弯矩图的图形形状。

（5）连线作图。在所划定的各段连续区间内，依据内力图的形状，连接各相应的控制点，即可作出整个梁的剪力图和弯矩图。

（6）注明数据和符号。在所绘制的剪力图和弯矩图中，注明各控制点的内力坐标值和各段剪力和弯矩的正负号。

（7）确定$|Q|_{max}$和$|M|_{max}$。确定剪力图和弯矩图中绝对值最大的剪力值和弯矩值及相应截面的位置。

注释：

上述剪力、弯矩的符号规定，也可以用“符号图”表示，这样便于记忆和应用。该“符号图”表示如图 7-23 所示。

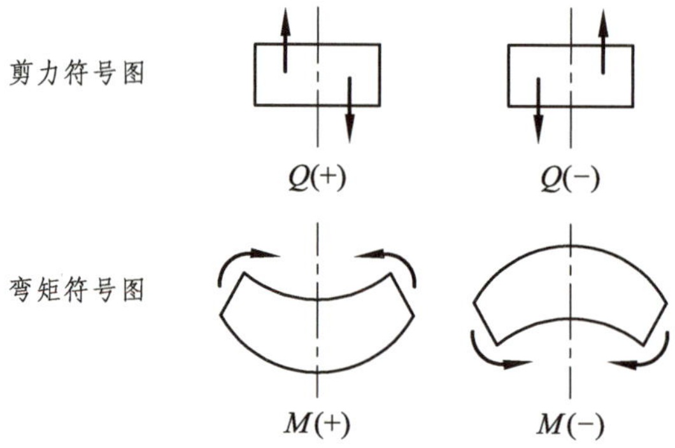

图 7-23

符号图所表达的意思是：

（1）框图表示整个梁。

（2）框图内的点画线表示所求内力的横截面，该横截面将梁分成左右两段。

（3）剪力符号图上的箭头表示梁上外力的真实方向，弯矩符号图上的箭头表示梁上外力对所求内力横截面的形心的力矩转向。

符号图的应用：

当求梁某截面内力时，若用左段外力，则内力符号由符号图左段确定；若用右段外力，则内力符号由符号图右段确定。

土木专业的剪力、弯矩图与机械专业的规定有所不同，对土木专业可按下述规定。

当用于列梁内力方程绘梁内力图时，仍可应用上述梁内力符号规定，列梁内力方程。在按梁内力方程绘图时，剪力图仍然采用“第一象限”坐标（即竖坐标表示内力，横坐标表示横截面位置），而对土木专业来说，弯矩图的竖坐标应向下取为正（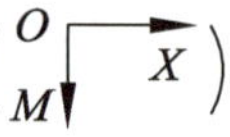

）。这样即可满足土木专业的“弯矩图必须画在梁的纵向纤维受拉的一边”的要求。

7.4 荷载集度、剪力和弯矩之间的微分关系及其应用

7.4.1 荷载集度、剪力和弯矩之间的微分关系

弯矩、剪力、荷载集度间的关系

在例 7-3 中，梁的剪力方程和弯矩方程分别为

$$Q = \frac{qL}{2} - qx,\ \ M = \frac{qL}{2}x - \frac{q}{2}x^2$$

可以看出，弯矩、剪力与分布荷载之间存在着微分关系。通过推导，可以得出以下结论：

$$\frac{\mathrm{d}Q}{\mathrm{d}x}=-q \tag{7-5}$$

$$\frac{\mathrm{d}M}{\mathrm{d}x}=Q \tag{7-6}$$

$$\frac{\mathrm{d}^2M}{\mathrm{d}x^2}=-q \tag{7-7}$$

7.4.2 荷载集度、剪力和弯矩之间微分关系的应用

由式（7-5）、式（7-6）、式（7-7）可以看出，梁上的荷载和剪力、弯矩之间存在如下一些关系。

在无分布荷载作用的梁段上，由于 $q(x)=0$，$\frac{\mathrm{d}Q}{\mathrm{d}x}=q(x)=0$，因此，$Q(x)=$常数，即剪力图为一水平直线。由于 $Q(x)=$常数，$\frac{\mathrm{d}M}{\mathrm{d}x}=Q(x)=$常数，$M(x)$ 是 x 的一次函数，弯矩图是斜直线，其斜率则随 Q 值而定。

对于有均布荷载作用的梁段，由于 $q(x)=$常数，则 $\frac{\mathrm{d}^2M(x)}{\mathrm{d}x^2}=\frac{\mathrm{d}Q}{\mathrm{d}x}=$常数，故在这一段内 $Q(x)$ 是 x 的一次函数，而 $M(x)$ 是 x 的二次函数，因而剪力图是斜直线而弯矩图是抛物线。具体说，当分布荷载向上，即 $q>0$ 时，$\frac{\mathrm{d}^2M(x)}{\mathrm{d}x^2}>0$，弯矩图为凹曲线；反之，当分布荷载向下，即 $q<0$ 时，弯矩图为凸曲线。

若在梁的某一截面上 $Q(x)=0$，即 $\frac{\mathrm{d}M}{\mathrm{d}x}=0$，亦即弯矩图的斜率为零，则在这一截面上弯矩为一极值。

在集中力作用处，剪力 Q 有一突变（其突变的数值即等于集中力），因而弯矩图的斜率也发生一突然变化，成为一个转折点。

在集中力偶作用处，弯矩图将发生突变，突变的数值即等于力偶矩的数值。

$|M|_{\max}$ 不但可能发生在 $Q=0$ 的截面上，也可能发生在集中力作用处，或集中力偶作用处，所以求 $|M|_{\max}$ 时，应考虑上述几种可能性。

【例 7-6】 简支梁及其所受荷载如图 7-24（a）所示，试作梁的剪力图和弯矩图。

解：（1）求支座反力。由梁的平衡方程

$$\sum M_A=0, -10\times2\times1-20-20\times4+5r_B=0$$

$$\sum M_B=0, -5R_A+10\times2\times4-20+20\times1=0$$

得 $R_B=24\ \mathrm{kN}$；$R_A=16\ \mathrm{kN}$

梁的内力图
例题讲解

（2）作剪力图。梁上的外力将梁分成 AC、CD、DE、EB 四段，在支座反力 R_A 作用的截面 A 上，剪力图向上突变，突变值等于 R_A 的大小 16 kN。在支座稍右的截面上，剪力 $Q_{A右}=16\text{kN}$。AC 段受向下均布荷载的作用，剪力图为向下倾斜的直线，截面 C 上的剪力为

$$Q_C = R_A - 10\times 2 = 16 - 20 = -4\ \text{kN}$$

确定剪力为零的截面 G 的位置：

$$R_A - 10x = 0$$

$$x = 1.6\ \text{m}$$

CD 段和 DE 段上无荷载作用，截面 D 上受集中力偶的作用，故 CE 段的剪力图为水平线。截面 E 上受向下的集中力作用，剪力图向下突变，突变值等于集中力的大小 20 kN。EB 段上无荷载作用，剪力图为水平线。截面 B 上受支座反力 R_B 作用，剪力图向上突变，突变值等于 R_B 的大小。全梁的剪力图如图 7-24（b）所示。

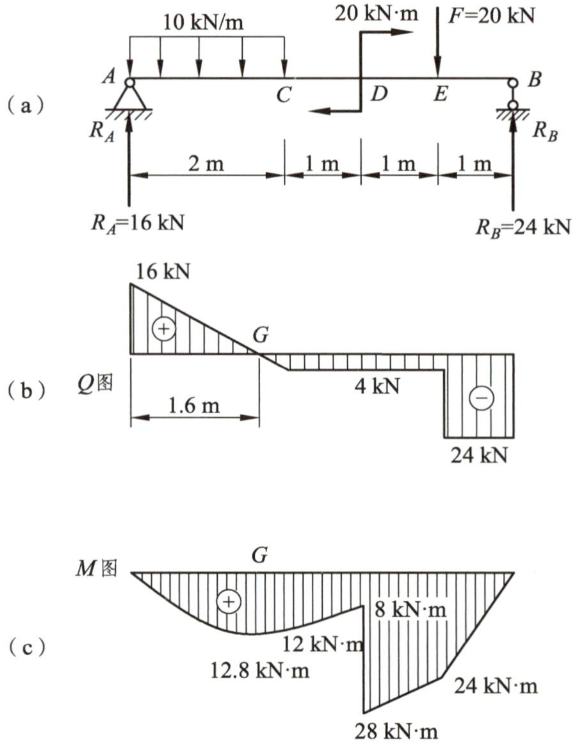

图 7-24

（3）作弯矩图。AC 段受向下均布荷载的作用，弯矩图为向上凸的抛物线，截面 A 上的弯矩 $M_A=0$。截面 G 上的弯矩为

$$M_G = 16\times 1.6 - 10\times 1.6\times\frac{1.6}{2} = 12.8\ \text{kN}\cdot\text{m}$$

截面 C 上的弯矩为

$$M_C = 16\times 2 - 10\times 2\times 1 = 12\ \text{kN}\cdot\text{m}$$

CD 段上无荷载作用，且剪力为负，故弯矩图为向下倾斜的直线。*D* 点稍左截面上的弯矩为

$$M_{D左}=16\times3-10\times2\times2=8\ \text{kN}\cdot\text{m}$$

截面 *D* 上受集中力偶的作用，力偶矩为顺时针转向，故弯矩图向上突变，突变值等于集中力偶矩的大小。*D* 点稍右截面上的弯矩 $M_{D右}=28\ \text{kN}\cdot\text{m}$。*DE* 段上无荷载作用，剪力为负，故弯矩图为向下倾斜的直线。截面 *E* 上的弯矩为

$$M_E=16\times4-10\times2\times3+20=24\ \text{kN}\cdot\text{m}$$

EB 段上无荷载作用，剪力为负，故弯矩图为向下倾斜的直线。截面 *B* 上的弯矩为零。全梁的弯矩图如图 7-24（c）所示。

梁的最大剪力发生在 *EB* 段各截面上，其值为 $Q_{\max}=24\ \text{kN}$（负值）。最大弯矩发生在 *D* 点稍右截面上，其值为 $M_{\max}=28\ \text{kN}\cdot\text{m}$（正值）。

【例 7–7】 如图 7-25（a）所示，利用微分关系作外伸梁的内力图。

内力图的一般规律

解：（1）求支反力。

由 $\sum M_C=0$ 和 $\sum M_A=0$ 得

$$R_A=8\text{kN}(\uparrow)\qquad R_C=20\text{kN}(\uparrow)$$

校核：$\sum F_y=R_A+R_C-P-2q=8+20-20-8=0$（无误）

（2）分三段作 *Q* 图。

AB 段：$q=0$，则 *Q* 图为水平线。由 *A* 截面右侧的剪力值 $Q_{A右}=R_A=8\ \text{kN}$ 即可画出。

BC 段：$q=0$，则 *Q* 图为水平线。由 $Q_{A右}=R_A-P=8-20=-12\ \text{kN}$ 即可画出。在 *B* 截面处，有向下的集中力 $P=20\ \text{kN}$ 作用，*Q* 图由 8 kN 突变到 – 12 kN，突变值为 $|-12-8|=20\ \text{kN}=P$。

CD 段：$q=$常数，*Q* 图为斜直线，斜率 $\dfrac{\text{d}Q}{\text{d}t}=q$，由 $Q_{C右}=q\times2=4\times2=8\ \text{kN}$ 和 $Q_D=0$ 两点即可画出。在 *C* 截面处，有向上的集中力 $R_C=20\ \text{kN}$，*Q* 图由 – 12 kN 向上突变到 8 kN，突变值等于 R_C。

Q 图如图 7-25（b）所示。

（3）作 *M* 图，仍需分三段作图。

AB 段：$q=0$，*M* 图为斜直线。由 $M_A=0$，$M_B=R_A\times2=8\times2=16\ \text{kN}\cdot\text{m}$ 两点画出。

BC 段：$q=0$，*M* 图为斜直线。由 $M_B=16\text{kN}\cdot\text{m}$ 和 $M_C=8\times4-20\times2=-8\ \text{kN}\cdot\text{m}$ 画出。

CD 段：$q=$常数<0，*M* 图为上凸的抛物线。由 $M_C=-8\ \text{kN}\cdot\text{m}$，$M_D=0$ 以及因 $Q_D=0$，*M* 图在 *D* 点的斜率等于零（即有水平切线）三个条件即可大致画出 *M* 图的形状。

最后，该梁的 *M* 图如图 7-25（c）所示。

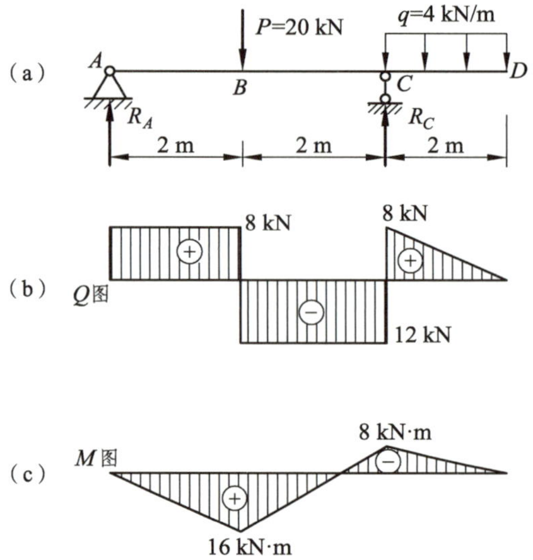

图 7-25

7.5 用叠加法作剪力图和弯矩图

叠加法作弯矩图

在前面所举的例题中，若仔细分析一下所建立的剪力图方程和弯矩方程，就会看到在这些方程中的剪力和弯矩都与荷载（如 q、F、M 等）保持线性关系，即剪力 $Q(x)$ 和弯矩 $M(x)$ 都是荷载 q、F、M 的线性函数。它们表明：在小变形的前提下，当梁上同时作用几个荷载时，各个荷载所引起的内力是各自独立的，并不互相影响。这时，各个荷载与它所引起的内力呈线性关系，叠加各个荷载单独作用时的内力，就得到这些荷载共同作用时的内力。这一原理称为叠加原理。

根据叠加原理作梁的剪力图和弯矩图的方法为：首先分别作出梁在各个荷载单独作用下的剪力图和弯矩图，然后将各图的相应纵坐标叠加起来，即得梁在所有荷载共同作用下的剪力图和弯矩图。几种常见荷载作用下的 Q、M 图列于表 7-1 中，供查阅或叠加运算时参考。

表 7-1　各种简单荷载作用下的典型 Q、M 图

项目		图形	各段方程	相应线形
受集中力的悬臂梁	梁及荷载图	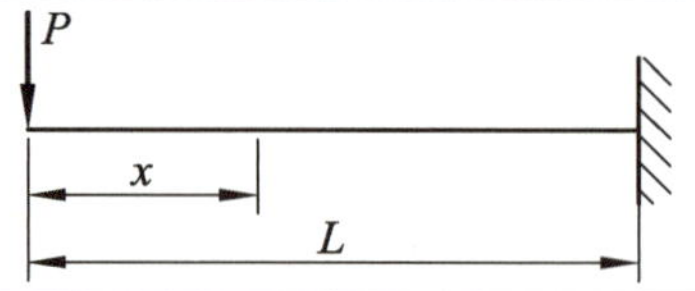	$q(x)=0$	零线
	Q 图	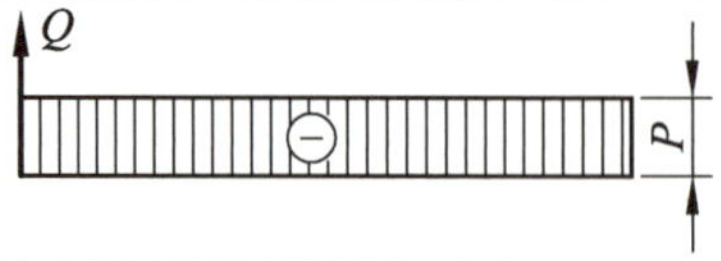	$Q(x)=-P\ (0<x<L)$	水平线
	M 图	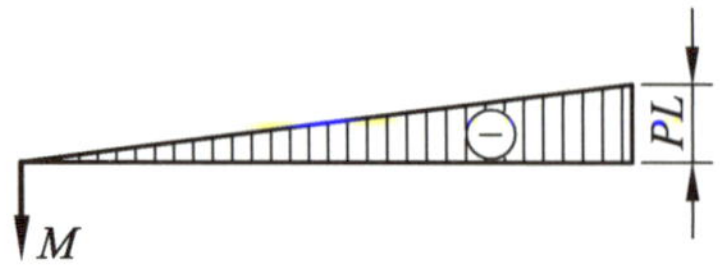	$M(x)=-Px\ (0\leqslant r<L)$	直线

项目		图　形	各段方程	相应线形
受均布荷载的悬臂梁	梁及荷载图	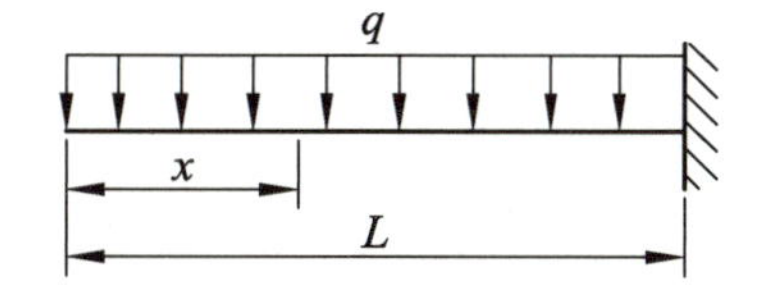	$q(x)=-q$（常量）	水平线
	Q 图	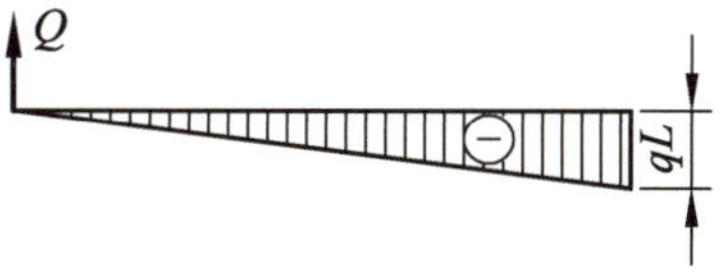	$Q(x)=-qx\ (0\leqslant x<L)$	斜直线
	M 图		$M(x)=-\frac{1}{2}qx^2\ (0\leqslant x<L)$	二次抛物线
受集中力偶的悬臂梁	梁及荷载图	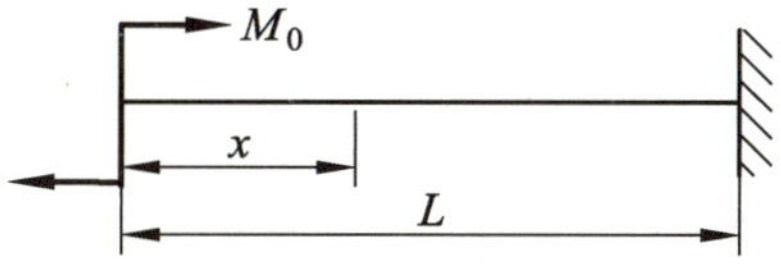	$q(x)=0$	零线
	Q 图		$Q(x)=0$	零线（水平线）
	M 图	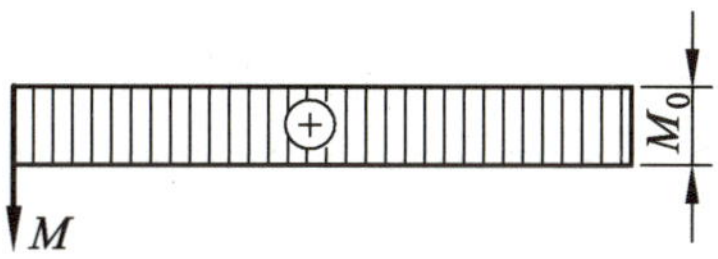	$M(x)=M_0\ (0<x<L)$	斜直线
受集中力的简支梁	梁及荷载图	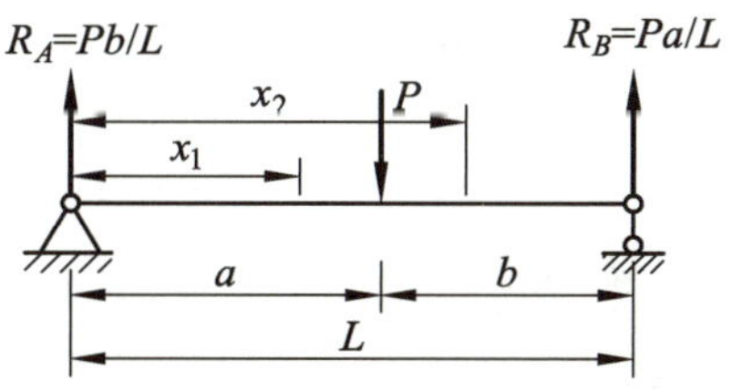	$q(x)=0$	零线
	Q 图	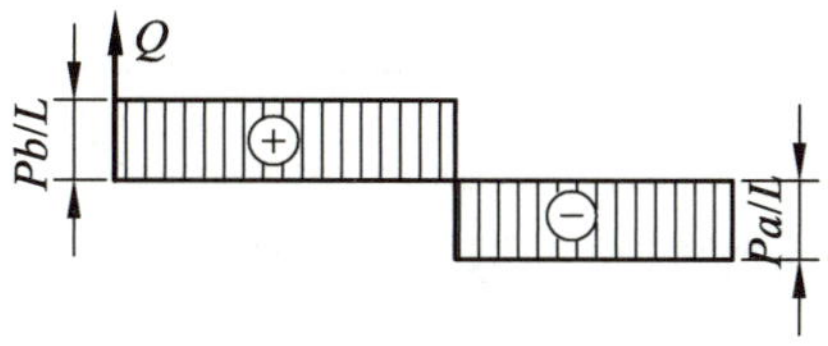	$Q(x_1)=R_A\ (0<x_1<a)$ $Q(x_2)=R_A-P\ (a\leqslant x_2<L)$	水平线
	M 图	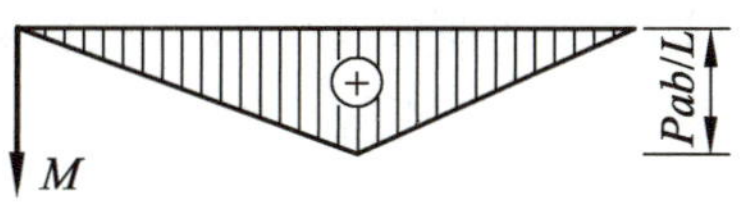	$M(x_1)=R_Ax_1\ (0\leqslant x_1<a)$ $M(x_2)=R_Ax_2-P(x_2-a)$ $(a\leqslant x_2\leqslant L)$	斜直线

续表

项目		图形	各段方程	相应线形
受均布荷载的简支梁	梁及荷载图	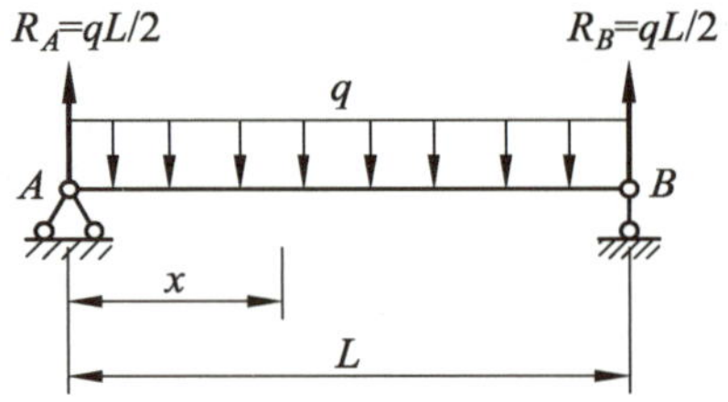	$q(x)=-q$（常量）	水平线
	Q 图	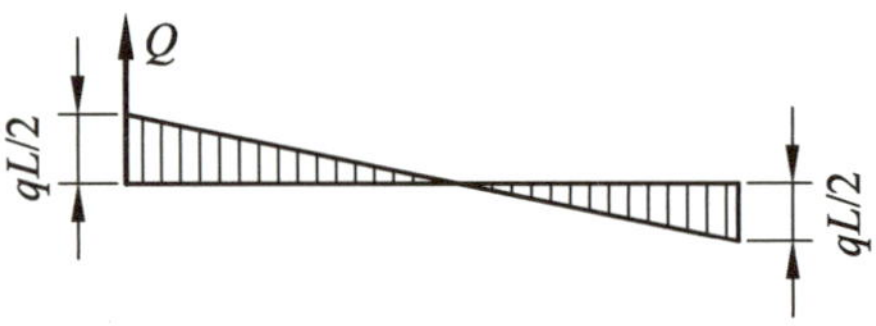	$Q(x)=R_A-qx\ \ (0<x<L)$	斜直线
	M 图	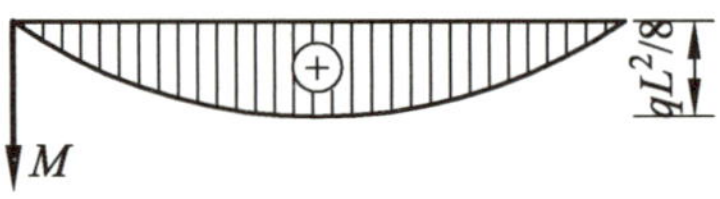	$M(x)=R_Ax-\dfrac{1}{2}qx^2$ $(0\leqslant x\leqslant L)$	二次抛物线
受集中力偶的简支梁	梁及荷载图	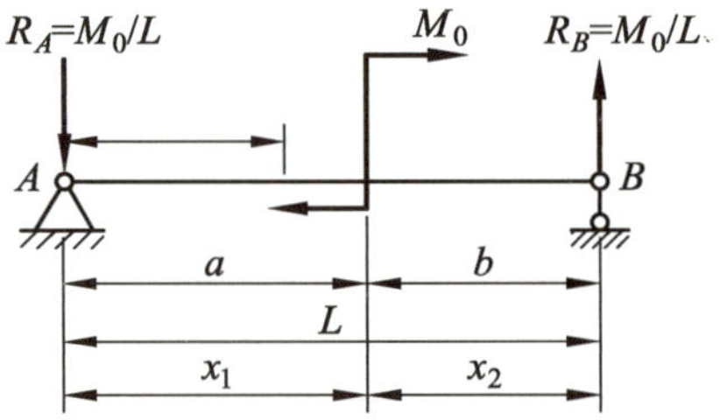	$q(x)=0$	零线
	Q 图	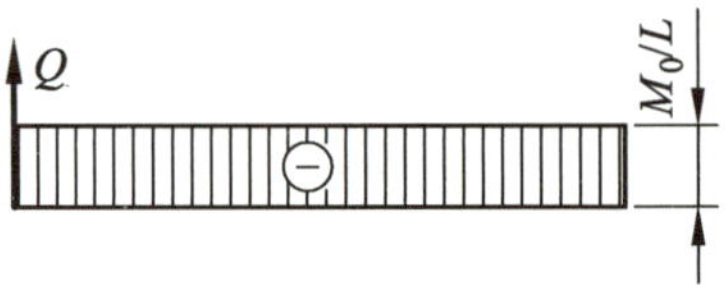	$Q(x_1)=-R_A\ \ (0<x_1\leqslant a)$ $Q(x_2)=-R_B\ \ (a<x_2\leqslant L)$	水平线
	M 图	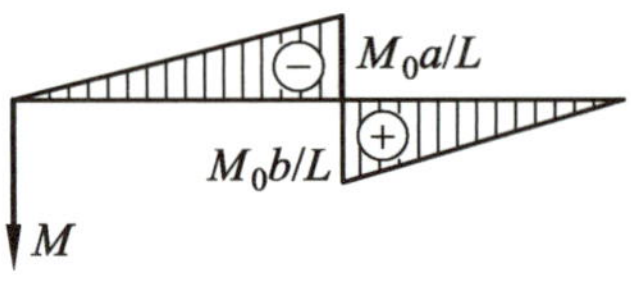	$M(x_1)=-R_Ax_1\ \ (0\leqslant x_1\leqslant a)$ $M(x_2)=-R_Ax_2+M_0$ $(a<x_2\leqslant L)$	斜直线

下面举例说明。

【例 7–8】 试作出图 7-26（c）所示悬臂梁的剪力图和弯矩图。

解： 分别作出悬臂梁在集中力 F 和均布荷载 q 单独作用下的剪力图和弯矩图[见图 7-26（a）、（b）]。因集中力 F 单独作用下的剪力图的图线为直线，故以它为基线叠加上均布荷载 q 单独作用下的剪力图，即得在 F、q 共同作用下的剪力图[见图 7-26（c）]。弯矩图的作法类似。

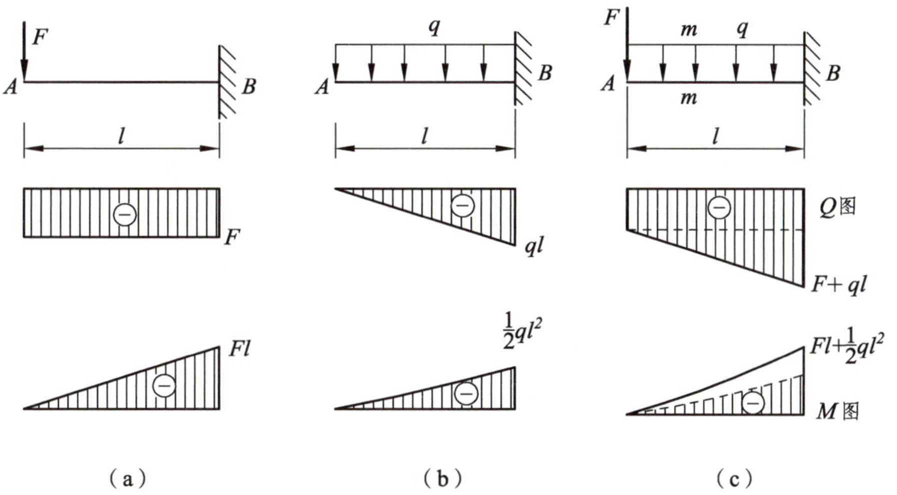

图 7-26

在此例中，若集中力 $F=ql$ 向上作用[见图 7-27（a）]，则仍可如上述的作法，分别将两个剪力图和两个弯矩图进行叠加。由于两图的纵坐标具有不同的正负号，故叠加后图形重叠部分表示纵坐标值相互抵消，不重叠的部分即为所求剪力图和弯矩图[见图 7-27（b）、（c）]。

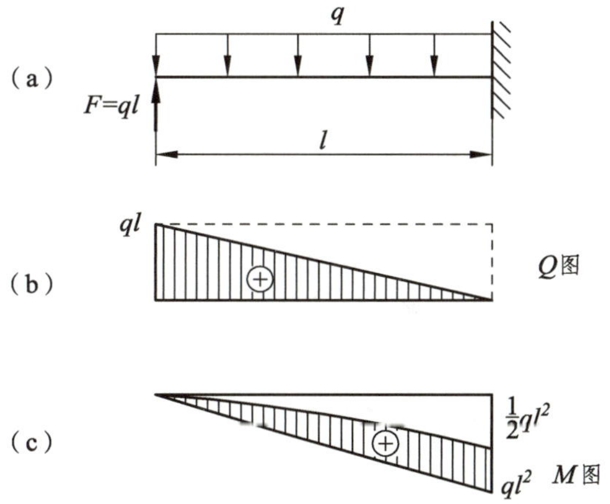

图 7-27

本章小结

1. 弯曲与平面弯曲

（1）弯曲。梁产生弯曲变形的特点是：构件所受荷载为横向荷载（或以横向荷载为主）；构件的轴线由直线变成光滑连续曲线。

（2）平面弯曲。作用在梁上的所有荷载均位于纵向对称面内，梁的轴线弯成纵向对称面内的平面曲线。平面弯曲是工程实际中最常见的弯曲现象。

2. 弯曲内力

梁弯曲时横截面上存在两种内力——弯矩 M 和剪力 Q。

内力与梁上所作用的外力的关系是：

剪力 Q 等于荷载一侧所有外力的代数和（截面左侧梁段向上的外力为正，向下的外力为负；右侧梁段外力符号与左侧相反）。

弯矩 M 等于截面一侧所有外力对截面形心力矩的代数和[截面左侧梁段顺时针的外力矩（外力偶矩）为正，逆时针的外力矩（外力偶矩）为负；右侧梁段外力矩符号与左侧相反]。

内力图是表示梁各截面内力变化规律的图线。作内力图的方法主要有：

（1）根据内力方程作内力图。

（2）利用 M、Q、q 之间的微分关系作内力图。

作内力图的步骤一般为：

（1）求支座反力。

（2）对梁进行分段（以荷载变化点为分界点）。

（3）列内力方程（或分析 M、Q、q 之间的微分关系）。

（4）计算控制截面的内力值、作出内力图。

（5）确定图中最大内力的位置和内力值。

课后训练

班级：__________ 学号：__________ 姓名：__________ 成绩：__________

作图题：试作图 7-28 ~ 图 7-35 所示梁的内力图

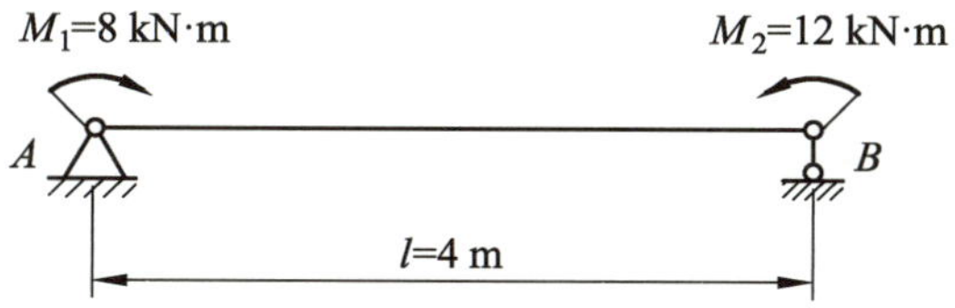

图 7-28

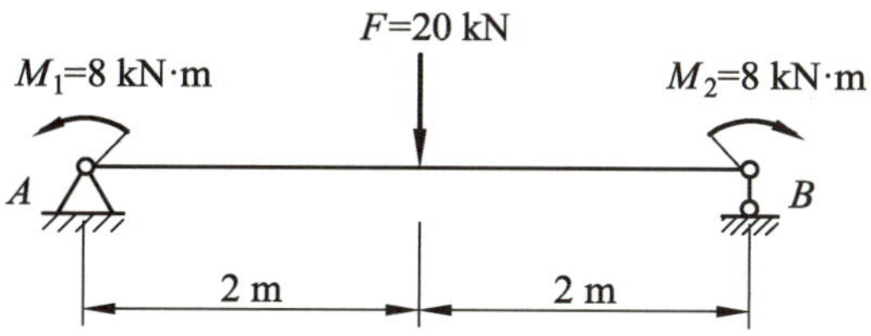

图 7-29

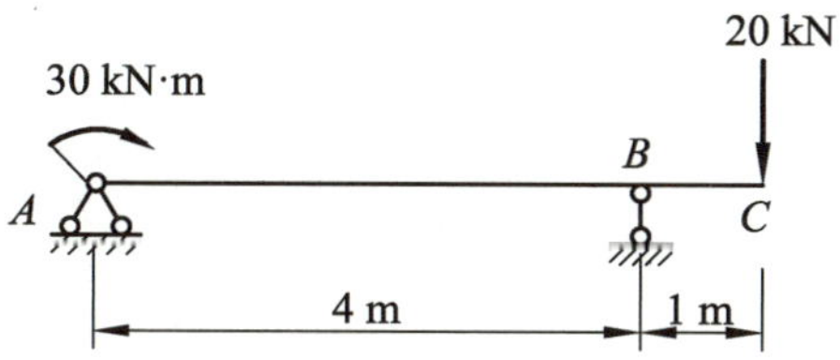

图 7-30

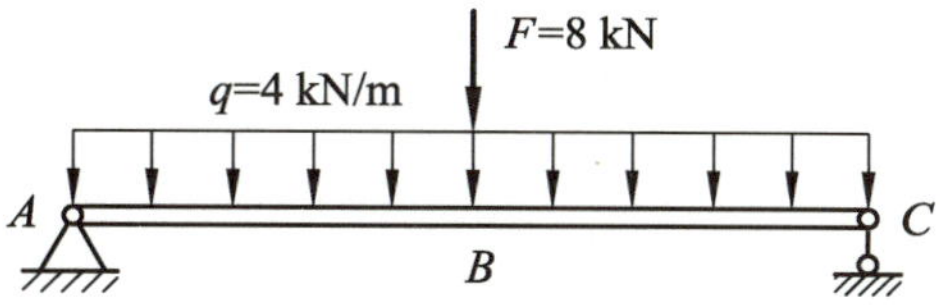

图 7-31

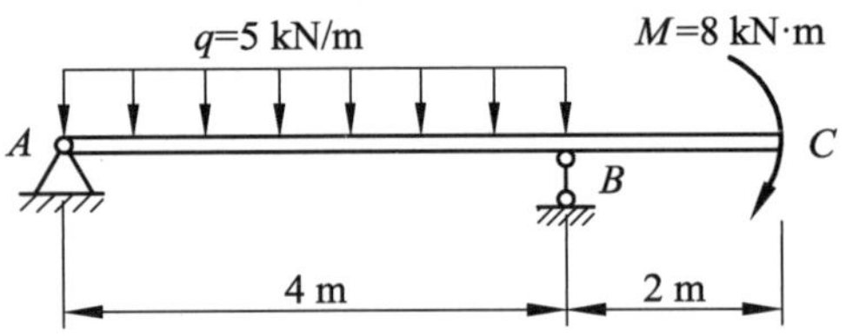

图 7-32

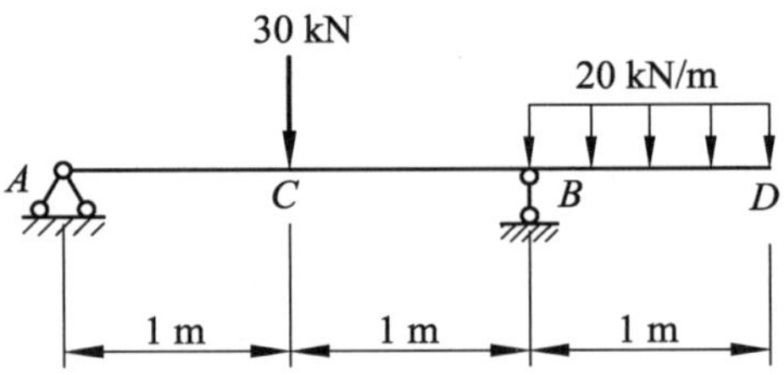

图 7-33

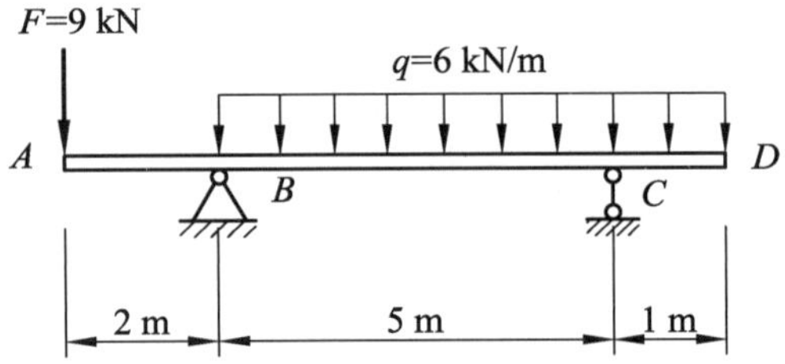

图 7-34

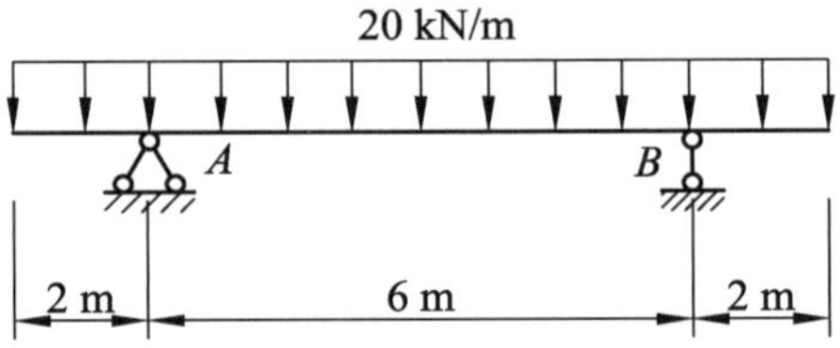

图 7-35

课堂小测

班级：__________ 学号：__________ 姓名：__________ 成绩：__________

一、填空题（每空 2 分，共计 12 分）

1. 当梁受力弯曲后，某截面上只有弯矩无剪力，这种弯曲称为__________。
2. 梁弯曲时，横截面上离中性轴较远的点，其正应力较________。
3. 梁上没有均布荷载作用的部分，剪力图为________线，弯矩图为________线。
4. 梁上集中力作用处，剪力图有________，弯矩图上在此处出现________。

二、判断题（每题 3 分，共计 12 分）

1. 分别由两侧计算同一截面上的剪力和弯矩时，会出现不同的计算结果。(　　)
2. 静定梁的内力只与荷载有关，而与梁的材料、截面形状和尺寸无关。(　　)
3. 梁弯曲时最大弯矩一定发生在剪力为零的横截面上。(　　)
4. 对称梁在对称荷载作用下，其剪力图反对称，弯矩图对称。(　　)

三、选择题（每题 3 分，共计 6 分）

1. 在梁的集中力作用处，其左右两侧无限接近的横截面上的弯矩（　　）。

   A. 相同　　B. 数值相等，符号相反

   C. 不相同　　D. 符号一致，数值不相等

2. 下列说法正确的是（　　）。

   A. 无荷载梁段剪力图为斜直线　　B. 均布荷载梁段剪力图为抛物线

   C. 集中力偶作用处弯矩图发生突变　　D. $Q=0$ 处弯矩图产生极值

四、作图题：试作图 7-36 ~ 图 7-38 所示梁的内力图（20 + 25 + 25 = 70 分）

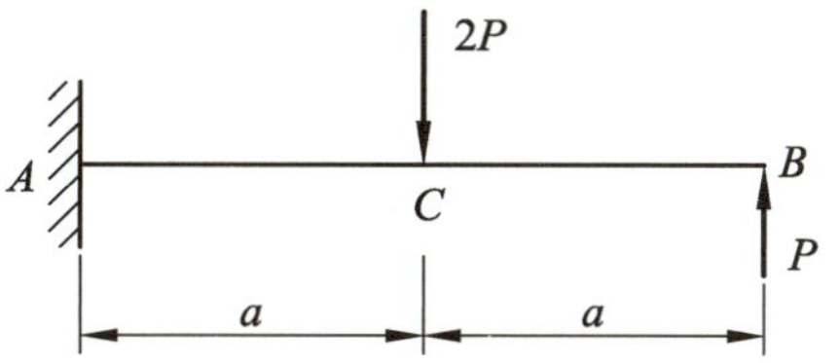

图 7-36

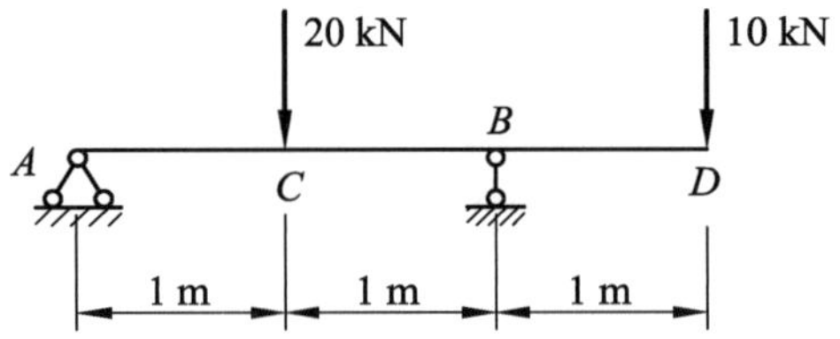

图 7-37

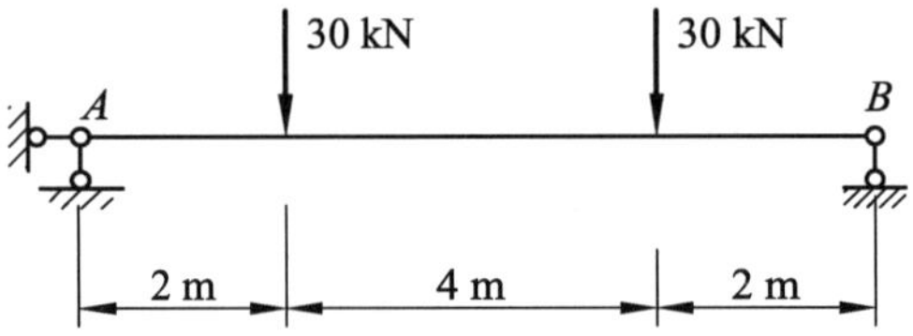

图 7-38

能力提升

班级：__________ 学号：__________ 姓名：__________ 成绩：__________

一、思考题

1. 在什么情况下杆发生弯曲？什么情况下发生平面弯曲？

2. 剪力和弯矩的正负号的物理意义是什么？与理论力学中力和力偶的正负号规则有何不同？

3. 列剪力方程与弯矩方程时分段原则是什么？

4. 什么叫二力构件？分析二力构件受力时与构件的形状有无关系。

二、作图题：试作图 7-39 ~ 图 7-41 所示梁的内力图

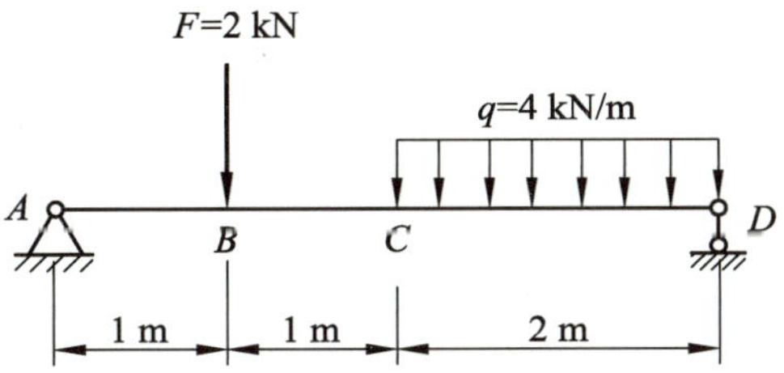

图 7-39

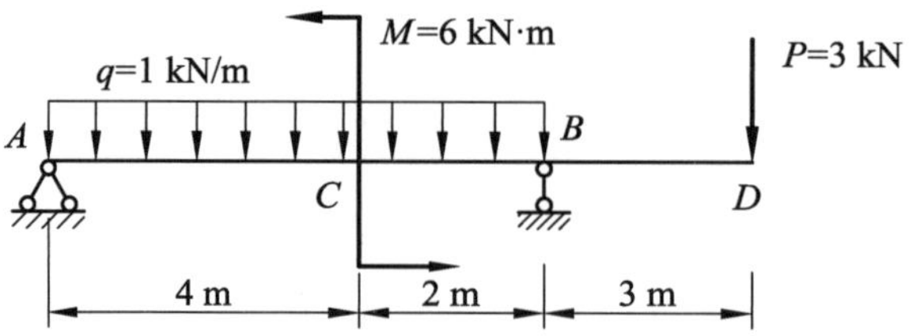

图 7-40

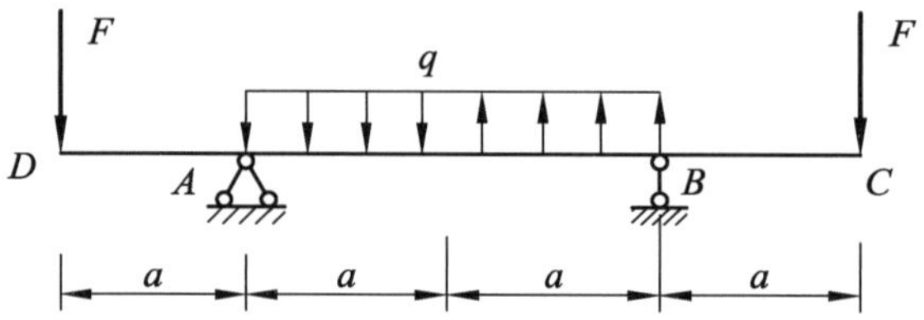

图 7-41

8 弯曲强度和弯曲刚度

学习指南

为解决梁的强度问题，在求得梁的内力后，必须进一步研究其横截面上的应力分布规律。在满足强度要求的同时，还应根据不同工作需要，对梁的刚度提出要求，将其最大挠度和最大转角限制在规范允许值之内。

本章重点研究梁的弯曲强度和弯曲刚度问题。在学习时可以参照下面的思维导图。

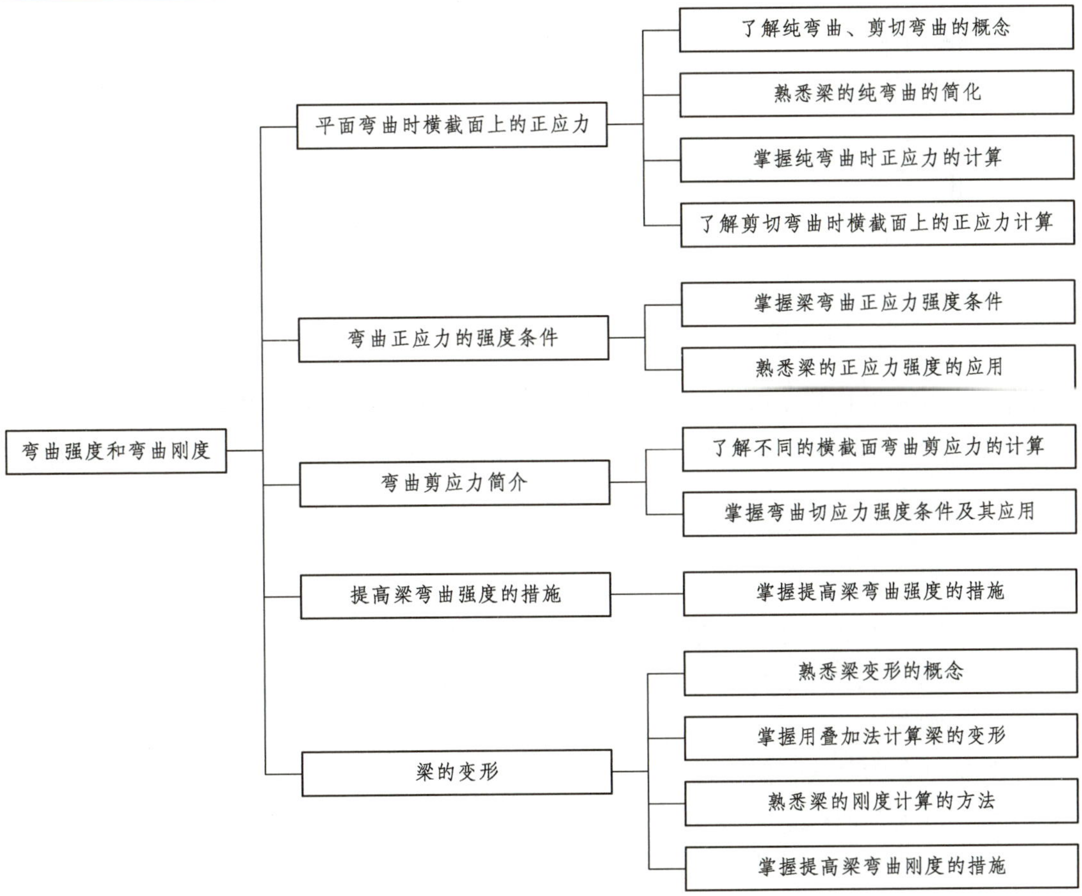

8.1 平面弯曲时横截面上的正应力

8.1.1 纯弯曲、剪切弯曲的概念

通常，梁受外力弯曲时，其横截面上同时有剪力和弯矩两种内力，于是在梁的横截面上将同时存在剪应力和正应力，如图 8-1（a）所示。只有横截面上的切向内力元素 $\tau_{\mathrm{d}A}$ 才能构成剪力，只有法向内力元素 $\sigma_{\mathrm{d}A}$ 才能构成弯矩，如图 8-1（b）所示。

如图 8-2（a）所示，在一简支梁纵向对称面内，关于跨度中点对称的两个集中力 P 作用在梁的两端的 C、D 两点，此时梁靠近支座的 AC、DB 段内，各横截面内既有弯矩又有剪力，这种情况称为剪切弯曲或横力弯曲。在中段 CD 内的各横截面上剪力等于零，弯矩为一常数，这种弯曲情况称为纯弯曲。为了更集中地分析正应力与弯矩之间的关系，先考虑纯弯曲梁横截面上的正应力。

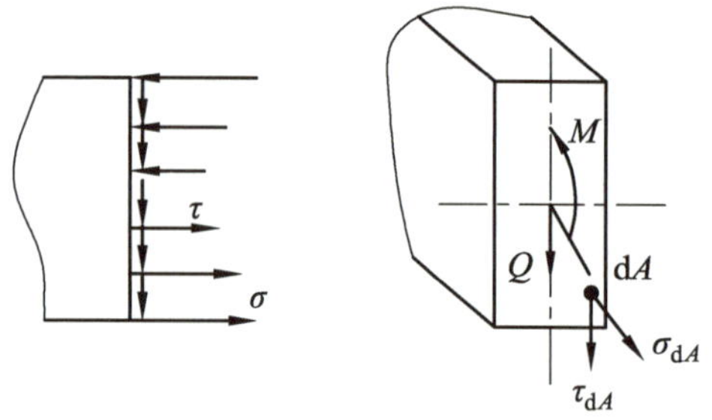

（a）（b）

图 8-1

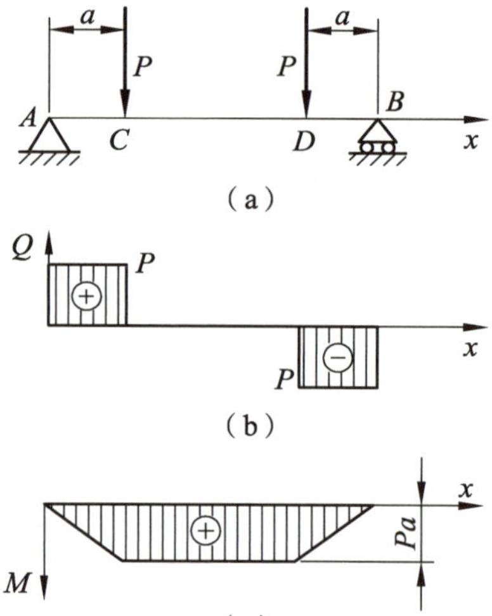

（a）（b）（c）

图 8-2

研究方法与轴向拉伸（压缩）及圆轴扭转的应力分析方法相似，即通过实验观察梁的变形得出简化假设，然后从变形几何、物理和静力学三方面综合分析，最后建立纯弯曲的正应力公式。

8.1.2 梁的纯弯曲实验及简化假设

如图 8-3（a）所示，在矩形截面的梁表面上分布有垂直于轴线的横向线 mm/nn 和平行于轴线的纵向线 aa/bb，然后使梁发生纯弯曲变形，如图 8-3（b）所示。从梁的表面变形情况可观察到下列现象：

（1）横向线仍为直线，但转过了一个小角度。

（2）纵向线变为曲线，但仍与横向线保持垂直。

（3）位于凹边的纵向线缩短，凸边的纵向线伸长。

（4）观察横截面情况，在梁宽方向，它的上部伸长，下部缩短，分别和梁的纵向缩短（上部）或伸长（下部）存在简单的比例关系。

根据上述表面变形现象，对梁的变形和受力做如下假设：

（1）弯曲的平面假设。梁的各个横截面在变形后仍保持为平面，并且仍然垂直于变形后的梁的轴线，只是绕横截面上的某轴转过了一个角度。

（2）单向受力假设。纵向“纤维”之间互不牵扯，每根纤维都只产生轴向拉伸或压缩。

实践表明，以上述假设为基础导出的应力和变形公式符合实际情况。同时，在纯弯曲情况下，由弹性理论也得到了相同的结论。

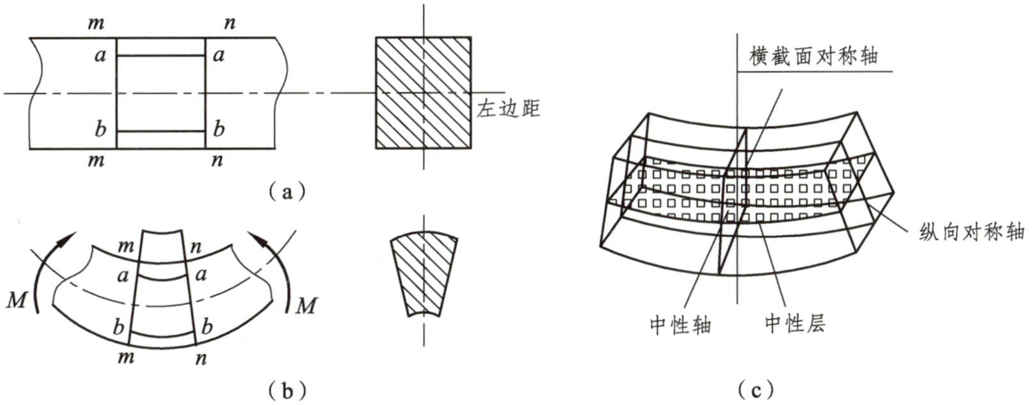

图 8-3

由上述假设可以建立起梁的变形模式，如图 8-3（c）所示。设想梁由许多层纵向纤维组成，变形后，梁的上层纤维缩短，下层纤维伸长。由于变形的连续性，其中必有一层纤维既不伸长，也不缩短，这层纤维称为中性层。中性层与横截面的交线称为中性轴，中性轴与横截面对称轴垂直。梁发生纯弯曲时，横截面就是绕中性轴转动，并且每根纵向纤维都处于轴向拉伸或压缩的简单受力状态。

8.1.3 纯弯曲时的正应力公式

纯弯曲梁
横截面上的正应力

1. 变形几何关系

用 1—1、2—2 两横截面截取相距为 dx 的一段梁[见图 8-4（a）]，令 y 轴为横截面的对称轴，z 轴为中性轴（其位置待定）。弯曲变形后，与中性层距离为 y 的纤维 bb 变为弧线 $b'b'$[见图 8-4（b）]，且 $b'b'=(\rho+y)\mathrm{d}\theta$，而原长 $bb=\mathrm{d}x=O_1O_2=\rho\mathrm{d}\theta$。这里 ρ 为中性层的曲率半径，dθ 是两横截面 $1'$—$1'$，$2'$—$2'$的相对转角。由此得纤维 bb 的线应变为

$$\varepsilon=\frac{(\rho+y)\mathrm{d}\theta-\rho\mathrm{d}\theta}{\rho\mathrm{d}\theta}=\frac{y}{\rho} \tag{8-1}$$

式（8-1）表明，纵向纤维的线应变 ε 与它到中性层的距离 y 成正比。

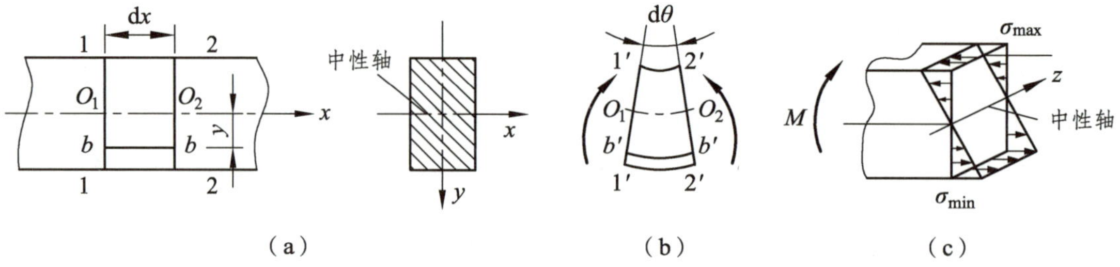

图 8-4

2. 物理关系

由假设（2），纵向纤维只受单向拉伸或压缩，因此在正应力不超过材料比例极限时，由胡克定律可得

$$\sigma = E\varepsilon = E\frac{y}{\rho} \tag{8-2}$$

式（8-2）表明，横截面上任意点的正应力 σ 与该点到中性轴的距离成正比，即正应力沿截面高度呈线性分布，而在距中性轴等距离的各点处正应力大小相等，中性轴上正应力等于零。这一变化规律如图 8-4（c）所示。

3. 静力学关系

由于中性轴的位置以及中性层的曲率半径 ρ 均未确定，因此式（8-2）还不能用于计算应力。为此通过考虑正应力应满足的静力学关系，可以得出以下公式。

$$\frac{1}{\rho} = \frac{M}{EI_z} \tag{8-3}$$

此即为梁的曲率公式。由此可见弯矩越大，梁的曲率也越大，即弯得越厉害；相同弯矩下，EI 大，曲率越小，即说明梁比较刚硬，不易弯曲。常将 EI_z 称为梁的抗弯刚度，它表示梁抵抗弯曲变形的能力，其中 I_z 称为截面惯性矩。式（8-3）是研究弯曲变形的基本公式。

将式（8-3）代回到式（8-2），则得到纯弯曲时横截面上的正应力计算公式。

$$\sigma = \frac{M}{I_z}y \tag{8-4}$$

式中，M 是横截面的弯矩；y 是横截面上的一点到中性轴的距离。在实际计算时，M 和 y 均可用绝对值代入，至于所求点的应力是拉应力还是压应力，可直接根据梁的变形情况，即判断纤维的伸缩情况来确定。

4. 惯性矩的计算

圆形截面： $$I_z = \frac{\pi d^4}{64} \tag{8-5}$$

矩形截面： $$I_z = \frac{bh^3}{12} \tag{8-6}$$

对于相对中性轴不对称的截面，其惯性矩可由平行移轴公式进行计算。

5. 平行移轴公式

若已知图形对其形心轴 y_c 的惯性矩为 I_{yc}，且轴 y 与其形心轴 y_c 平行，两轴间垂直距离为 a，图形面积为 A，则平行移轴公式为

$$I_y = I_{yc} + a^2 A$$

6. 最大正应力、抗弯截面模量

由式（8-4）可知，横截面上的最大正应力发生在距离中性轴最远处，即

$$\sigma_{\max} = \frac{M}{I_z} y_{\max} \tag{8-7}$$

合并截面的两个几何量 I_z 和 $y_{\max}$，令

$$W_z = \frac{I_z}{y_{\max}}$$

则有

$$\sigma_{\max} = \frac{M}{W_z} \tag{8-8}$$

式中，W_z 称为抗弯截面模量，它是衡量梁的抗弯强度的一个几何量，其量纲为[长度]^3。

对于矩形截面，如图 8-5（a）所示，有

$$W_z = \frac{I_z}{y_{\max}} = \frac{\dfrac{bh^3}{12}}{\dfrac{h}{2}} = \frac{bh^2}{6}$$

对于圆形截面，如图 8-5（b）所示，有

$$W_z - \frac{I_z}{y_{\max}} - \frac{\dfrac{\pi d^4}{64}}{\dfrac{d}{2}} - \frac{\pi d^3}{32}$$

各种轧制型钢的抗弯截面模量可查型钢表。

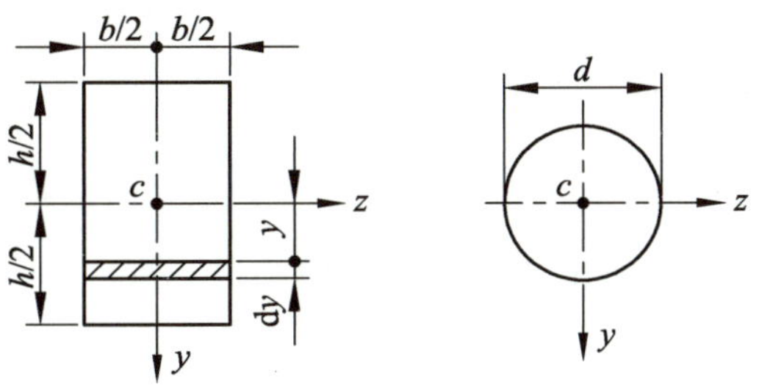

（a）　　（b）

图 8-5

8.1.4 剪切弯曲时横截面上的正应力公式

工程中常见的弯曲问题大多是横截面上既有剪力又有弯矩的剪切弯曲。这时由于剪力的存在，横截面将不再保持为平面（发生翘曲）。但是根据实验和弹性理论分析，对于一般较细长的梁（跨度与高度之比 $l/h>5$），剪力对正应力分布的影响很小，因此可将弯曲正应力公式（8-7）直接推广应用到剪切弯曲。但是在剪切弯曲时，弯矩不是常量，此时为求等直梁内的最大正应力，应将全梁的最大弯矩 $M_{\max}$ 代替式（8-7）中的 M，即

$$\sigma_{\max}=\frac{M_{\max}}{I_z}y_{\max}=\frac{M_{\max}}{W_z} \tag{8-9}$$

【例 8-1】 如图 8-6（a）所示简支梁，梁的横截面为 $b\times h=120\ \text{mm}\times 180\ \text{mm}$ 的矩形，跨长 $l=3$ m，均布荷载 $q=35$ kN/m。求：

（1）如果将截面竖放，如图 8-6（c）所示，求危险截面上 a、b 两点的正应力。

（2）如果将截面横放，如图 8-6（d）所示，求危险截面上的最大应力。

梁的正应力计算例题讲解

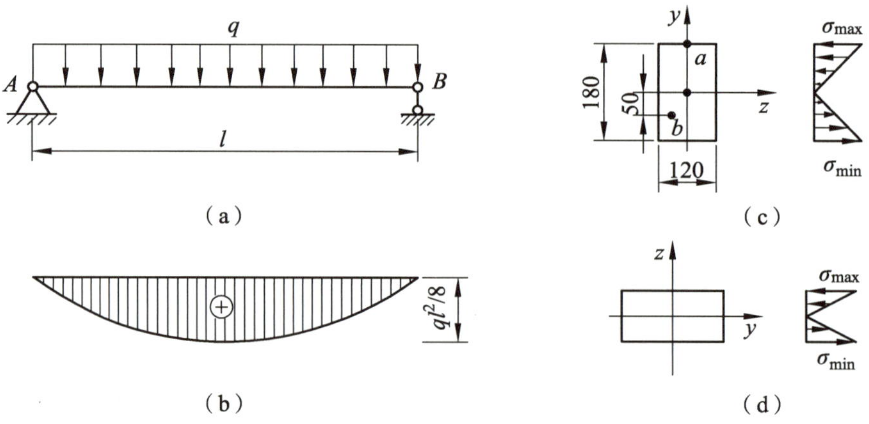

图 8-6

解：（1）作弯矩图，如图 8-6（b）所示，跨中截面弯矩最大，为危险截面。最大弯矩为

$$M_{\max}=\frac{1}{8}ql^2=\frac{1}{8}\times 35\times 3^2=39.4\ \text{kN}\cdot\text{m}$$

（2）竖放时，z 轴为中性轴。

a 点距 z 轴为

$$y_a=y_{\max}=90\ \text{mm},\ I_z=\frac{bh^3}{12}=58.3\times 10^{-6}\,\text{m}^4$$

所以

$$\sigma_a=\frac{M_{\max}}{I_z}y_a=\frac{39.4\times 10^3\times 90\times 10^{-3}}{58.3\times 10^{-6}}=60.8\times 10^6\ \text{N/m}^2=60.8\ \text{MPa}$$

b 点距中性轴 $y_b = 50\ \text{mm}$。

根据上面的分析，b 点为拉应力

$$\sigma_b = \frac{M_{\max}}{I_z} y_b = \frac{39.4\times10^3\times50\times10^{-3}}{58.3\times10^{-6}} = 33.8\ \text{MPa}$$

由于该截面弯矩为正值，即梁在该截面的变形为凸边向下，故中性轴下面纤维受拉，上面纤维受压。a 点在中性轴上面，而且 $y_a = y_{\max}$，故 σ_a 为最大压应力。

（3）横放时，y 轴为中性轴。

$$I_y = \frac{hb^3}{12} = \frac{1}{12}\times180\times120^3\times10^{-12} = 25.9\times10^{-6}\ \text{m}^4$$

最大正应力发生在 $z = \pm\frac{b}{2} = 60\ \text{mm}$ 处各点。

$$\sigma_{\max} = \frac{M_{\max}}{W_y} = \frac{M_{\max}}{I_y} z_{\max} = \frac{39.4\times10^3\times60\times10^{-3}}{25.9\times10^{-6}} = 91.3\ \text{MPa}$$

由此例可见，同一根梁承受的荷载不变，因放置的方式不同，其截面内的最大正应力也不相同。

【例 8-2】 如图 8-7 所示悬臂梁，横截面为矩形，承受荷载 F_1 与 F_2 作用，且 $F_1 = 2F_2 = 5\ \text{kN}$，试计算梁内的最大弯曲正应力，以及该应力所在截面上 K 点处的弯曲正应力。

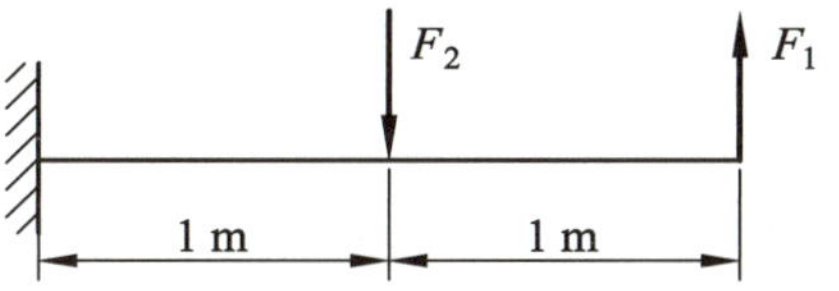

（a）

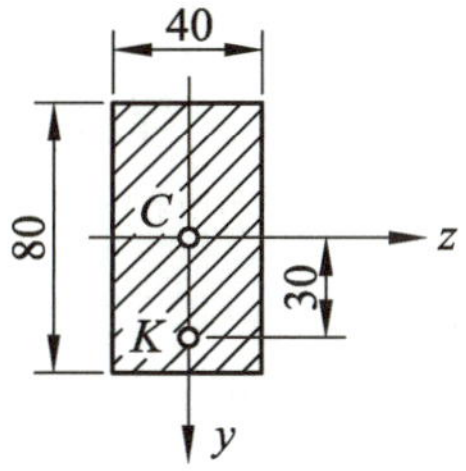

（b）

图 8-7

解：（1）画梁的弯矩图，如图 8-8 所示。

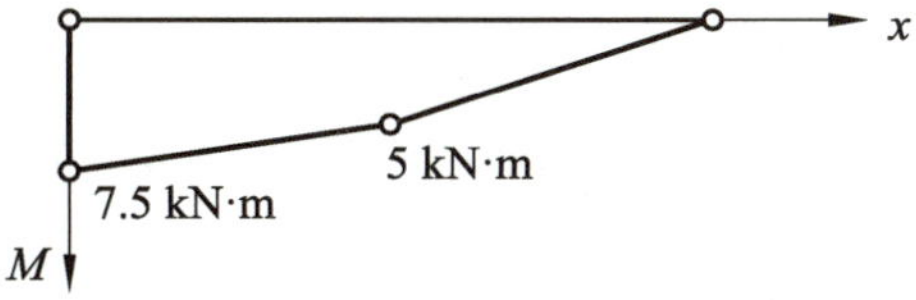

图 8-8

（2）最大弯矩（位于固定端）：

$$M_{\max} = 5\times2 - \frac{5}{2}\times1 = 7.5\ \text{kN}\cdot\text{m}$$

（3）计算应力：

最大应力：

$$\sigma_{\max}=\frac{M_{\max}}{W_z}=\frac{M_{\max}}{\frac{bh^2}{6}}=\frac{7.5\times10^6}{\frac{40\times80^2}{6}}=176\ \text{MPa}$$

K 点的应力：

$$\sigma_K=\frac{M_{\max}\cdot y}{I_z}=\frac{M_{\max}\cdot y}{\frac{bh^3}{12}}=\frac{7.5\times10^6\times30}{\frac{40\times80^3}{12}}=132\ \text{MPa}$$

8.2 弯曲正应力的强度条件

8.2.1 梁的正应力强度

梁的正应力强度条件

由于横截面上距中性轴最远处切应力 $\tau=0$，正应力 σ 的绝对值最大，材料处于简单拉伸或压缩的状态。如果限制梁的最大工作正应力 $\sigma_{\max}$ 不超过材料的许用弯曲正应力$[\sigma]$，就可以保证梁的安全。因此，由式（8-9）得梁弯曲正应力强度条件为

$$\sigma_{\max}=\frac{M_{\max}}{W_z}\leqslant[\sigma] \tag{8-10}$$

要注意，式（8-10）的强度条件只适用于抗拉和抗压许用应力相等的材料，通常这样的梁截面做成与中性轴对称的形状，如矩形、圆形等。对于拉、压许用应力不等的材料，为了使材料能充分发挥作用，通常将梁的横截面做成与中性轴非对称形状，如 T 形、槽形截面等，这一类梁应分别列出抗拉强度条件和抗压强度条件：

$$\sigma_{t\max}=\frac{|M|_{\max}y_1}{I_z}\leqslant[\sigma_t] \tag{8-11}$$

$$\sigma_{c\max}=\frac{|M|_{\max}y_2}{I_z}\leqslant[\sigma_c] \tag{8-12}$$

式中，y_1为梁的受拉边缘到中性轴的距离；y_2为梁的受压边缘到中性轴的距离。

对于变截面梁，由于W_z不是常量，应综合考虑 M 和 W_z 两个因素来确定梁的最大正应力 $\sigma_{\max}$，即

$$\sigma_{\max}=\left(\frac{M}{W_z}\right)_{\max}\leqslant[\sigma] \tag{8-13}$$

应用强度条件，可校核梁的强度、设计截面尺寸及确定梁的许可荷载。在具体计算中，材料的许用弯曲正应力$[\sigma]$可以近似用单向拉伸（压缩）的许用应力代替。

8.2.2　梁的正应力强度的应用

【例 8-3】矩形截面的悬臂梁，如图 8-9（a）所示，$l = 1$ m，在自由端有一荷载 $P = 20$ kN，$[\sigma] = 140$ MPa。

（1）如 $a = 70$ mm，试校核梁的强度是否安全。

（2）试求设计截面尺寸 a 的最小值。

（3）如采用工字钢，试选择工字钢型号。

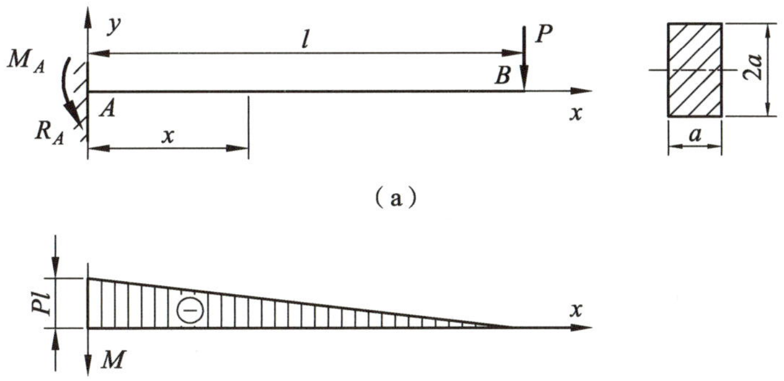

（a）

（b）

图 8-9

解：（1）为求最大弯矩，作弯矩图，如图 8-9（b）所示，由图可见：

$$|M|_{\max} = Pl = 20\ \text{kN}\cdot\text{m}$$

校核强度：

$$\sigma_{\max} = \frac{M_{\max}}{W_z} = \frac{Pl}{\dfrac{a(2a)^2}{6}} = \frac{20\times 1\,000\times 1\times 6}{70\times 10^{-3}\times(140\times 10^{-3})^2} = 87.5\ \text{MPa} < [\sigma]$$

故此梁的强度安全。

（2）选择截面尺寸。

$$W_z \geqslant \frac{M_{\max}}{[\sigma]} = \frac{20\times 1\,000\times 1}{140\times 10^6} = 143\times 10^{-6}\ \text{m}^3 = 143\ \text{cm}^3$$

由 $W = \dfrac{a(2a)^2}{6}$

得 $$a = \sqrt[3]{\frac{6W}{4}} = \sqrt[3]{\frac{6\times 143\times 10^{-6}}{4}} \approx 0.06\ \text{m} = 60\ \text{mm}$$

（3）根据以上 W_z 计算结果，查表得知，选 18 号工字钢比较合适，其 $W_z = 185\ \text{cm}^3$。

【例 8-4】一矩形截面的简支梁，如图 8-10（a）所示，已知梁的跨度 $l = 5$ m，截面高 $h = 180$ mm，宽 $b = 90$ mm，均布荷载 $q = 3.6$ kN/m，许用应力$[\sigma] = 10$ MPa，试校核此梁的强度，并确定许可荷载。

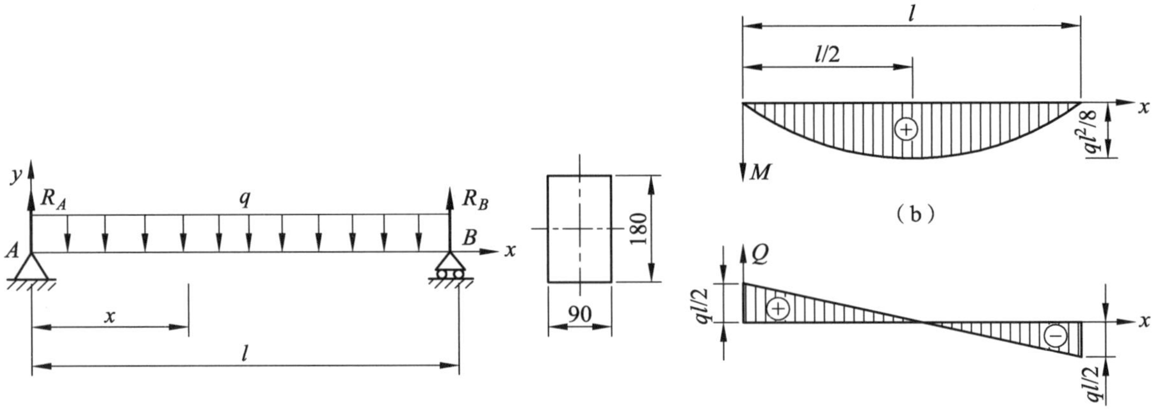

（a）　（b）　（c）

图 8-10

解：（1）强度校核。

绘出梁的弯矩图，如图 8-10（b）所示，由图可知，梁的最大弯矩发生在跨中截面。

$$M_{\max}=\frac{ql^2}{8}=\frac{3.6\times5^2}{8}=11.25\ \text{kN}\cdot\text{m}$$

$$W_z=\frac{bh^2}{6}=\frac{90\times180^2}{6}=0.486\times10^6\ \text{mm}^3=0.486\times10^{-3}\ \text{m}^3$$

梁内最大正应力：

$$\sigma_{\max}=\frac{M_{\max}}{W_z}=\frac{11.25\times10^3}{0.486\times10^{-3}}=23.15\ \text{MPa}>[\sigma]$$

故梁的强度不够。

（2）确定许可荷载。

从上面的计算可知，梁承受 $q=3.6\ \text{kN/m}$ 的荷载是不安全的。那么，该梁可以承受的荷载为多大呢？根据强度条件式（8-10），得

$$M_{\max}=[\sigma]W_z \tag{8-14}$$

已知

$$[\sigma]W_z=10\times10^6\times0.486\times10^{-3}=4\,860\ \text{N}\cdot\text{m} \tag{8-15}$$

又

$$M_{\max}=\frac{ql^2}{8}=\frac{1}{8}q\times5^2=\frac{25}{8}q \tag{8-16}$$

将式（8-15）、式（8-16）代入式（8-14），整理后得

$$q=\frac{8}{25}\times4\,860=1.56\ \text{kN/m}$$

所以，本梁允许承受的最大均布荷载 $q=1.56\ \text{kN/m}$。

【例 8–5】 如图 8-11（a）所示，试按正应力校核铸铁梁的强度。已知梁的横截面为 T 形，惯性矩 $I_z = 26.1\times10^{-6}\,\text{m}^4$，材料的许用拉应力 $[\sigma_t] = 40\ \text{MPa}$，许用压应力 $[\sigma_c] = 110\ \text{MPa}$，横截面尺寸单位为 mm。

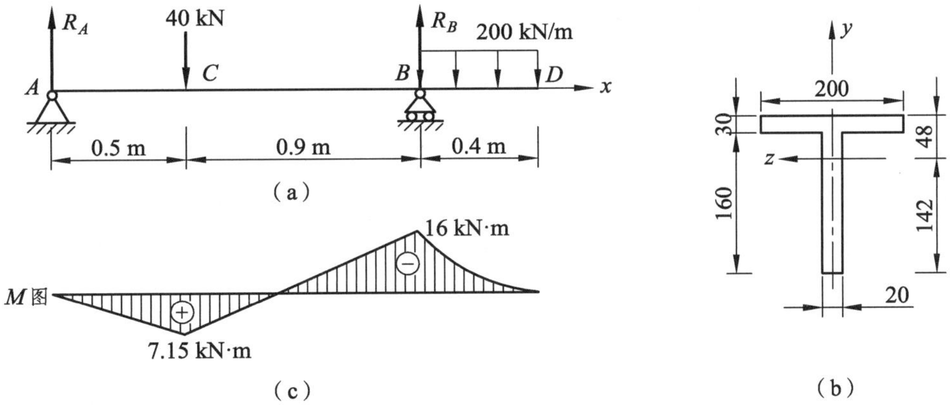

图 8-11

（1）强度校核。

截面 C：

$$\sigma_{c\max} = \frac{7.15\times10^3\times0.048}{26.1\times10^{-6}} = 13.15\ \text{MPa} < [\sigma_c]$$

$$\sigma_{t\max} = \frac{7.15\times10^3\times0.142}{26.1\times10^{-6}} = 38.9\ \text{MPa} < [\sigma_t]$$

截面 B：

$$\sigma_{c\max} = \left|\frac{16\times10^3\times0.142}{26.1\times10^{-6}}\right| = 87\ \text{MPa} < [\sigma_c]$$

$$\sigma_{t\max} = \left|\frac{16\times10^3\times0.048}{26.1\times10^{-6}}\right| = 29.4\ \text{MPa} < [\sigma_t]$$

故该铸铁梁的强度是足够的。

（2）分析。经过强度校核可知，该梁的强度是足够的，说明此梁按现状放置是合理的。但若将此 T 形截面位置倒置，虽外力作用情况不变，但截面上的正应力分布将发生变化，会使梁的强度不足，读者不妨讨论一下。

（3）讨论。由抗拉和抗压性能不同的材料制成的梁（$[\sigma_c] < [\sigma_t]$），一般做成上下不对称的截面，如 T 形截面。对于这类梁的强度校核，一般是找出正、负最大弯矩所在截面，再分别进行拉、压强度校核。

8.3 弯曲剪应力简介

梁在发生横力弯曲时，横截面上同时存在弯曲正应力σ和弯曲切应力τ。如前所述，对于实心细长梁，切应力可忽略不计，但对于跨度短、截面窄且高的梁及薄壁截面梁，切应力就不能忽略了。下面介绍几种常见截面上弯曲切应力计算公式。

8.3.1 矩形截面梁

如图 8-12 所示为一矩形截面梁，高为 h，宽为 b，截面上的剪力 Q 沿 y 轴方向。根据切应力互等定理可知，截面两侧边上各点的切应力沿 z 方向分量为零，即 $\tau_z=0$。因此，切应力的方向一定与侧边相切，且平行于 Q。由对称关系可知，横截面中点处切应力的方向，也必然与 Q 方向相同，由此可见整个截面上的切应力均与 Q 平行。由以上分析，可对切应力的分布规律做出假设。

（1）截面上每一点处切应力的方向都与剪力 Q 平行。

（2）距中性轴等距离处的切应力相等，切应力沿宽度方向均匀分布。

根据以上假设，经理论分析得切应力公式为

$$\tau=\frac{QS_z}{I_z b} \tag{8-17}$$

式中，τ 为距中性轴为 y 处的切应力；I_z 为全横截面对中性轴 z 的惯性矩；b 为横截面在所求切应力处的宽度；S_z 为距中性轴为 y 的横线以下（或以上）阴影部分面积对中性轴的静矩，如图 8-13（a）所示。

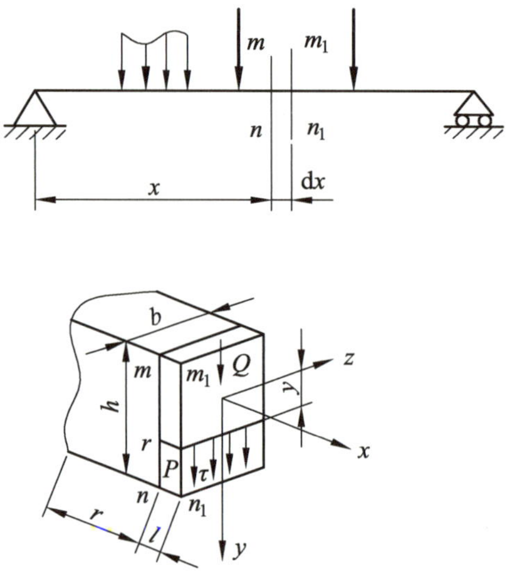

图 8-12

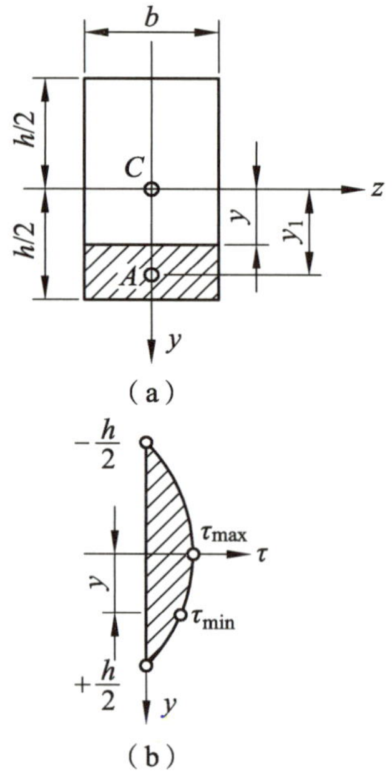

图 8-13

$$S_z = A_A y_C = b\left(\frac{h}{2}-y\right)\left(\frac{h}{4}+\frac{y}{2}\right)=\frac{b}{2}\left(\frac{h^2}{4}-y^2\right)$$

代入式（8-17），得距中性轴 y 处的切应力：

$$\tau = \frac{Q}{2I_z}\left(\frac{h^2}{4}-y^2\right) \tag{8-18}$$

由式（8-18）可知，矩形截面梁横截面上的切应力沿截面高度按二次抛物线规律变化，如图 8-13（b）所示，当 $y=\pm\frac{h}{2}$ 时，即在横截面上、下边缘处，$\tau=0$；当 $y=0$ 时，即在中性轴上，切应力最大，为

$$\tau_{\max} = \frac{Qh^2}{8I_z}=\frac{3Q}{2bh}=\frac{3Q}{2A} \tag{8-19}$$

式中，$A=bh$，为矩形截面的面积，由式（8-19）可见梁的最大切应力为截面上的平均切应力的 1.5 倍。

8.3.2 工字形截面梁

工字形截面梁如图 8-14 所示，其腹板和翼缘均由窄长的矩形组成。

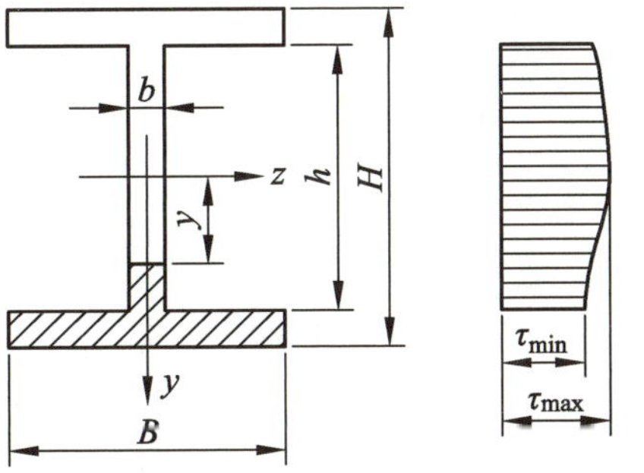

图 8-14

翼缘面积上的切应力基本沿水平方向，且数值很小，可略去不计。

中间腹板部分是窄长矩形，所以矩形截面切应力公式推导中的两个假设对这部分是适用的。腹板上的剪应力为

$$\tau = \frac{QS_z}{I_z b}$$

中性轴处的最大剪应力为

$$\tau_{\max} = \frac{QS_{z\max}}{I_z b} \tag{8-20}$$

8.3.3 其他横截面梁

1. T 字形截面梁

图 8-15（a）所示的 T 字形截面是由两个矩形组成的，下面的狭长矩形与工字形截面的腹板类似，该部分上的切应力仍用下式计算。即

$$\tau = \frac{QS_z^*}{I_z b_1}$$

2. 圆形及环形截面梁

对于圆形及环形这两种截面，如图 8-15（b）、（c）所示，它们的最大弯曲切应力均发生在中性轴处，并沿中性轴均匀分布，其值分别为

圆形： $$\tau_{\max} = \frac{4}{3}\frac{Q}{A} \tag{8-21}$$

环形： $$\tau_{\max} = 2\frac{Q}{A} \tag{8-22}$$

式中，Q 为横截面上的剪力；A 为横截面面积。

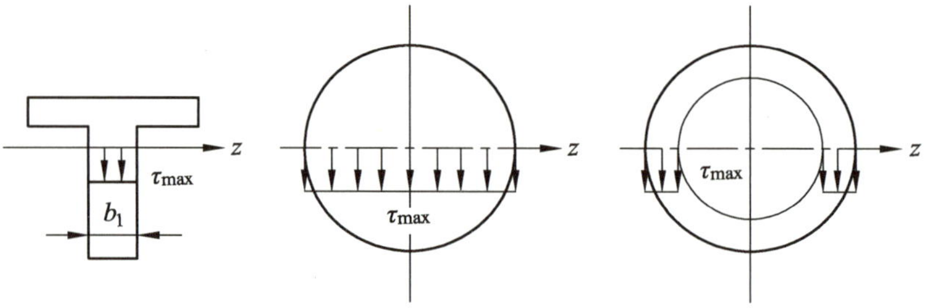

（a）（b）（c）

图 8-15

8.3.4 弯曲切应力强度条件及其应用

当最大切应力 $\tau_{\max}$ 发生在最大剪力所在横截面的中性轴处，而该处的正应力为零，此时是纯剪切。所以，梁的弯曲切应力强度条件为

$$\tau_{\max} \leqslant [\tau] \tag{8-23}$$

利用式（8-17），式（8-23）可写为

$$\tau_{\max} = \frac{Q_{\max} S_{z\max}^*}{I_z b} \leqslant [\tau] \tag{8-24}$$

式中，$[\tau]$ 为材料的许用切应力。

【例 8-6】 图 8-16（a）所示矩形截面简支梁，承受均布荷载 q 的作用，已知：q，l，b，h。试求梁内最大正应力和最大切应力，并求两者的比值。

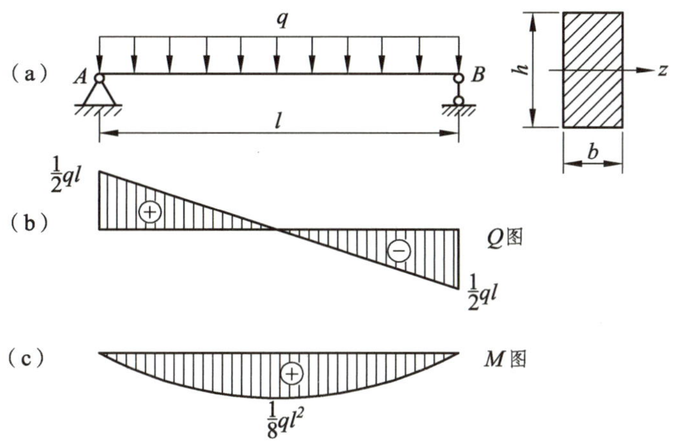

图 8-16

解：（1）确定 Q_{max} 和 M_{max}，画出梁的剪力图和弯矩图。由图 8-16（b）可知，梁的最大剪力发生在 A 和 B 截面处，其值 $Q_{max}=\frac{1}{2}ql$；由图 8-16（c）可知，最大弯矩发生在跨中点截面处，其值 $M_{max}=\frac{1}{8}ql^2$。

（2）计算最大正应力和最大切应力。由式（8-7）可知，梁的最大弯曲正应力为

$$\sigma_{max}=\frac{M_{max}}{W_z}=\frac{\frac{ql^2}{8}}{\frac{bh^2}{6}}=\frac{3ql^2}{4bh^2}$$

由式（8-19）可知，梁的最大切应力为

$$\tau_{max}=\frac{3Q_{max}}{2A}=\frac{3\times\frac{ql}{2}}{2bh}=\frac{3ql}{4bh}$$

（3）最大正应力和最大切应力的比值为

$$\frac{\sigma_{max}}{\tau_{max}}=\frac{l}{h}$$

由此例可知，当梁的跨度 l 与截面高度 h 相近时，弯曲切应力不能忽略。只有当梁的跨度远大于截面高度，而且材料的抗剪能力又比较好时，方可忽略切应力对梁的强度的影响。

8.4 提高梁弯曲强度的措施

所谓提高梁的强度，是指用尽可能少的材料，使梁能承受尽可能大的荷载，达到既经济又安全，以及减轻重量等目的。

提高梁弯曲强度的措施

在一般情况下，梁的强度主要是由正应力强度条件控制的。所以要提高梁的强度，应该在满足梁承载能力的前提下，尽可能减小梁的弯曲正应力。由正应力强度条件

$$\sigma_{\max}=\frac{M_{\max}}{W_z}\leqslant[\sigma]$$

可见，在不改变所用材料的前提下，应从减小最大弯矩 $M_{\max}$ 和增大抗弯截面模量 W_z 两方面考虑。

8.4.1 减小最大弯矩

1. 合理布置荷载

图 8-17 所示四根相同的简支梁，受相同的外力作用，但外力的布置方式不同，则相对应的弯矩图也不相同。

比较图 8-17（a）和图 8-17（b），图 8-17（b）所示梁的最大弯矩比图 8-17（a）的小，显然图 8-17（b）荷载布置比图 8-17（a）的合理。所以，当荷载可布置在梁上任意位置时，则应使荷载尽量靠近支座。例如，机械中齿轮轴上的齿轮常布置在紧靠轴承处。

比较图 8-17（a）和图 8-17（c）、图 8-17（d），图 8-17（c）与图 8-17（d）梁的最大弯矩相等，且只有图 8-17（a）梁的一半。所以，当条件允许时，尽可能将一个集中荷载改变为均布荷载，或者分散为多个较小的集中荷载。例如工程中设置的辅助梁、大型汽车采用的密布车轮等。

2. 合理布置支座

图 8-18（a）所示简支梁，其最大弯矩 $M_{\max}=\frac{1}{8}ql^2=0.125ql^2$

图 8-18（b）所示外伸梁，其最大弯矩 $M_{\max}=\frac{1}{40}ql^2=0.025ql^2$

由以上计算可见，图 8-18（b）梁的最大弯矩仅是图 8-18（a）梁最大弯矩的 1/5，支座布置比较合理。

为了减小梁的弯矩，还可以采用增加支座以减小梁跨度的办法，如图 8-18（c）所示，最大弯矩 $M_{\max}=0.03125ql^2$，为图 8-18（a）的 1/4；若增加两个支座[见图 8-18（d）]，则 $M_{\max}=0.011ql^2$，为图 8-18（a）的 1/11。

8.4.2 提高弯曲截面系数

弯曲截面系数是与截面形状、大小有关的几何量。在材料相同的情况下，梁的自重与截面面积 A 成正比。为了减轻自重，就必须合理设计梁的截面形状。从弯曲强度方面考虑，梁的合理截面形状指的是在截面面积相同时，具有较大的弯曲截面系数 W_z 的截面。例如一个高为 h、宽为 b 的矩形截面梁（$h>b$），截面竖放[见图 8-19（a）]比横放[见图 8-19（b）]抗弯强度大，这是由于竖放时的弯曲截面系数比横放时的弯曲截面系数大。

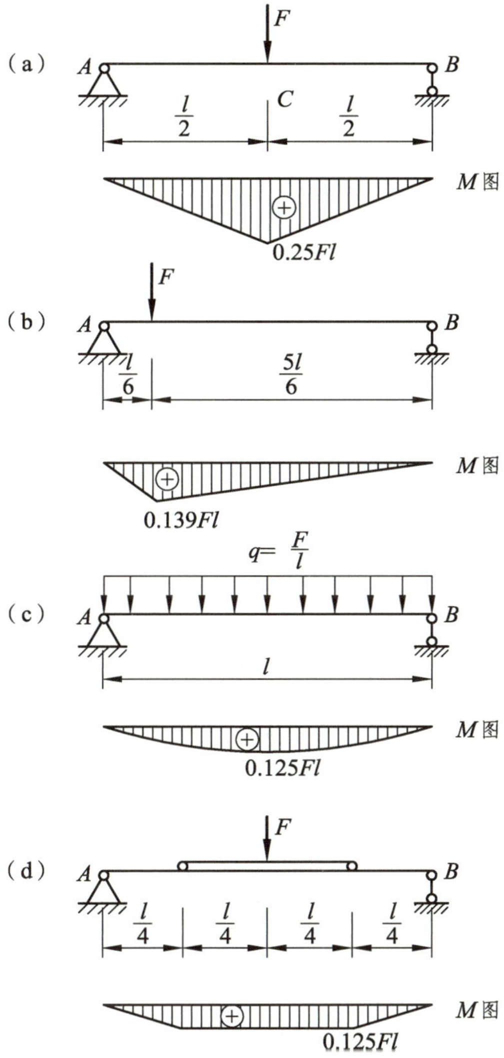

图 8-17

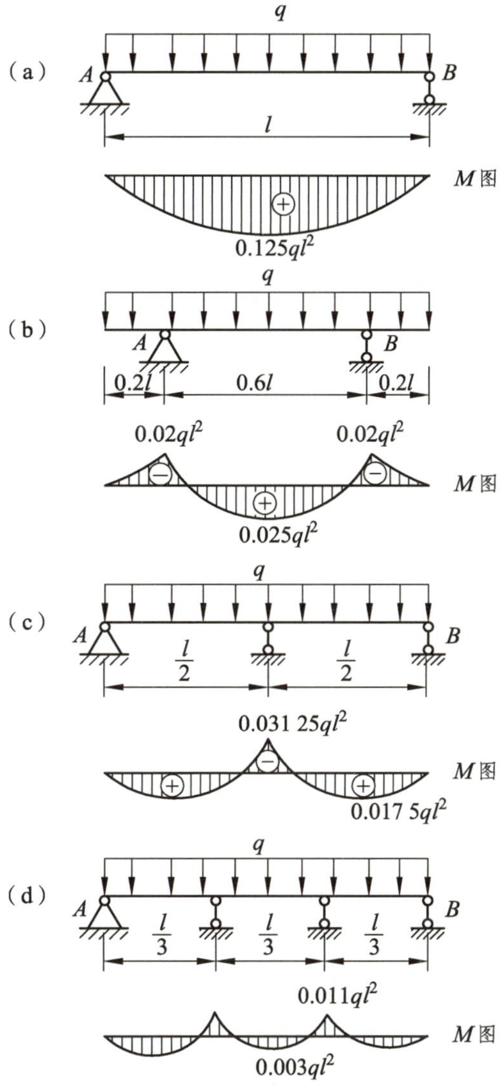

图 8-18

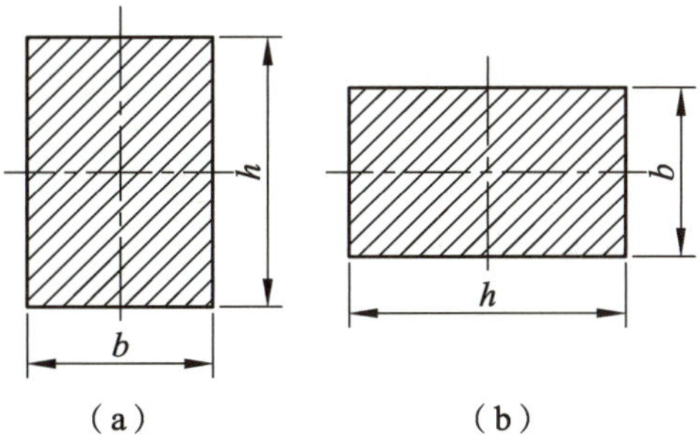

图 8-19

比较各种不同形状截面的合理性和经济性，可通过 W_z/A 来进行。比值越大，表示这种截面在截面面积相同时承受弯曲的能力越大，其截面形状越合理。例如：

直径为 h 的圆形截面：

$$\frac{W_z}{A}=\frac{\pi h^3/32}{\pi h^2/4}=\frac{h}{8}=0.125h$$

高为 h 、宽为 b 的矩形截面：

$$\frac{W_z}{A}=\frac{bh^2/6}{bh}=0.167h$$

高为 h 的槽形及工字形截面：

$$\frac{W_z}{A}=(0.27\sim 0.3)h$$

可见，工字形截面、槽形截面较合理，圆形截面最不合理。其原因只要从横截面上正应力分布规律来分析就清楚了。正应力强度条件主要是控制最大弯矩截面上离中性轴最远处各点的最大正应力，而中性轴附近处的正应力很小，材料没有充分发挥作用。若将中性轴附近的一部分材料转移到离中性轴较远的边缘上，既充分利用了材料，又提高了弯曲截面系数 W 的值。例如工字钢截面设计符合这一要求，而圆形截面的材料比较集中在中性轴附近，所以工字形截面比圆形截面合理。

应该指出，合理的截面形状还应考虑材料的性质。对于抗拉和抗压强度相同的塑性材料，应采用对称于中性轴的截面，如矩形、工字形等。对于抗拉和抗压强度不同的脆性材料，应采用对中性轴不对称的截面，并使中性轴靠近受拉一侧，如 T 形、槽形等。

8.4.3 等强度梁

一般情况下，梁的弯矩随截面位置而变化。因此，按正应力强度条件设计的等截面梁，除最大弯矩截面处外，其他截面上的弯矩都比较小，弯曲正应力也比较小，材料未得到充分利用，故采用等截面梁是不经济的。

工程中常根据弯矩的变化规律，相应地使梁截面沿轴线变化，制成变截面的梁。在弯矩较大处，采用较大的截面；在弯矩较小处，采用较小的截面。这种截面沿梁轴线变化的梁称为变截面梁。

理想的变截面梁应使所有横截面上的最大弯曲正应力相等，并等于材料的弯曲许用应力，即

$$\sigma_{\max}=\frac{M(x)}{W(x)}=[\sigma]$$

由此可得各截面的弯曲截面系数为

$$W(x)=\frac{M(x)}{[\sigma]} \tag{8-25}$$

式（8-25）表示等强度梁抗弯截面系数 $W(x)$ 沿梁的轴线变化规律。

从强度以及材料的利用上看，等强度梁很理想。但这种梁的加工及制造比较困难，故在工程中一些弯曲构件大都设计成近似的等强度梁。例如建筑结构中的“鱼腹梁”[见图 8-20（a）]、机械中的阶梯轴[见图 8-20（b）]等。

综上所述，提高梁强度的措施很多，但在实际设计构件时，不仅应考虑弯曲强度，还应考虑刚度、稳定性、工艺要求等诸多因素。

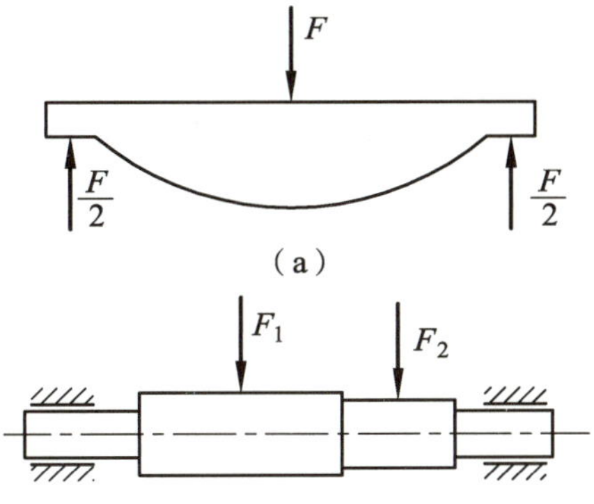

图 8-20

8.5 梁的变形

8.5.1 梁变形的概念

平面弯曲时，梁的轴线在外力作用下变成一条连续、光滑的平面曲线，该曲线称为梁的挠曲线。在工程中，只允许梁发生弹性变形，所以，挠曲线又称为弹性曲线。

为了表示梁的变形情况，建立坐标系 Oxy，如图 8-21 所示以梁左端为原点，轴沿梁的轴线方向，向右为正。在梁的纵向对称平面内取与 x 相垂直的轴为 y 轴，向上为正。

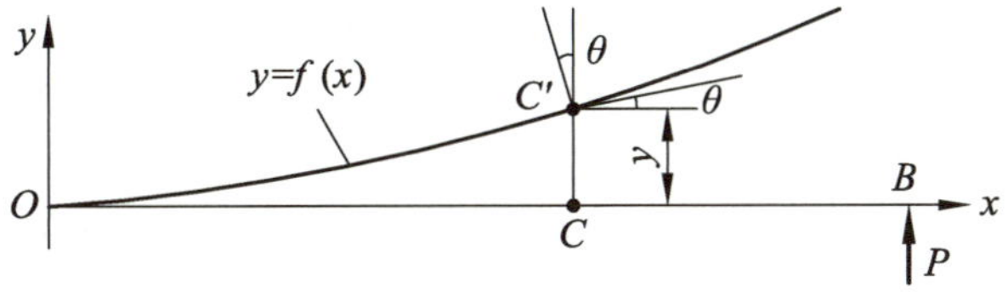

图 8-21

梁的基本变形用挠度和转角两个基本量来表示。

1. 挠　度

梁轴线上的点 C（即横截面的形心），其在垂直于梁轴线方向上的线位移称为该截面的挠度，用 y 表示。由于变形是微小的，所以，C 点的水平位移可以忽略不计。

一般情况下，不同截面的挠度是不相同的，因此可以把截面的挠度 y 表示为截面形心位置 x 的函数：

$$y = f(x)$$

上式称为梁的挠曲线方程。挠度与 y 轴正方向一致时为正，反之为负。

2. 转　角

梁横截面绕其中性轴相对于变形前的位置转动的角位移称为该截面的转角，用 θ 表示，由图 8-21 可见，过挠曲线上任一点作切线，它与 x 轴的夹角就等于 C 点所在截面的转角 θ。转角的正负号规定为：逆时针转动为正；顺时针转动为负。

3. 挠度与转角之间的关系

由微分学可知，过挠曲线任一点的切线与 x 轴的夹角的正切就是挠曲线在该点的斜率，即

$$\tan\theta = \frac{\mathrm{d}y}{\mathrm{d}x}$$

由于微小变形，θ 角很小，有

$$\theta \approx \tan\theta = \frac{\mathrm{d}y}{\mathrm{d}x} = f'(x) \tag{8-26}$$

上式表明，任意横截面的转角 θ 等于挠曲线在该截面形心处的斜率。显然，只要知道了挠曲线方程，就可以确定梁上任一横截面的挠度和转角。

4. 挠曲线的微分方程

在第 8.1.3 节中，曾导出纯弯曲时弯矩与中性层曲率间的关系式：

$$\frac{1}{\rho} = \frac{M}{EI} \tag{8-27}$$

式中，M 为横截面的弯矩；ρ 为挠曲线的曲率半径；EI 为梁的抗弯刚度。

在横力弯曲的情况下，通常梁的跨度远大于截面的高度，剪力对梁的变形影响很小，可以略去不计，因而式（8-27）仍可适用；只是梁的各截面的弯矩和曲率都随截面的位置改变，即它们都是 x 的函数，故式（8-27）可写为

$$\frac{1}{\rho(x)} = \frac{M(x)}{EI} \tag{8-28}$$

挠曲线上任一点的曲率 $1/\rho(x)$ 与该点处横截面的弯矩 $M(x)$ 成正比，而与该截面的抗弯刚度 EI 成反比。

设沿 x 方向相距为 $\mathrm{d}x$ 的两横截面间的相对转角为 θ，并设这两横截面间的挠曲线弧长为 $\mathrm{d}s$，$\mathrm{d}s$ 两端法线的交点为曲率中心，曲率半径 ρ 也随之确定了。如图 8-22 所示，在顶角为 $\mathrm{d}\theta$ 的曲边三角形中，显然有

$$\mathrm{d}s=\rho\mathrm{d}\theta, \frac{1}{\rho}=\frac{\mathrm{d}\theta}{\mathrm{d}s}$$

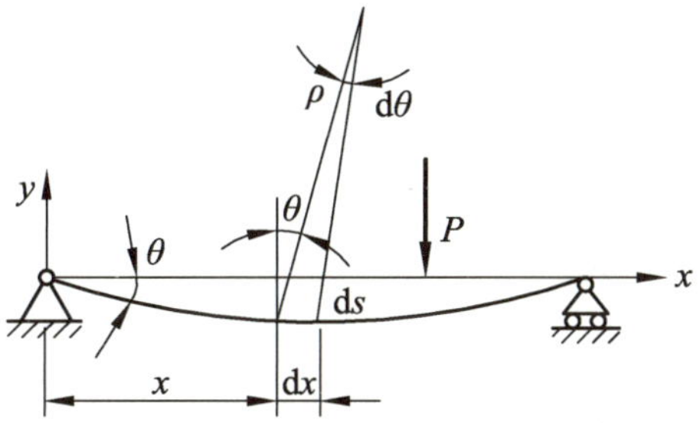

图 8-22

由于是小变形，θ 很微小，有 $\cos\theta\approx 1$，因此有

$$\mathrm{d}s=\frac{\mathrm{d}x}{\cos\theta}\approx \mathrm{d}x$$

得
$$\frac{1}{\rho}=\frac{\mathrm{d}\theta}{\mathrm{d}s}\approx\frac{\mathrm{d}\theta}{\mathrm{d}x}=\frac{\mathrm{d}^2y}{\mathrm{d}x^2} \tag{8-29}$$

把式（8-29）代入式（8-28），得到挠曲线近似微分方程式为

$$\frac{\mathrm{d}^2y}{\mathrm{d}x^2}=\frac{M(x)}{EI} \tag{8-30}$$

式中，$M(x)$ 为梁的弯矩方程。式（8-30）是研究弯曲变形的基本方程。欲求解梁的弯曲变形问题，只需对式（8-30）进行积分运算即可。

8.5.2 用叠加法求梁的变形

由上节可知，用积分法可以求出梁的挠曲线方程和转角方程。但当梁上荷载作用比较复杂时，用积分法计算梁的变形过程就过于烦冗了。当只需求梁某特定截面的挠度和转角时，积分法尤为烦琐。当梁的弯曲变形很小，材料服从胡克定律时，梁的挠度和转角与梁上作用的荷载呈线性关系。当梁上有几个荷载同时作用时，可分别计算每一个荷载单独作用时所引起的梁的变形，然后求出诸变形的代数和，即得到在这些荷载共同作用下梁所产生的变形。这种方法称为叠加法。

现将各种简单荷载作用下梁的挠曲线方程、转角和挠度有关计算公式列于表 8-1 中，以便查询。

表 8-1　在简单荷载下梁的变形

序号	梁的简图	挠曲线方程	梁端面转角（绝对值）	最大挠度（绝对值）
1	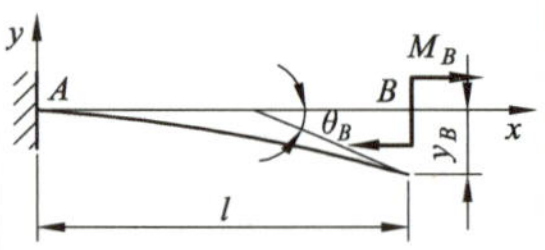	$y=-\dfrac{M_Bx^2}{2EI}$	$\theta_B=\dfrac{M_Bl}{EI}(\curvearrowright)$	$y_B=\dfrac{M_Bl^2}{2EI}(\downarrow)$
2	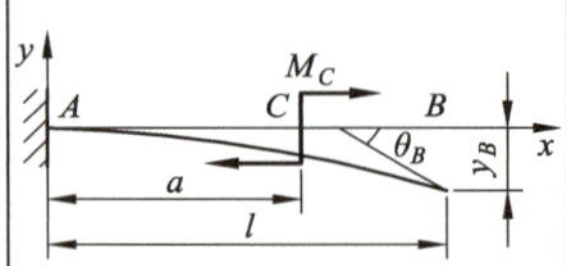	$y=-\dfrac{M_Cx^2}{2EI}\ (0\leqslant x\leqslant a)$ $y=-\dfrac{M_Ca}{EI}\left(x-\dfrac{a}{2}\right)$ $(a\leqslant x\leqslant l)$	$\theta_B=\dfrac{M_Ca}{EI}(\curvearrowright)$	$y_B=\dfrac{M_Ca}{EI}\left(l-\dfrac{a}{2}\right)(\downarrow)$
3	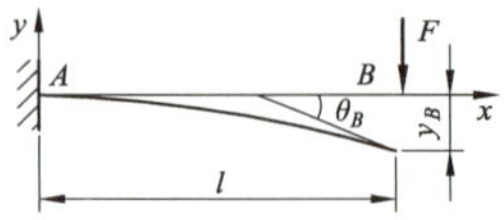	$y=-\dfrac{Fx^2}{6EI}(3l-x)$	$\theta_B=\dfrac{Fl^2}{2EI}(\curvearrowright)$	$y_B=\dfrac{Fl^3}{3EI}(\downarrow)$
4	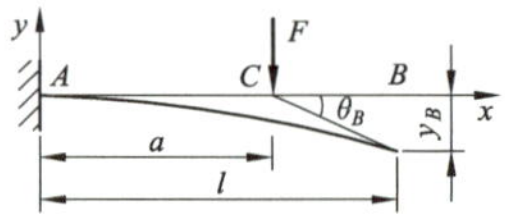	$y=-\dfrac{Fx^2}{6EI}(3a-x)\ (0\leqslant x\leqslant a)$ $y=-\dfrac{Fa^2}{6EI}(3x-a)\ (a\leqslant x\leqslant l)$	$\theta_B=\dfrac{Fa^2}{2EI}(\curvearrowright)$	$y_B=\dfrac{Fa^2}{6EI}(3l-a)(\downarrow)$
5	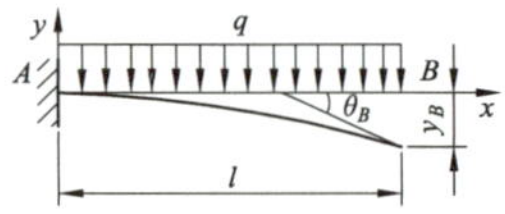	$y=-\dfrac{qx^2}{24EI}(x^2-4lx+6l^2)$	$\theta_B=\dfrac{ql^3}{6EI}(\curvearrowright)$	$y_B=\dfrac{ql^4}{8EI}(\downarrow)$
6	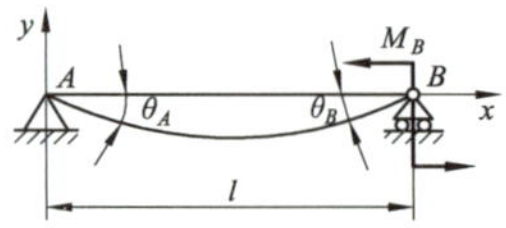	$y=-\dfrac{M_Bx}{6lEI}(l^2-x^2)$	$\theta_A=\dfrac{M_Bl}{6EI}(\curvearrowright)$ $\theta_B=\dfrac{M_Bl}{3EI}(\curvearrowright)$	$y_{\max}=\dfrac{M_Bl^2}{9\sqrt{3}EI}(\downarrow)$ $\left(位于x=\dfrac{l}{\sqrt{3}}处\right)$ $y_{\frac{l}{2}}=\dfrac{M_Bl^2}{16EI}(\downarrow)$
7	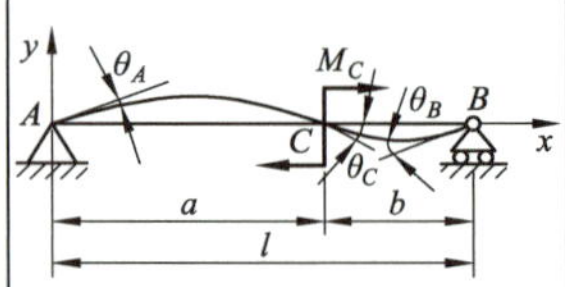	$y=\dfrac{M_Cx^2}{6lEI}(l^2-3b^2-x^2)$ $(0\leqslant x\leqslant a)$ $y=\dfrac{M_C}{6lEI}[-x^3+3l(x-a)^2+$ $(l^2-3b^2)x]\ (a\leqslant x\leqslant l)$	$\theta_A=\dfrac{M_C}{6lEI}(l^2-3b^2)(\curvearrowleft)$ $\theta_B=\dfrac{M_C}{6lEI}(l^2-3a^2)(\curvearrowleft)$ $\theta_C=\dfrac{M_C}{6lEI}(3a^2+3b^2-l^2)(\curvearrowleft)$	$y_{\max}=\dfrac{M_C(l^2-3b^2)^{\frac{3}{2}}}{9\sqrt{3}lEI}$ $\left(位于x=\left(\dfrac{l^2-3b^2}{3}\right)^{\frac{1}{2}}处\right)$ $y_{\max}=\dfrac{-M_C(l^2-3a^2)^{\frac{3}{2}}}{9\sqrt{3}lEI}$ (位于距 B 端 $x=\left(\dfrac{l^2-3a^2}{3}\right)^{\frac{1}{2}}$处)
8	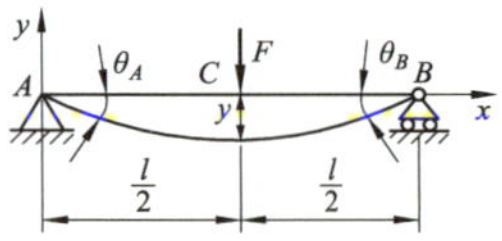	$y=-\dfrac{Fx}{48EI}(3l^2-4x^2)$ $\left(0\leqslant x\leqslant\dfrac{l}{2}\right)$	$\theta_A=\dfrac{Fl^2}{16EI}(\curvearrowright)$ $\theta_B=\dfrac{Fl^2}{16EI}(\curvearrowleft)$	$y_{\frac{l}{2}}=\dfrac{Fl^3}{48EI}(\downarrow)$

序号	梁的简图	挠曲线方程	梁端面转角（绝对值）	最大挠度(绝对值)
9	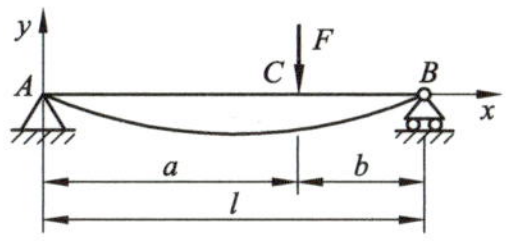	$y=-\frac{Fbx}{6lEI}(l^2-x^2-b^2)$ $(0\leqslant x\leqslant a)$ $y=-\frac{Fb}{6lEI}\left[\frac{1}{b}(x-a)^3+(l^2-b^2)x-x^3\right]$ $(a\leqslant x\leqslant l)$	$\theta_A=\frac{Fab(l+b)}{6lEI}(\curvearrowright)$ $\theta_B=\frac{Fab(l+a)}{6lEI}(\curvearrowleft)$	$y_{\max}=\frac{Fb(l^2-b^2)^{\frac{3}{2}}}{9\sqrt{3}lEI}(\downarrow)$ $\left(位于x=\sqrt{\frac{l^2-b^2}{3}}处\right)$ $y_{\frac{l}{2}}=\frac{Fb(3l^2-4b^2)}{48EI}(\downarrow)$
10	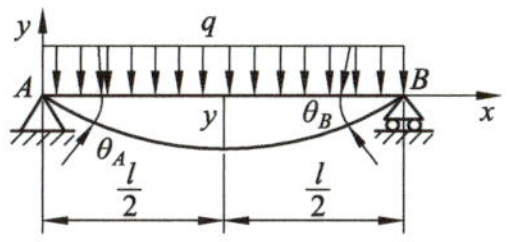	$y=-\frac{qx}{24EI}(l^3-2lx^2+x^3)$	$\theta_A=\frac{ql^3}{24EI}(\curvearrowright)$ $\theta_B=\frac{ql^3}{24EI}(\curvearrowleft)$	$y=\frac{5ql^4}{384EI}(\downarrow)$ $\left(位于x=\frac{l}{2}处\right)$
11	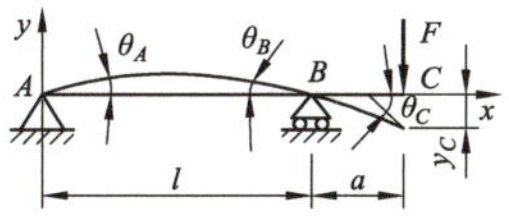	$y=\frac{Fax}{6lEI}(l^2-x^2)\ (0\leqslant x\leqslant l)$ $y=-\frac{F(x-l)}{6EI}[a(3x-l)-(x-l)^2]$ $[l\leqslant x\leqslant(l+a)]$	$\theta_A=\frac{Fal}{6EI}(\curvearrowleft)$ $\theta_B=\frac{Fal(l+a)}{3EI}(\curvearrowright)$ $\theta_C=\frac{Fa}{6EI}(2l+3a)(\curvearrowright)$	$y_C=\frac{Fa^2}{3EI}(l+a)(\downarrow)$ $y_{\max}=\frac{Fal^2}{q\sqrt{3}EI}(\uparrow)$ $x=\frac{l}{\sqrt{3}}$
12	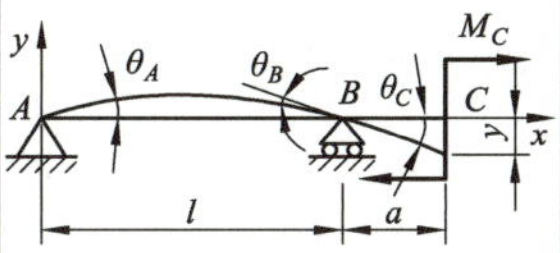	$y=-\frac{M_Cx}{6lEI}(x^2-l^2)\ (0\leqslant x\leqslant l)$ $y=-\frac{M_C}{6EI}(3x^2-4xl+l^2)$ $[l\leqslant x\leqslant(l+a)]$	$\theta_A=\frac{M_Cl}{6EI}(\curvearrowleft)$ $\theta_B=\frac{M_Cl}{3EI}(\curvearrowright)$ $\theta_C=\frac{M_C}{3EI}(l+3a)(\curvearrowright)$	$y_C=\frac{M_Ca}{6EI}(2l+3a)(\downarrow)$ $y_{\max}=\frac{M_Cl^2}{9\sqrt{3}EI}(\uparrow)$ $x=\frac{l}{\sqrt{3}}$
13	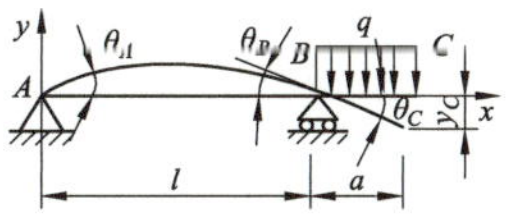	$y=\frac{qa^2}{12EI}\left(lx^2-\frac{x^3}{l}\right)\ (0\leqslant x\leqslant l)$ $y=-\frac{qa^2}{12EI}\left[\frac{x^3}{l}-\frac{(2l+a)(x-l)^3}{al}+\frac{(x-l)^4}{2a^2}-lx\right]$ $[l\leqslant x\leqslant(l+a)]$	$\theta_A=\frac{qa^2l}{12EI}(\curvearrowleft)$ $\theta_B=\frac{qa^2l}{6EI}(\curvearrowright)$ $\theta_C=\frac{qa^2}{6EI}(l+a)(\curvearrowright)$	$y_C=\frac{qa^3}{24EI}(3a+4l)(\downarrow)$ $y_1=\frac{qa^2l^2}{18\sqrt{3}EI}(\uparrow)$ $x=\frac{l}{\sqrt{3}}$

【例 8-7】 等直悬臂梁 AB，已知梁的抗弯刚度为 EI，如图 8-23 所示。试用叠加法求自由端的转角和挠度。

解：悬臂梁上作用两种荷载：均布荷载 q 及集中荷载 F。

（1）集中荷载 F 单独作用时，B 端的转角和挠度可直接由表 8-1 查出。得到自由端的转角和挠角分别为

$$\theta_{BF}=\frac{FL^2}{2EI},\ y_{BF}=\frac{FL^3}{3EI}$$

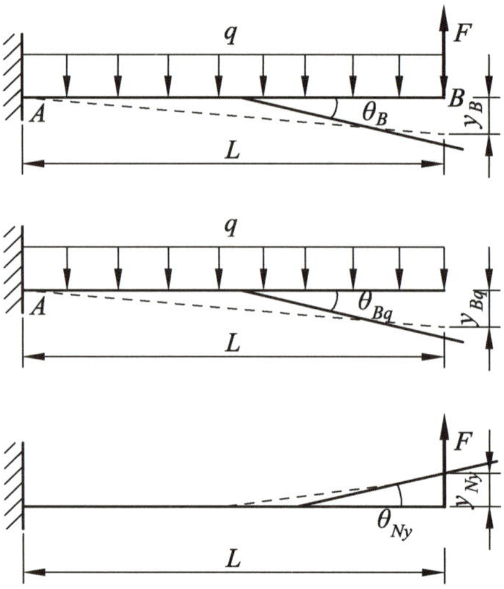

图 8-23

（2）均布荷载 q 单独作用时，B 端的转角和挠角可直接由表 8-1 查出，得到自由端的转角和挠度分别为

$$\theta_{Bq}=\frac{-qL^3}{6EI},\quad y_{Bq}=\frac{-qL^4}{8EI}$$

（3）由叠加法求均布荷载 q 及集中荷载 F 同时作用下，自由端的转角和挠度分别为

$$\theta_B=\theta_{BF}+\theta_{Bq}=\frac{FL^2}{2EI}-\frac{qL^3}{6EI}$$

$$y_B=y_{BF}+y_{Bq}=\frac{FL^3}{3EI}-\frac{qL^4}{8EI}$$

8.5.3 梁的刚度计算

在工程实际中，对梁的刚度要求，就是根据不同工作需要，将其最大挠度和最大转角（或指定截面的挠度和转角）限制在所规定的允许值之内，即

$$\begin{aligned}|\theta|_{\max}&\leqslant[\theta]\\|y|_{\max}&\leqslant[y]\end{aligned}\qquad(8\text{-}31)$$

式（8-31）称为梁的刚度条件。式中$|\theta|_{\max}$和$|y|_{\max}$为梁产生的最大转角和最大挠度的绝对值，$[\theta]$和$[y]$分别为对梁规定的许用转角和许用挠度，其值可从有关手册或规范中查得。

【例 8–8】 图 8-24（a）所示矩形截面梁，已知 $q=10$ kN/m，$l=3$ m，$E=196$ GPa，$[\sigma]=118$ MPa，许用挠度 $[y]=\frac{l}{250}$。试设计截面尺寸（$h=2b$）。

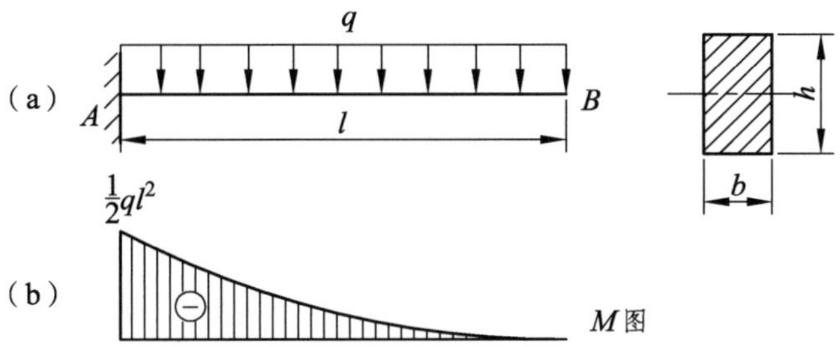

图 8-24

解:（1）按强度设计。画弯矩图，如图 8-24（b）所示。最大弯矩为：

$$M_{\max}=\frac{1}{2}ql^2=\frac{1}{2}\times 10\times 3^2=45\ \text{kN}\cdot\text{m}$$

矩形截面弯曲截面系数：

$$W_z=\frac{bh^2}{6}=\frac{2b^3}{3}$$

由强度条件

$$\sigma_{\max}=\frac{M_{\max}}{W_z}\leqslant[\sigma]$$

得

$$b\geqslant\sqrt[3]{\frac{3M_{\max}}{2[\sigma]}}=\sqrt[3]{\frac{3\times 45\times 10^6}{2\times 118}}=83\ \text{mm}$$

（2）按刚度设计。由表 8-1 查得最大挠度值为

$$y_{\max}=|y_B|=\frac{ql^4}{8EI}$$

矩形截面的惯性矩 $I=\frac{bh^3}{12}=\frac{2b^4}{3}$

根据刚度条件，式（8-31）中 $|y|_{\max}\leqslant[y]$

$$\frac{ql^4}{8EI}\leqslant\frac{l}{250}$$

$$b\geqslant\sqrt[4]{\frac{3\times 250ql^3}{2\times 8E}}=\sqrt[4]{\frac{3\times 250\times 10\times(3\times 10^3)^3}{2\times 8\times 196\times 10^3}}=89.6\ \text{mm}$$

取 $b=90$ mm，$h=180$ mm。

（3）根据强度和刚度设计结果，确定截面尺寸。比较以上两个计算结果，应取刚度设计得到的尺寸作为梁的最终设计尺寸，即 $b = 90$ mm，$h = 180$ mm。

8.5.4　提高梁弯曲刚度的措施

由表 8-1 可见，梁的挠度和转角除了与梁的支承和荷载情况有关外，还取决于以下因素，即

材料——梁的变形与材料的弹性模量 E 成反比。

截面——梁的变形与截面的惯性矩 I 成反比。

跨长——梁的变形与跨长 l 的 n 次幂成正比。

所谓提高梁的刚度，是指在外荷载作用下产生尽可能小的弹性变形。为了达到提高梁刚度的目的，常采用以下措施：

（1）增大截面惯性矩。因为各类钢材的弹性模量 E 的数值极为接近，采用优质钢材对提高弯曲刚度意义不大，而且还造成浪费。所以，一般选择合理的截面形状，以增大截面的惯性矩。在工程上，常采用工字形、箱形、空心圆轴等形状的截面，这样既提高了梁的强度，又提高了刚度。

（2）尽量减小梁的跨度。如上所述，梁的挠度和转角与梁的跨长 l 的 n 次幂成正比，因此如能设法缩短梁的跨度，将能显著地减小其挠度和转角。这是提高梁刚度的一个很有效的措施。例如桥式起重机的箱形钢梁或桁架钢梁，通常采用两端外伸的结构，如图 8-25（a）所示。其原因之一，就是为了缩短跨长，从而减小梁的最大挠度值。另外，由于这种梁的外伸部分的自重作用，将使梁的 AB 跨产生向上的挠度，如图 8-25（b）所示，从而使 AB 跨的向下挠度能够被抵消一部分而有所减小。

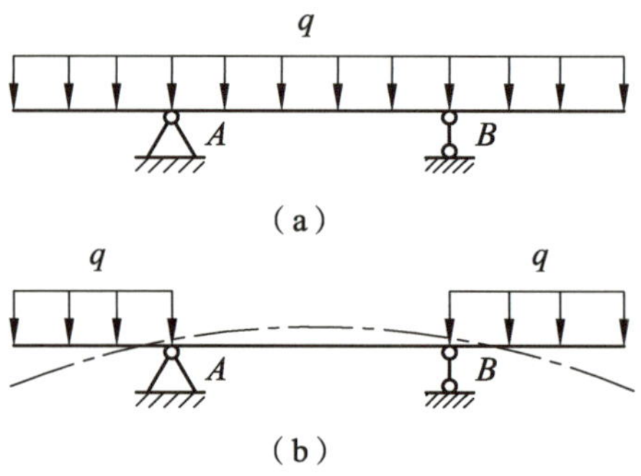

图 8-25

（3）增加支座。增加支座也是提高梁刚度的有效措施之一。在梁的跨度不能缩短时，可采用增加支座的办法，以提高梁的刚度。例如在悬臂梁的自由端或简支梁的跨中增加一个支座，都可以使梁的挠度显著地减小。但采用这种措施后，原来的静定梁就变成了静不定梁。

（4）合理布置荷载，减小弯矩。弯矩是引起变形的主要因素，通过变更荷载位置或方式，减小梁内弯矩，可达到减小变形、提高刚度的目的。

本章小结

1. 弯曲应力

梁弯曲时其横截面上一般存在两种应力——正应力 σ 和剪应力 τ 。

通常，由弯曲引起的正应力 σ 是决定梁强度的主要因素。正应力计算表达式为

$$\sigma = \frac{My}{I}$$

正应力沿截面高度方向呈线性分布，中性轴处正应力为零，离中性轴最远的边缘处正应力最大。中性轴通过截面形心，将截面分成受拉和受压两个区域，应力的方向可根据弯矩的方向来确定。

正应力强度条件为

$$\sigma_{\max} = \frac{M_{\max}}{W} \leqslant [\sigma]$$

正应力计算式是在纯弯曲条件下推导出来的，但可适用于剪切弯曲。

在一些特殊情况下，还需对梁进行剪应力强度校核。剪应力计算表达式为

$$\tau = \frac{QS^*}{Ib}$$

剪应力强度条件为

$$\tau = \frac{Q_{\max} S^*_{\max}}{Ib} \leqslant [\tau]$$

剪应力沿截面高度呈二次曲线分布，一般情况下，中性轴处剪应力最大，上下边缘处剪应力为零。

2. 提高梁承载能力的措施

如何提高梁的承载能力是工程中最关心的问题，虽然途径较多，但降低最大弯矩、合理选择截面形状与尺寸是工程中最通用的方法。

3. 注意问题

（1）梁内最大弯矩 M 和最大剪力 Q 通常不在同一截面，危险截面要分别判断；由于截面上的正应力和剪应力都不是均匀分布的，危险点也要分别判断。

（2）对拉压性能不同的材料，应分别进行拉应力、压应力强度校核。

4. 梁的变形和刚度计算

挠曲线的近似微分方程是：$\dfrac{\mathrm{d}^2 y}{\mathrm{d}x^2} = \dfrac{M(x)}{EI}$

（1）用积分法求弯曲变形。

转角 $\theta = \dfrac{\mathrm{d}y}{\mathrm{d}x} = \int \dfrac{M}{EI}\mathrm{d}x + C$ ；挠度 $y = \int\left(\int \dfrac{M}{EI}\mathrm{d}x\right)\mathrm{d}x + Cx + d$

根据梁的边界条件和挠曲线的连续光滑条件确定积分常数。

（2）用叠加法求弯曲变形。

梁上受到多个荷载作用时，其中某一截面的挠度和转角，等于每个荷载单独作用时该截面的挠度或转角的代数和，这就是叠加法。

梁的刚度条件：为了保证梁有足够的刚度，梁中最大挠度和最大转角必须在许可范围内，即 $y_{max} \leqslant [f]$，$\theta_{max} \leqslant [\theta]$，这就是梁的刚度条件。

课后训练

班级：__________ 学号：__________ 姓名：__________ 成绩：__________

一、填空题

1. 梁的弯曲正应力公式是从__________、__________和__________三个方面推导出来的。

2. 矩形截面梁的截面上下边缘处的剪应力为________，其________上的剪应力最大。

3. EI_z称为梁的__________，它表示梁的__________。

4. 梁弯曲时的两个基本变形量是________和________。

5. 提高梁的抗弯刚度，可以通过__________、__________和__________来实现。

二、判断题

1. 中性层是梁平面弯曲时纤维缩短区和纤维伸长区的分界面。(　　)

2. 中性轴上的弯曲正应力总是为零。(　　)

3. 梁的弯曲变形与材料无关。(　　)

4. 材料在弹性范围内工作，梁的变形与荷载呈线性关系。(　　)

三、选择题

1. 梁发生纯弯曲变形时，横截面只是绕(　　)转过了一个微小的角度。

A. 梁的轴线　　B. 梁轴线的曲率中心

C. 中性轴　　D. 横截面自身的轮廓线

2. 用叠加法求梁横截面的变形时，需要满足的条件是(　　)。

A. 材料必须符合胡克定律　　B. 等截面梁

C. 梁必须发生平面弯曲　　D. 梁是静定的

3. 均布荷载作用下的简支梁，在梁长 L 变为原来 1/2 时，其最大挠度将变为原来的(　　)。

A. 1/8　　B. 1/16　　C. 1/32　　D. 1/64

4. 弯曲变形时产生最大挠度的截面，其转角也是最大，这种情况对于(　　)成立。

A. 任何梁都　　B. 任何梁都不

C. 等截面梁　　D. 只受一个集中力作用的悬臂梁

四、计算题

1. 如图 8-26 所示外伸梁，试求：（1）梁的最大弯矩截面中 A 点的正应力；（2）该截面的最大正应力。

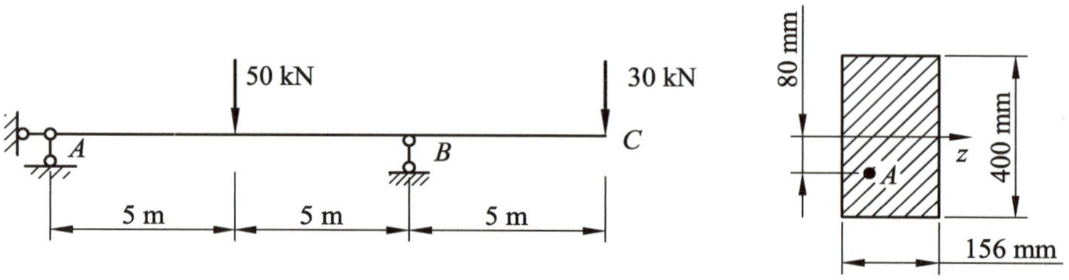

图 8-26

2. 如图 8-27 所示为 20b 工字钢制成的外伸梁，已知 $l = 6$ m，$P = 30$ kN，$q = 6$ kN/m，$[\sigma] = 160$ MPa，试校核该梁的强度。（20b 工字钢 $W_z = 250\ \text{cm}^4$）

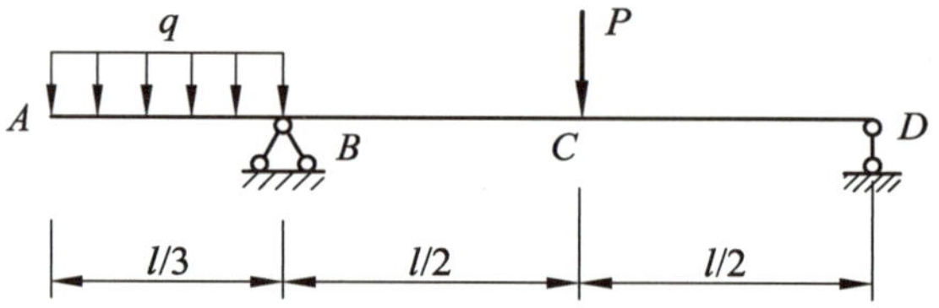

图 8-27

课堂小测

班级：__________ 学号：__________ 姓名：__________ 成绩：__________

一、填空题（每空 2 分，共计 12 分）

1. 梁在纯弯曲时，其横截面仍保持为________，且与变形后的梁轴线相________。

2. 梁在弯曲时的中性轴，就是梁的________与横截面的交线，它必然通过横截面的________那一点。

3. 梁弯曲时，中性轴上各点的正应力等于________，而距中性轴越________正应力越大。

二、判断题（每题 3 分，共计 9 分）

1. 梁弯曲时，梁内有一层既不受拉也不受压的纵向纤维就是中性层。（　　）

2. 截面的抗弯刚度，反映了梁抵抗弯曲变形的能力，抗弯刚度越大，梁弯曲程度就越大。（　　）

3. 梁上作用有负弯矩，其中性轴上侧各点作用的是拉应力，下侧各点作用的是压应力。（　　）

三、选择题（每题 3 分，共计 9 分）

1. 梁弯曲时，横截面上离中性轴距离相同的各点处正应力是（　　）的。

A. 相同　　B. 随着截面形状的不同而不同

C. 不相同　　D. 有的地方相同，有的地方不相同

2. 在纯弯曲时，梁的横截面上正应力变化规律与纵向纤维应变的变化规律是（　　）的。

A. 相同　　B. 相反　　C. 相似　　D. 完全没关系

3. 相同横截面面积，同一梁采用下列（　　）截面，其强度最高。

A. 矩形　　B. 工字形　　C. 圆形　　D. 环形

四、计算题（30 + 20 + 20 = 70 分）

1. 如图 8-28 所示简支木梁，受 $q = 2$ kN/m 的均布荷载作用。已知梁长 $L = 3$ m，截面高为宽的 3 倍，即 $b = 8$ cm，$h = 24$ m，试分别计算截面竖放和横放时梁的最大正应力。

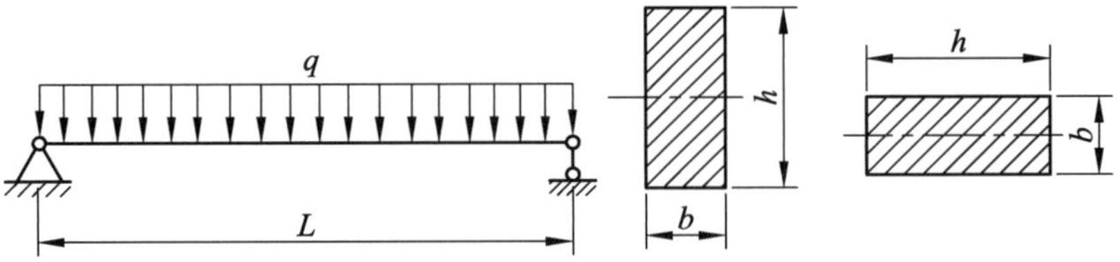

图 8-28

2. 如图 8-29 所示简支梁，已知梁上所受集中力 $F=265$ kN，$L=2$ m，钢材$[\sigma]=$ 170 MPa。试选择 $h/b=1.5$ 的矩形截面尺寸。

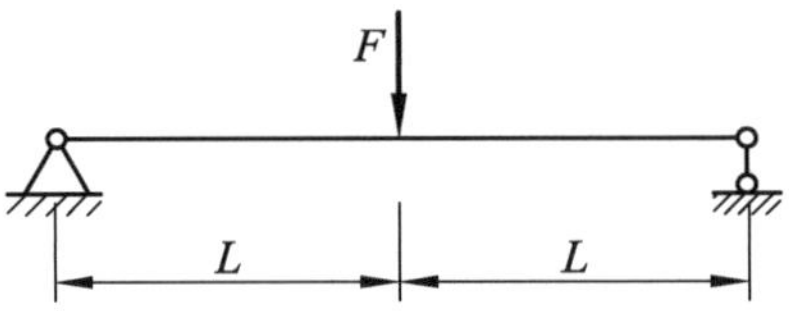

图 8-29

3. 一圆形截面的木梁，梁上荷载如图 8-30 所示，已知 $F=3$ kN，$L=3$ m，$q=$ 3 kN/m，木材的许用应力$[\sigma]=10$ MPa，试选择圆木的直径。

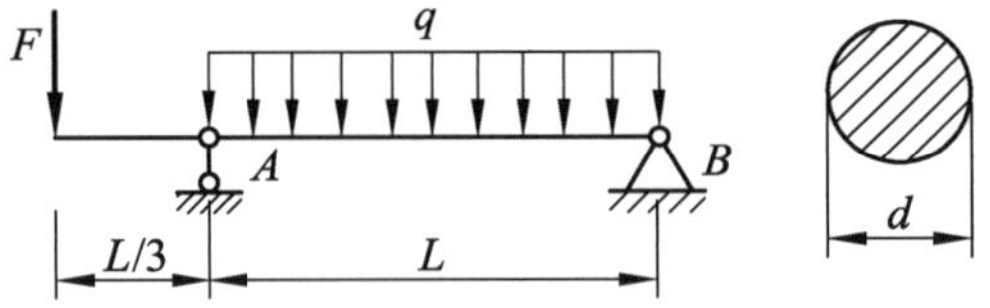

图 8-30

能力提升

班级：__________ 学号：__________ 姓名：__________ 成绩：__________

一、思考题

1. 比较圆形、矩形和工字形截面的合理性，并说明理由。

2. 若矩形截面的高度或宽度分别增加一倍，截面的抗弯能力将各增大几倍？

3. 设有荷载、跨度、横截面相同的木梁和钢梁，试比较它们的弯矩是否一致？正应力的大小与分布是否一样？纵向线应变是否相同？

4. 梁的挠度和转角之间有何关系？它们的正、负号是如何规定的？挠度最大、转角为零，适用于哪种情况？

二、计算题

1. 如图 8-31 所示外伸梁，材料的容许拉应力和容许压应力均为 $[\sigma]=30$ MPa。试求：（1）梁的最大正应力；（2）校核梁的正应力强度。

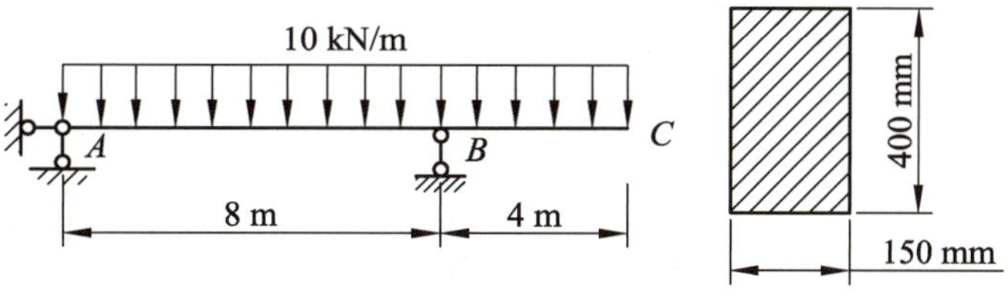

图 8-31

2. 如图 8-32 所示简支梁，试求 Ⅰ—Ⅰ 截面上 A、B 两点处的正应力及剪应力。

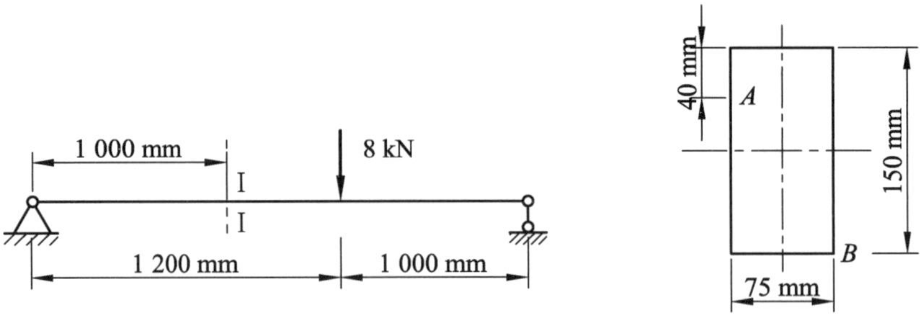

图 8-32

3. 用叠加法求图 8-33 所示各梁截面 B 的挠度和转角。

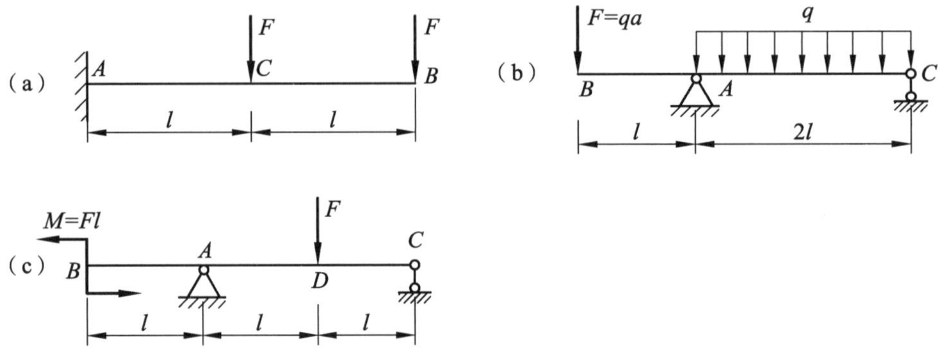

图 8-33

9 组合变形的强度计算

学习指南

前面研究了构件拉伸（压缩）、剪切、扭转和弯曲等基本变形时的强度和刚度计算，但在工程中，很多构件往往同时产生两种或两种以上的基本变形，这类变形形式就称为组合变形。本章学习思维导图如下所示。

- 组合变形的强度计算
  - 拉伸（压缩）与弯曲的组合变形的强度计算
    - 了解杆件在荷载作用下产生的四种变形形式
    - 熟悉组合变形的概念
    - 掌握拉（压）弯组合变形的应力分析
    - 掌握拉（压）弯组合变形的强度计算
  - 弯扭组合变形时的强度计算
    - 熟悉弯扭组合变形时的应力分析步骤
    - 熟悉弯扭组合变形的强度条件
    - 掌握弯扭组合变形时的强度计算

9.1 拉伸（压缩）与弯曲的组合变形的强度计算

9.1.1 拉（压）弯组合变形的应力分析

拉伸或压缩变形与弯曲变形相组合的变形是工程上常见的变形形式。因为工程中工作状态下的杆件一般都处于线弹性范围内，而且变形也非常小，因而作用在杆件上的任一荷载所引起的应力一般不受其他荷载的影响。所以，可应用叠加原理来分析计算。现以图 9-1（a）所示悬臂起重机的横梁为例进行说明，其步骤如下。

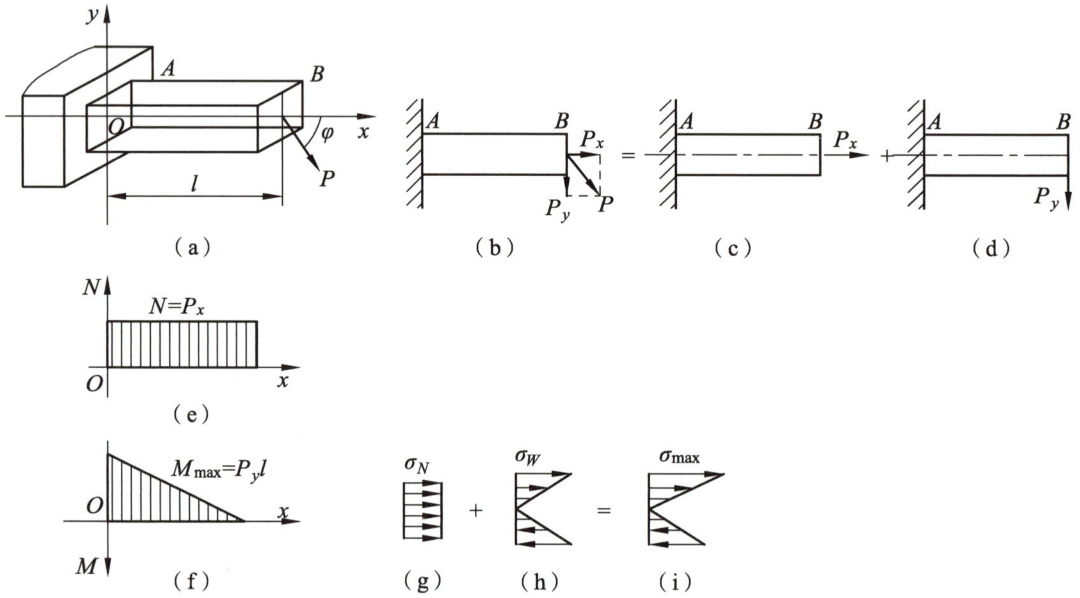

图 9-1

（1）外力分析。悬臂梁在自由端受力 $\boldsymbol{P}$ 的作用，力 $\boldsymbol{P}$ 位于梁的纵向对称平面内，并与梁的轴线成夹角 φ。将力 $\boldsymbol{P}$ 沿平行轴线方向和垂直轴线方向分解为 $\boldsymbol{P}_x$ 和 $\boldsymbol{P}_y$，如图 9-1（b）所示，大小分别为

$$P_x = P\cos\varphi\,,\quad P_y = P\sin\varphi$$

分力 $\boldsymbol{P}_x$ 为轴向拉力，将使梁产生轴向拉伸变形，如图 9-1（c）所示；分力 $\boldsymbol{P}_y$ 方向与梁的轴线垂直，将使梁产生平面弯曲变形，如图 9-1（d）所示，故梁在力 $\boldsymbol{P}$ 作用下将产生拉弯组合变形。

（2）内力分析。梁的内力图如图 9-1（e）、9-1（f）所示。

梁各横截面上的轴力都相等，均为

$$N = P_x = P\cos\varphi$$

梁的固定端截面 A 上的弯矩值最大，其值为

$$M_{\max} = P_y l = Pl\sin\varphi$$

梁的固定端截面 A 为危险截面。

（3）应力分析。在梁的危险截面上，拉应力 σ_N 均匀分布，如图 9-1（g）所示，弯曲正应力 σ_W 分布如图 9-1（h）所示。其值分别为

$$\sigma_N = \frac{N}{A} = \frac{P_x}{A}$$

$$\sigma_W = \frac{M_{\max}}{W_z} = \frac{P_y l}{W_z}$$

根据叠加原理，可将悬臂梁固定端所在截面上的弯曲正应力和拉伸正应力相叠加，则叠加后的应力分布如图 9-1（i）所示，在上、下边缘处，正应力大小分别为

$$\sigma_{\max} = \left|\frac{N}{A} + \frac{M_{\max}}{W_z}\right| = \left|\frac{P_x}{A} + \frac{P_y l}{W_z}\right|$$

$$\sigma_{\min} = \left|\frac{N}{A} - \frac{M_{\max}}{W_z}\right| = \left|\frac{P_x}{A} - \frac{P_y l}{W_z}\right|$$

对压缩与弯曲的组合变形采用同样的分析方法。

（4）强度条件。若以σ'表示拉（压）应力，以σ''表示弯曲应力，则根据危险截面上单元体应力状态及构件所用材料的自身特性等可得强度条件为

$$\sigma = |\sigma' + \sigma''| \leqslant [\sigma] \tag{9-1}$$

对于拉压性能不等的材料，应对最大拉应力点和最大压应力点分别校核。

9.1.2 拉（压）弯组合变形时的强度计算

根据前面所建立的拉（压）弯组合变形的强度条件，同样可以对拉弯或压弯组合变形的构件进行三类计算，即强度校核、尺寸设计和许可荷载的确定。下面举例说明。

【例 9-1】 如图 9-2（a）所示，AB 杆是悬臂吊车的滑车梁，若 AB 梁为 22a 工字钢，材料的许用应力$[\sigma]$ = 100 MPa，当起吊重量 F = 30 kN，行车移至 AB 梁的中点时，试校核 AB 梁的强度。

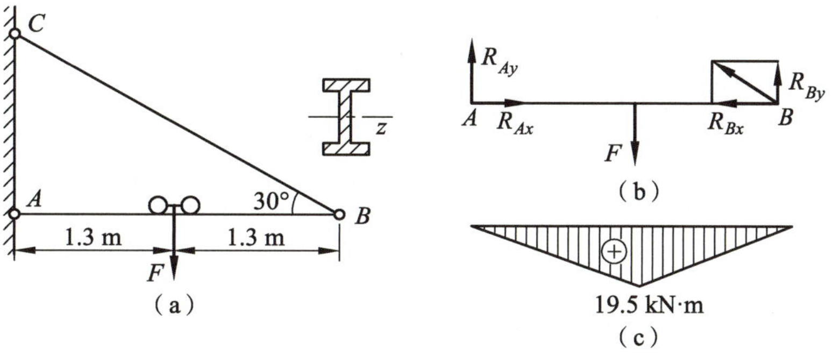

图 9-2

解：（1）外力分析。取 AB 梁为研究对象，如图 9-2（b）所示。设支座 A 处的约束反力为 $\boldsymbol{R}_{Ax}$、$\boldsymbol{R}_{Ay}$，AB 杆给 AB 梁的约束反力为 $\boldsymbol{R}_{Bx}$、$\boldsymbol{R}_{By}$，根据平衡方程式

$$\sum M_A = 0$$

可得
$$R_{By}=\frac{F}{2}=15\ \text{kN}$$

$$\sum M_B = 0$$

可得
$$R_{Ay}=\frac{F}{2}=15\ \text{kN}$$

$$R_{Bx}=\frac{R_{By}}{\tan 30^\circ}=25.98\ \text{kN}$$

$$\sum F_x = 0$$

可得
$$R_{Ax}=R_{Bx}=25.98\ \text{kN}$$

其中，力 $\boldsymbol{R}_{Ax}$ 与 $\boldsymbol{R}_{Bx}$ 使梁产生轴向压缩变形，$\boldsymbol{R}_{Ay}$、$\boldsymbol{R}_{By}$、$\boldsymbol{F}$ 使梁产生弯曲变形，所以 AB 梁将产生压弯组合变形。

（2）内力分析。$\boldsymbol{R}_{Ax}$ 与 $\boldsymbol{R}_{Bx}$ 使 AB 梁各横截面上产生相同的轴向压力 N，$N = 25.98$ kN。$\boldsymbol{R}_{Ay}$、$\boldsymbol{R}_{By}$ 与 $\boldsymbol{F}$ 引起 AB 梁产生弯曲变形，其弯矩图如图 9-2（c）所示，最大弯矩值发生在 AB 梁的中点，且 $M_{\max} = 19.5\ \text{kN}\cdot\text{m}$。根据内力分析可知，$AB$ 梁的中点截面就是危险截面。

（3）应力分析。由轴向压力 N 引起危险截面上各点的压缩正应力均相等，由最大弯矩引起的最大弯曲正应力产生在中点截面上侧各点，因此危险点就形成危险截面上侧的一条线。查型钢表得 22a 工字钢的面积 $A = 42\ \text{cm}^2$，抗弯截面模量 $W_z = 309\ \text{cm}^3$。

危险点的压应力为：

$$\sigma_Y = -\frac{N}{A} = -\frac{25.98\times10^3}{42\times10^{-4}} = -6.19\ \text{MPa}$$

危险点的最大弯曲压应力为：

$$\sigma_W = -\frac{M_{\max}}{W_z} = -\frac{19.5\times10^6}{309\times10^{-3}} = -63.11\ \text{MPa}$$

（4）强度计算。根据式（9-1）可得

$$\sigma_{\max} = \left|-\frac{N}{A}-\frac{M_{\max}}{W_z}\right| = \left|-6.19-63.11\right| = 69.3\ \text{MPa} < [\sigma]$$

故 AB 梁的强度足够。

由计算数据可知，由轴力所产生的正应力远小于由弯矩所产生的弯曲正应力。因此，在一般情况下，在拉（压）弯组合变形中，弯曲正应力是主要的。

9.2　弯扭组合变形时的强度计算

弯曲与扭转的组合变形是工程中常见的情况。下面介绍圆截面轴弯扭组合变形的强度计算。

9.2.1　弯扭组合变形时的应力分析

1. 外力分析

设有一圆轴，如图 9-3（a）所示，左端固定，自由端受力 P 和力偶矩 m 的作用。力 P 的作用线与圆轴的轴线垂直，使圆轴产生弯曲变形；力偶矩 m 使圆轴产生扭转变形，所以圆轴 AB 将产生弯曲与扭转的组合变形。

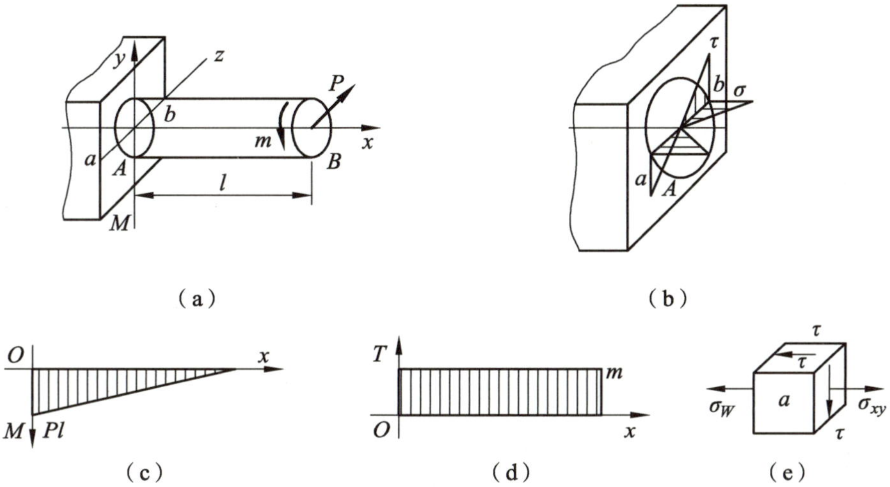

图 9-3

2. 内力分析

画出圆轴的内力图，如图 9-3（c）、图 9-3（d）所示。由扭矩图可以看出，圆轴各横截面上的扭矩值都相同。而从弯矩图看出，固定端 A 截面上的弯矩值最大，所以横截面 A 为危险截面，其上的扭矩值和弯矩值分别为

$$T=m,\quad M=Pl$$

3. 应力分析

在危险截面上同时存在着扭矩和弯矩，扭矩将产生扭转剪应力，剪应力与危险截面相切，截面的外轮廓线上各点的剪应力为最大；弯矩将产生弯曲正应力，弯曲正应力与横截面垂直，截面的前、后（a，b）两点的弯曲正应力为最大，如图 9-3（b）所示，所以，截面的前、后两点（a，b）为弯扭组合变形的危险点。危险点上的剪应力和正应力分别为

$$\tau=\frac{T}{W_t},\quad \sigma_W=\frac{M}{W_z}$$

4. 强度条件

为了进行强度计算，必须要了解危险点 a 或 b 的应力状态，围绕点 a 切取一单元体，如图 9-3（e）所示，可以看出 a 点是平面应力状态，其中$\sigma_{xy}=\sigma_W$，$\sigma_{yx}=0$，$\tau_{xy}=-\tau_{yx}=\tau$。应用公式可求得 a 点的主应力分别为

$$\sigma_1=\frac{\sigma_W}{2}+\sqrt{\left(\frac{\sigma_W}{2}\right)^2+\tau^2} \tag{9-2}$$

$$\sigma_2=0 \tag{9-3}$$

$$\sigma_3=\frac{\sigma_W}{2}-\sqrt{\left(\frac{\sigma_W}{2}\right)^2+\tau^2} \tag{9-4}$$

由于圆轴一般是用塑性材料制成的，所以，a 点的强度应按第三或第四强度理论进行校核。

若用第三强度理论校核强度时，其强度条件为

$$\sigma_{xd3}=\sigma_1-\sigma_3\leqslant[\sigma]$$

将主应力值代入上式可得

$$\sigma_{xd3}=2\sqrt{\left(\frac{\sigma_W}{2}\right)^2+\tau^2}\leqslant[\sigma]$$

或

$$\sigma_{xd3}=\sqrt{\sigma_W^2+4\tau^2}\leqslant[\sigma] \tag{9-5}$$

将 $\sigma_W=\dfrac{M}{W_z}$，$\tau=\dfrac{T}{W_t}$ 代入上式，即得

$$\sigma_{xd3}=\sqrt{\left(\frac{M}{W_z}\right)^2+4\left(\frac{T}{W_t}\right)^2}\leqslant[\sigma]$$

对于圆截面及圆环截面，有 $W_t=2W_z$，则上式可写为

$$\sigma_{xd3}=\frac{\sqrt{M^2+T^2}}{W_z}\leqslant[\sigma] \tag{9-6}$$

若用第四强度理论校核强度，其强度条件为

$$\sigma_{xd4}=\sqrt{\frac{1}{2}[(\sigma_1-\sigma_2)^2+(\sigma_2-\sigma_3)^2+(\sigma_3-\sigma_1)^2]}\leqslant[\sigma]$$

将主应力 σ_1，σ_2，σ_3 的值代入上式，化简后得

$$\sigma_{xd4}=\sqrt{\sigma_W^2+3\tau^2}\leqslant[\sigma] \tag{9-7}$$

将 $\sigma_W=\dfrac{M}{W_z}$，$\tau=\dfrac{T}{W_t}$，$W_t=2W_z$ 代入上式，得

$$\sigma_{xd4}=\sqrt{\frac{M^2+0.75T^2}{W_z}}\leqslant[\sigma] \tag{9-8}$$

注意，式（9-6）和式（9-8）中 M，T 和 W_z 均为危险截面上的弯矩、扭矩和抗弯截面模量。

前面选择危险点 a 作为研究对象，通过第三和第四强度理论建立了强度条件，若选择危险点 b，也采用第三和第四强度理论来建立强度条件，其结果与式（9-6）、式（9-8）相同吗？a、b 两点的强度一样吗？为什么？请读者自己来解答。

9.2.2　弯扭组合变形时的强度计算

根据前面所建立的强度条件，同样可以对产生弯扭组合变形的构件进行三类计算，即强度校核、尺寸设计和许可荷载的确定。下面举例说明。

【例 9-2】 电动机带动皮带轮运动，如图 9-4（a）所示，轴的直径 $d=38$ mm，带轮的直径 $D=400$ mm，其重量 $G=700$ N，若电动机的功率 $P=16$ kW，转速 $n=955$ r/min，带轮紧边与松边拉力之比为 $\dfrac{T_2}{T_1}=2$，轴的许用应力 $[\sigma]=120$ MPa。试按第三强度理论来校核该轴的强度。

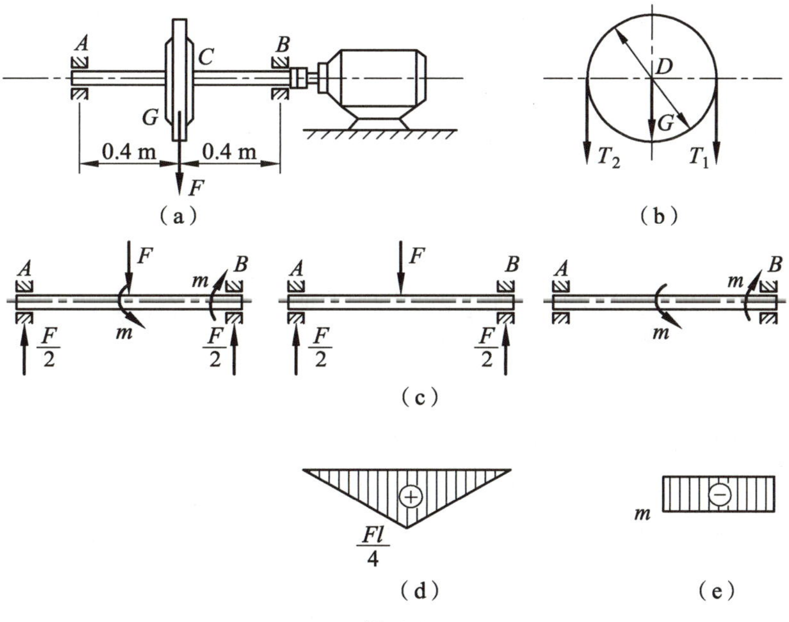

图 9-4

解：（1）外力分析。根据题意，可求得电动机输出的外力偶矩为

$$m=9\,549\frac{P}{n}=9\,549\times\frac{16}{955}=160\ \text{N}\cdot\text{m}$$

由皮带轮的受力图 9-4（b）可知，作用在轴上的荷载有垂直向下的力 F 和作用面垂直于轴线的力偶 m，轮轴的计算简图如图 9-4（c）所示。其中

$$F = G + T_1 + T_2 = G + 3T_1$$

$$m = (T_2 - T_1)\frac{D}{2} = \frac{DT_1}{2}$$

可得

$$T_1 = \frac{2m}{D} = \frac{2\times160\times10^3}{400} = 800\ \text{N}$$

所以作用于轴中间垂直向下的力为

$$F = G + 3T_1 = 700 + 3\times800 = 3\,100\ \text{N}$$

力 F 使轴产生弯曲变形，力偶使轴产生扭转变形，所以轴 AB 将发生弯扭组合变形。

（2）内力分析。画出轴的内力图如图 9-4（d）、图 9-4（e）所示，由扭矩图可以看出，轴 CB 段各横截面上的扭矩值都相同，AC 段的扭矩值为零；而从弯矩图可以看出，轴的中间截面 C 处的弯矩值最大，所以轴的中间截面 C 稍靠左处为危险截面，该截面上的扭矩值和弯矩值分别为

$$T = m = 160\ \text{N}\cdot\text{m}$$

$$M = \frac{1}{4}Fl = \frac{1}{4}\times3\,100\times0.8 = 620\ \text{N}\cdot\text{m}$$

（3）强度校核。

轴的抗弯截面模量：

$$W_z = \frac{\pi}{32}d^3 = \frac{\pi}{32}\times38^3 = 5\,384\ \text{mm}^3$$

根据式（9-6）可得

$$\sigma_{xd3} = \sqrt{\frac{M^2+T^2}{W_z}} = \sqrt{\frac{(620\times10^3)^2+(160\times10^3)^2}{5\,384}} = 119\ \text{MPa} < [\sigma]$$

所以轴的强度足够。

【例 9-3】 转轴 AB 由电动机带动，如图 9-5（a）所示，在轴的中点 C 处装有一皮带轮。已知，皮带轮的直径 $D = 400$ mm，皮带紧边拉力 $T_1 = 8$ kN，松边拉力 $T_2 = 4$ kN，轴承间的距离 $l = 300$ mm，轴的材料为钢，其许用应力$[\sigma] = 120$ MPa。试按第四强度理论设计轴 AB 的直径 d。

解：（1）外力分析。由皮带轮的受力图 9-5（b）可知，作用在轴上的荷载有垂直向下的力 P 和作用面垂直于轴线的力偶 m，轴的计算简图如图 9-5（c）所示。其中

$$P = T_1 + T_2 = 8 + 4 = 12\ \text{kN}$$

$$m = (T_1 - T_2)\frac{D}{2} = (8-4)\times\frac{400}{2} = 800\ \text{kN}\cdot\text{mm} = 0.8\ \text{kN}\cdot\text{m}$$

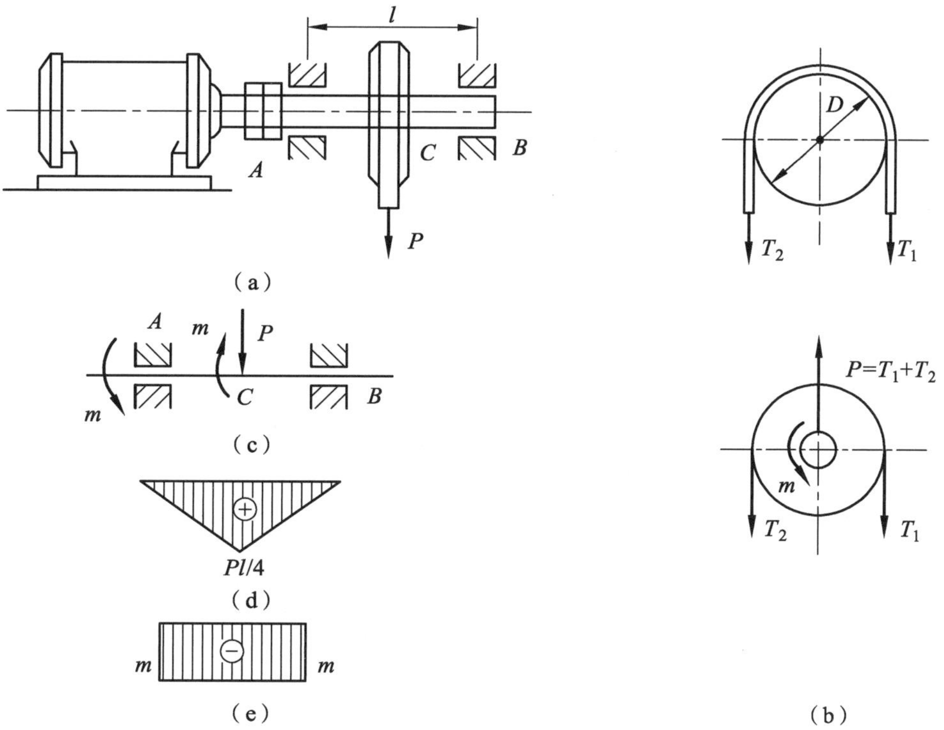

图 9-5

力 P 使轴产生弯曲变形，力偶 m 使轴产生扭转变形，所以轴 AB 将发生弯扭组合变形。

（2）内力分析。画出轴的内力图，如图 9-5（d）、图 9-5（e）所示，由弯矩图和扭矩图可知，轴的中间横截面 C 为危险截面，其上的扭矩值和弯矩值分别为

$$T=m=0.8\ \text{kN}\cdot\text{m}$$

$$M=\frac{1}{4}Pl=\frac{1}{4}\times 12\times 300=900\ \text{kN}\cdot\text{mm}=0.9\ \text{kN}\cdot\text{m}$$

（3）确定 AB 轴的直径 d。

根据题意，由式（9-8）可得

$$W_z \geqslant \sqrt{\frac{M^2+0.75T^2}{[\sigma]}}=\sqrt{\frac{(0.9\times 10^6)^2+0.75\times(0.8\times 10^6)^2}{120}}=9\ 465\ \text{mm}^3$$

因为 $$W_z=\frac{\pi}{32}d^3$$

所以 $$d=\sqrt[3]{\frac{32W_z}{\pi}}\geqslant\sqrt[3]{\frac{32\times 9\ 465}{\pi}}=45.85\ \text{mm}$$

取整数据，取 AB 轴的直径为 $d=46$ mm。

本章小结

构件同时产生两种或两种以上的基本变形的变形形式称为组合变形。组合变形的强度计算主要有四个步骤，即外力分析、内力分析、应力分析和强度计算。

（1）拉（压）弯组合变形的强度条件：

$$\sigma=\left|\sigma'+\sigma''\right|\leqslant[\sigma]$$

（2）弯扭组合变形的强度条件：

第三强度理论

$$\sigma_{xd3}=\sqrt{\sigma_W^2+4\tau^2}\leqslant[\sigma] \quad 或 \quad \sigma_{xd3}=\frac{\sqrt{M^2+T^2}}{W_z}\leqslant[\sigma]$$

第四强度理论

$$\sigma_{xd4}=\sqrt{\sigma_W^2+3\tau^2}\leqslant[\sigma] \quad 或 \quad \sigma_{xd4}=\frac{\sqrt{M^2+0.75T^2}}{W_z}\leqslant[\sigma]$$

课后训练

班级：__________ 学号：__________ 姓名：__________ 成绩：__________

1. 同一强度理论，其强度条件可写成不同形式，以第三强度理论为例：

（1）$\sigma_{xd3}=\sigma_1-\sigma_3\leqslant[\sigma]$

（2）$\sigma_{xd3}=\sqrt{\sigma_W^2+4\tau^2}\leqslant[\sigma]$

（3）$\sigma_{xd3}=\sqrt{\dfrac{M^2+T^2}{W_z}}\leqslant[\sigma]$

试问上述各式的适用范围各是什么？

2. 图 9-6 所示圆截面悬臂梁，同时受轴向力 F、横向力 F'和力偶 M 的作用，试问：

（1）危险截面、危险点位置在哪里？

（2）危险点应力状态是什么？

（3）按第三强度理论，可写出以下两个公式：

a. $\dfrac{F}{A}+\sqrt{\left(\dfrac{M}{W}\right)^2+4\left(\dfrac{M}{W_P}\right)^2}\leqslant[\sigma]$

b. $\sqrt{\left(\dfrac{F}{A}+\dfrac{M}{W}\right)^2+4\left(\dfrac{M}{W_P}\right)^2}\leqslant[\sigma]$

哪一个公式正确？

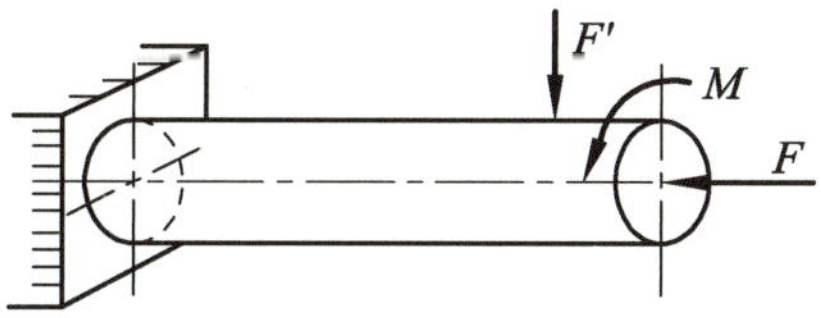

图 9-6

3. 若在正方形横截面短柱的中间开一槽，使横截面面积减少为原截面积的一半，如图 9-7 所示。试问开槽后的最大正应力为不开槽时最大正应力的几倍？

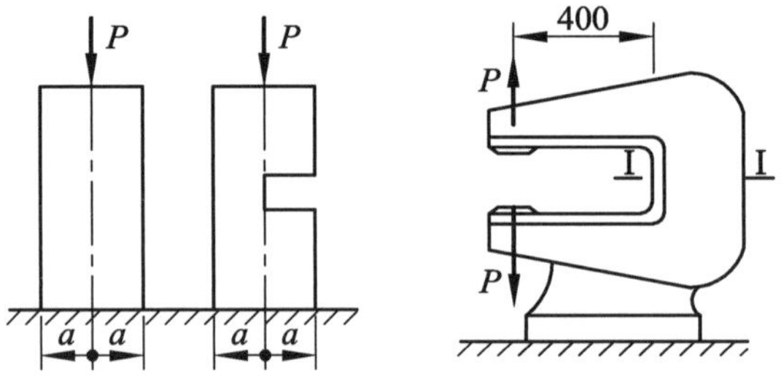

图 9-7

4. 小型铆钉机座如图 9-8 所示，材料为铸铁，许用拉应力$[\sigma_t]$ = 30 MPa，许用压应力$[\sigma_c]$ = 80 MPa。Ⅰ—Ⅰ截面的惯性矩 I = 3 789 cm^4，在冲打铆钉时，受力 P = 20 kN 作用。试校核Ⅰ—Ⅰ截面的强度。（截面尺寸单位：mm）

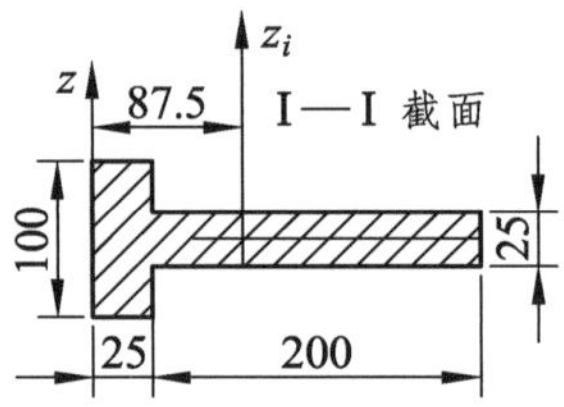

图 9-8

课堂小测

班级：__________ 学号：__________ 姓名：__________ 成绩：__________

1. 拉（压）弯组合变形构件的危险截面和危险点如何确定？弯扭组合变形的构件危险截面和危险点如何确定？（20 分）

2. 试分析图 9-9 所示杆件中 *AB*、*BC*、*CD* 段分别是哪几种基本变形的组合？（20 分）

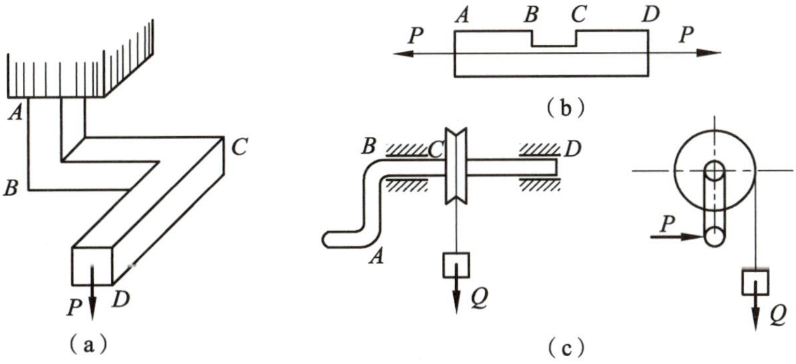

图 9-9

3. 在图 9-10 所示梁上，力分别作用在竖向与水平对称面内，试分析梁的危险截面及梁横截面上最大应力所在的点。（20 分）

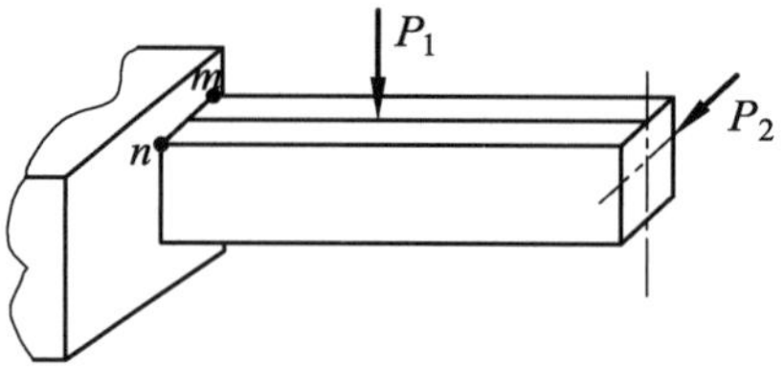

图 9-10

4. 如图 9-11 所示圆截面杆受荷载 P 和 m 的作用。已知 $P = 0.5$ kN, $m = 1.2$ kN·m，圆杆材料为 45 号钢，$[\sigma] = 120$ MPa。力 P 的剪切作用略去不计，试按第三强度理论确定圆杆直径 d。（40 分）

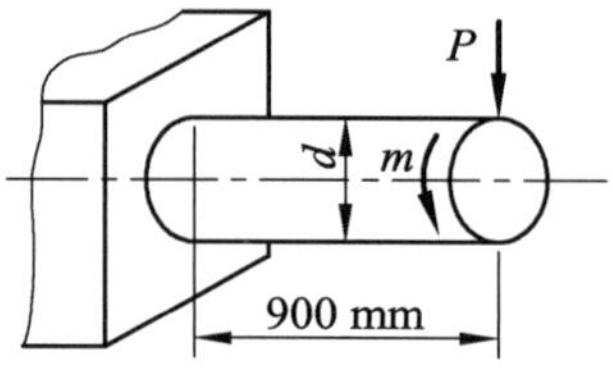

图 9-11

能力提升

班级：__________ 学号：__________ 姓名：__________ 成绩：__________

1. 如图 9-12 所示圆轴，已知 $F = 8$ kN，$M = 3$ kN·m，$[\sigma] = 100$ MPa，试用第三强度理论求轴的最小直径。

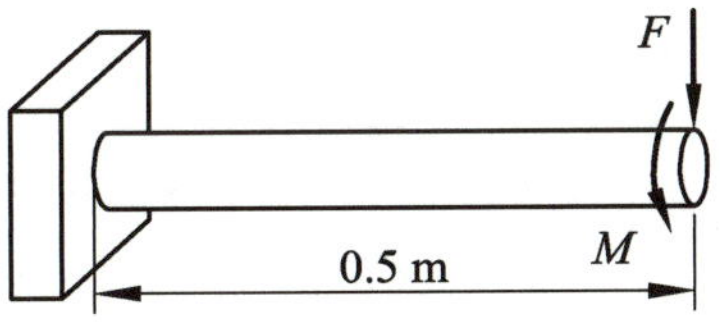

图 9-12

2. 图 9-13 所示为一钢制实心圆轴，轴上的齿轮 C 上作用有铅锤切向力 5 kN，径向力 1.82 kN；齿轮 D 上作用有水平切向力 10 kN，径向力 3.64 kN。齿轮 C 的节圆直径 $d_1 = 400$ mm，齿轮 D 的节圆直径 $d_2 = 200$ mm。设许用应力$[\sigma] = 100$ MPa，试按第四强度理论求轴的直径。

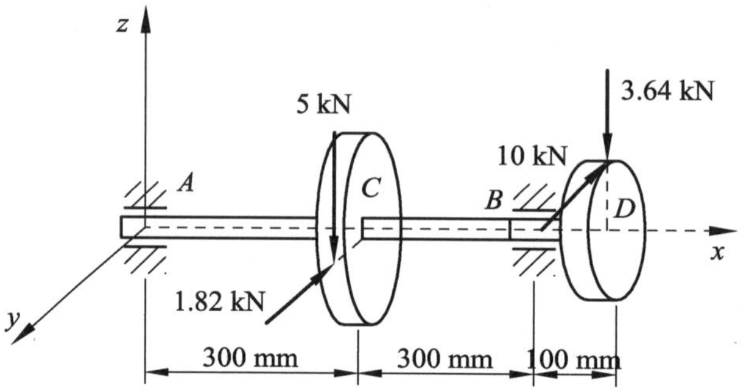

图 9-13

10 压杆稳定

学习指南

本章主要介绍了压杆的稳定性问题。学习时要明确压杆稳定和临界荷载的概念，理解细长压杆临界欧拉公式的推导过程，掌握四种常见支承条件下细长压杆临界力的计算方法，明确压杆柔度和临界应力的概念，熟悉临界应力总图，掌握三类压杆的临界应力计算方法并能够进行稳定校核。学习中可以参照如下思维导图。

- 压杆稳定
  - 压杆稳定的概念
    - 了解平衡稳定的概念
    - 熟悉压杆稳定的概念
    - 掌握压杆稳定的计算
  - 压杆的临界荷载和临界应力
    - 熟悉临界力的欧拉公式
    - 熟悉临界应力的欧拉公式
    - 了解欧拉公式的适用范围
    - 了解非细长杆临界应力的经验公式
  - 压杆稳定性校核
    - 掌握压杆稳定性校核的方法步骤
  - 提高压杆稳定的措施
    - 合理选择界面形状
    - 减少压杆的长度，改善压杆两端的约束条件
    - 合理选择材料

10.1 压杆稳定的概念

稳定性问题和强度问题、刚度问题一样，是研究构件承载能力所要解决的基本问题之一。

一根宽 30 mm、厚 5 mm 的矩形截面木杆，对其施加轴向压力，如图 10-1（a）所示，设材料的抗压强度极限$\sigma_b = 40$ MPa，当杆件很短时（设高为 30 mm）将杆压弯所需的压力为

$$P = \sigma_b \cdot A = 40 \times 30 \times 5 = 6\,000\ \text{N} = 6\ \text{kN}$$

如图 10-1（b）所示，若杆长 1 m，则只需 30 N 的压力杆件就会弯曲，若压力再大则杆件就会显著弯曲而丧失工作能力。为了研究细长压杆的失稳过程，如图 10-2（a）所示，取一细长杆，在杆端施加轴向压力 $\boldsymbol{P}$。当 $\boldsymbol{P}$ 较小时，压杆保持直线平衡状态。再施加一横向干扰力 $\boldsymbol{Q}$，压杆将发生微小的弯曲变形，去掉干扰力 $\boldsymbol{Q}$ 后，杆经过若干次摆动，仍恢复到原来的直线平衡状态，如 10-2（b）所示，则当压杆的原有轴线为直线时，压杆达到平衡，这种平衡称为稳定平衡。

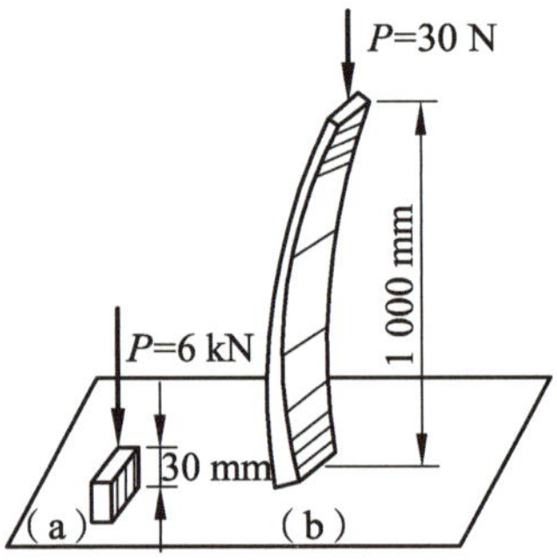

图 10-1

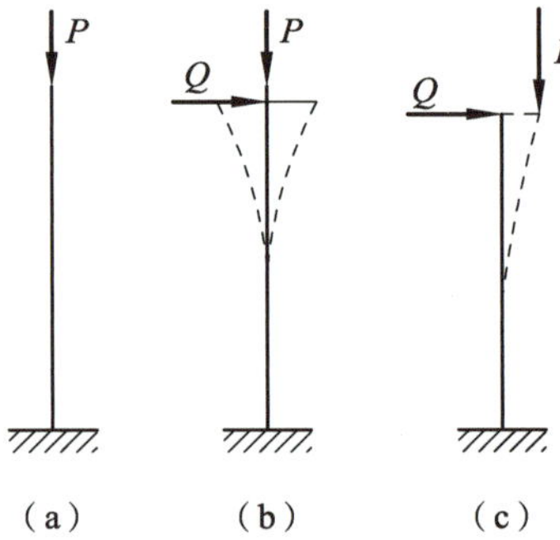

图 10-2

当压力 $\boldsymbol{P}$ 逐渐增大到某一数值时，压杆在横向干扰力 $\boldsymbol{Q}$ 的作用下发生弯曲，去掉干扰力后，杆件不能恢复到原有的轴线为直线的平衡状态，而处于轴线为曲线的平衡状态，如图 10-2（c）所示。压力 $\boldsymbol{P}$ 继续增加，杆件因弯曲变形显著增加而丧失工作能力，称压杆的原有轴线为直线的平衡状态为非稳定平衡。压杆的稳定性问题，就是受压杆件轴线能否保持在原有的直线状态的平衡问题。

通过上述分析，压杆能否保持稳定，主要取决于压力 $\boldsymbol{P}$ 的大小，压力 $\boldsymbol{P}$ 小于某一数值时压杆就处于稳定平衡状态，压力 $\boldsymbol{P}$ 超过某一数值时，压杆则处于非稳定平衡状态。压杆从稳定平衡状态过渡到非稳定平衡状态的极限状态称为临界状态，该状态所对应的轴向压力值称为临界力，用 $\boldsymbol{P}_{cr}$ 表示。因此，临界力 $\boldsymbol{P}_{cr}$ 是判断压杆是否稳定的一个重要指标。对于一个具体的压杆（材料、截面形状和尺寸，杆件的长度，两端约束情况均已知）而言，$\boldsymbol{P}_{cr}$ 是一个确定的值。只要杆件所承受的实际压力不超过 $\boldsymbol{P}_{cr}$，该压杆就是稳定的。所以，对于压杆稳定性问题的研究，关键在于确定 $\boldsymbol{P}_{cr}$ 的大小。

在工程中，只注重压杆的强度而忽视其稳定性，会给工程结构带来极大的危害。历史上，曾多次出现由于压杆失稳而引发的严重事故的案例，因此在结构的设计计算中，特别是细长压杆，对其进行稳定性计算是非常必要的。例如千斤顶的丝杆（见图 10-3）、托架中的压杆（见图 10-4）等，当其过于细长时，就必须进行稳定计算。

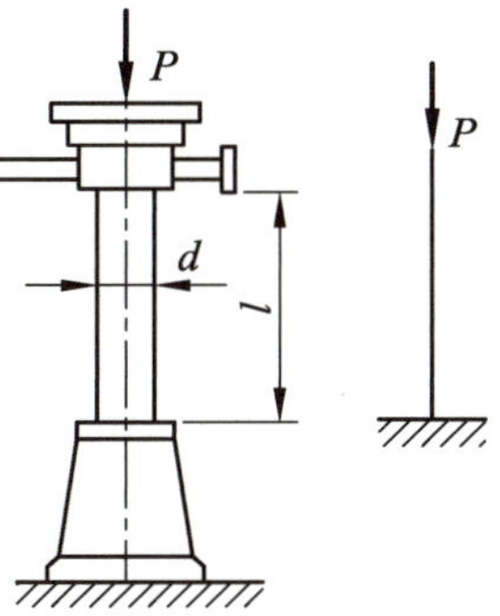

（a）　　（b）

图 10-3

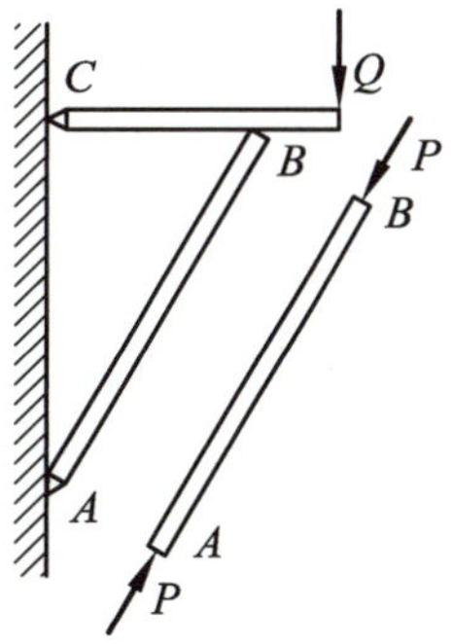

图 10-4

10.2　压杆的临界荷载和临界应力

10.2.1　压杆的临界力

1. 临界力的欧拉公式

临界力是判断压杆是否稳定的依据。当作用在压杆上的压力 $\boldsymbol{P}=\boldsymbol{P}_{\mathrm{cr}}$ 时，压杆受到干扰力作用后将处于不稳定的微弯曲状态。因此，细长杆的临界力 $\boldsymbol{P}_{\mathrm{cr}}$ 是压杆发生弯曲而失去稳定平衡的最小压力值。在杆的应变不大、杆内压应力不超过材料比例极限的情况下，根据弯曲变形理论，可以推导出临界力大小的计算公式为

$$P_{\mathrm{cr}}=\frac{\pi^2 EI}{(\mu l)^2} \tag{10-1}$$

式（10-1）称为计算临界力的欧拉公式。式中，I 为杆件横截面对中性轴的惯性矩；μ 为与杆件两端支承情况有关的长度系数，其值见表 10-1；l 为杆件的长度；μl 为相当长度，因欧拉公式是按两端铰支的情况推导出来的，当杆件两端铰支时 $\mu=l$，对其余支承情况，杆件的长度应按相当长度计算。

表 10-1　不同支承情况的长度系数

杆端约束情况	两端铰支	一端固定一端自由	一端固定一端铰支	两端固定
挠曲线形状	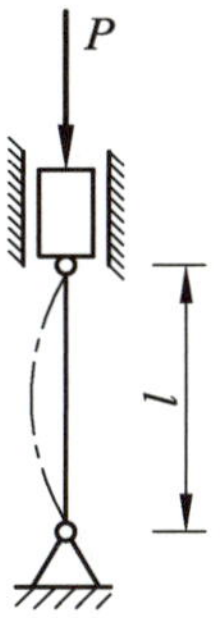	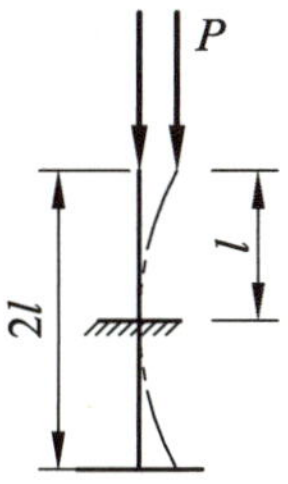	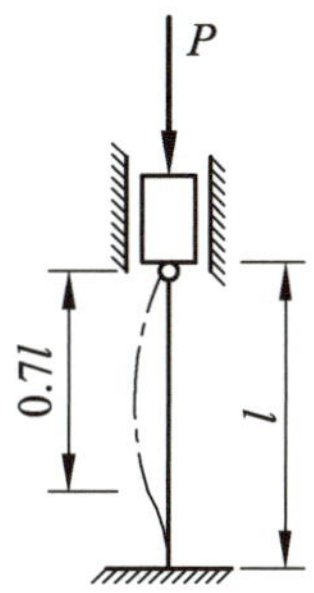	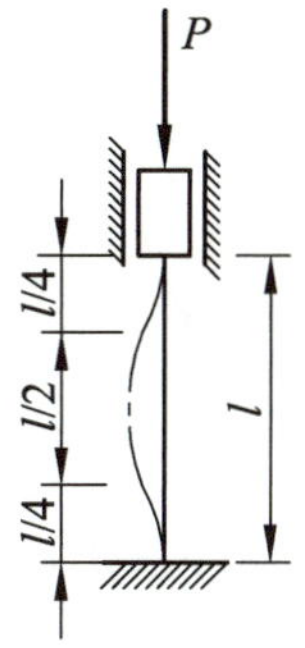
长度系数 μ	1.0	2.0	0.7	0.5

由式（10-1）可以看出，临界力 $\boldsymbol{P}_{cr}$ 与杆件的抗弯刚度 EI 成正比，与相当长度的平方成反比，杆件越细长，稳定性就越差。

2. 临界应力的欧拉公式

压杆在临界力作用下横截面上的压应力，称为临界应力，以 $\boldsymbol{\sigma}_{cr}$ 表示。

设作用于压杆 h 的临界力为 $\boldsymbol{P}_{cr}$，压杆的横截面面积为 A，则其临界应力为

$$\sigma_{cr}=\frac{P_{cr}}{A}=\frac{\pi^2 EI}{A(\mu l)^2} \qquad (10\text{-}2)$$

式中，I 和 A 均与压杆截面形状和尺寸有关。

压杆截面的惯性半径为 $i=\sqrt{\dfrac{I}{A}}$，将其代入上式，则得

$$\sigma_{cr}=\frac{\pi^2 E}{(\mu l)^2}i^2=\frac{\pi^2 E}{(\mu l/i)^2}$$

令 $$\lambda=\frac{\mu l}{i}$$

则有 $$\sigma_{cr}=\frac{\pi^2 E}{\lambda^2} \qquad (10\text{-}3)$$

式中，λ为压杆的长细比。

式（10-3）表明$\boldsymbol{\sigma}_{cr}$与λ^2成反比，λ越大，压杆越细长，其临界应力$\boldsymbol{\sigma}_{cr}$越小，压杆越容易失稳；反之，λ越小，压杆越粗短，其临界应力越大，压杆越不容易失稳。因此，λ又称柔度。λ是反映压杆细长度的一个综合参数，它集中反映了压杆两端的支承情况、杆长、截面形状及尺寸等因素对临界应力的影响。所以，柔度λ是压杆稳定计算中的一个重要参数。

3. 欧拉公式的适用范围

欧拉公式是压杆处于弹性范围内推导出的，亦即只有在材料服从胡克定律的条件下才成立。因此只有当压杆的临界应力低，不超过材料的比例极限σ_p 时，欧拉公式才能适用，即 $\sigma_{cr}=\dfrac{\pi^2 E}{\lambda^2}\leqslant\sigma_p$，由此可以求出对应于比例极限时的柔度$\lambda_p$为

$$\lambda_p=\pi\sqrt{\frac{E}{\sigma_p}} \qquad (10\text{-}4)$$

显然，欧拉公式的适用范围是

$$\lambda\geqslant\lambda_p$$

把$\lambda\geqslant\lambda_p$的压杆称为细长杆或大柔度杆。欧拉公式只适用于细长杆。

λ_p的数值取决于材料的弹性模量 E 及比例极限σ_p，因此，材料不同的压杆，σ_p是不同的。例如，对于 Q235A 钢，$E=200$ GPa，$\sigma_p=200$ MPa，代入公式（10-4）得

$$\lambda_p = \pi\sqrt{\frac{E}{\sigma_p}} = 3.14\times\sqrt{\frac{200\times10^3}{200}} \approx 3.14\times\sqrt{10^3} \approx 99.3$$

这说明用 Q235A 钢制成的压杆，只有当$\lambda \geqslant 100$时，才能用欧拉公式来计算其临界应力。

10.2.2 非细长杆临界应力的经验公式

工程中，经常会遇到柔度小于λ_p的压杆，这类压杆的临界应力超过材料的比例极限而小于材料的屈服极限，其失效形式仍以失稳为主，在计算其临界应力σ_{cr}时，欧拉公式已不再适用。目前多用建立在实验基础上的经验公式，即

$$\sigma_{cr} = a - b\lambda \tag{10-5}$$

式中，a、b 是与材料性质有关的常数，其单位为 MPa。一些常见材料的 a、b 值列于表 10-2。

表 10-2 公式的系数 a、b 及柔度 λ_p、λ_s

材料	a/MPa	b/MPa	λ_p	λ_s
Q235	304	1.12	100	61.6
45 钢	578	3.744	100	60
铸铁	332.2	1.454	80	
木材	28.7	0.19	110	40

经验公式（10-5）也有一个适用范围。对于塑性材料制成的压杆，要求其临界应力不得超过材料的屈服极限σ_s，即

$$\sigma_{cr} = a - b\lambda < \sigma_s$$

或

$$\lambda > \frac{a - \sigma_s}{b} = \lambda_s \tag{10-6}$$

式中，λ_s为对应于屈服极限σ_s时的柔度值。

综上所述，经验公式（10-5）适用范围是

$$\lambda_s < \lambda < \lambda_p$$

一般把柔度介于λ_s与λ_p之间的压杆称为中柔度杆或中长杆。试验证明，中长杆的稳定性接近细长杆，失效时也有明显的失稳现象。例如 Q235A 钢制成的压杆，$\sigma_s = 235$ MPa，$a = 304$ MPa，$b = 1.12$ MPa，则

$$\lambda_s = \frac{a - \sigma_s}{b} = \frac{304 - 235}{1.12} = 61.6$$

对于中长杆，则 $61.6 < \lambda < 100$ ，λ 值很接近。

柔度 $\lambda \leqslant \lambda_s$ 的杆称为小柔度杆或粗短杆。试验证明，这类压杆当工作应力达到屈服极限时，材料发生较大的塑性变形而丧失工作能力，其失效的主要原因是强度不足，并非失稳。

根据大、中、小柔度杆的临界应力计算公式，大柔度杆的临界应力与柔度的平方成反比；中柔度杆的临界应力与柔度呈直线关系；小柔度杆的临界应力 $\sigma_{cr} = \sigma_s$。根据上述结果，若以柔度 λ 为横坐标，以临界应力 σ_{cr} 为纵坐标，可绘出临界应力随柔度变化的曲线，即临界应力总图，如图 10-5 所示。

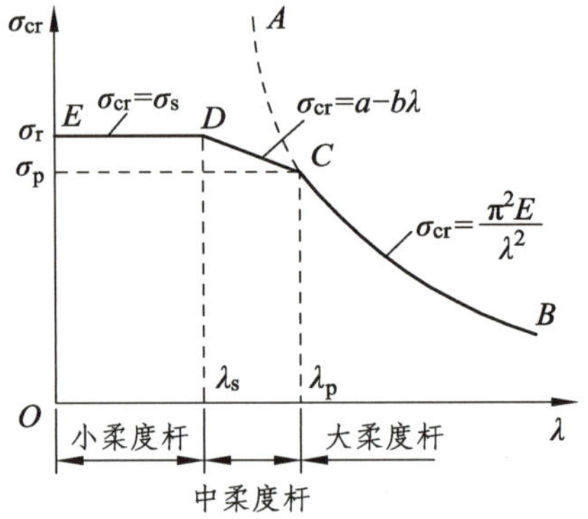

图 10-5

根据图 10-5，将各类柔度压杆临界应力计算公式归纳如下：

（1）对于大柔度杆或细长杆（ $\lambda \geqslant \lambda_p$ ），其失效以失稳为主，其临界应力用欧拉公式计算：

$$\sigma_{cr} = \frac{\pi^2 E}{\lambda^2}$$

（2）对于中柔度杆或中长杆（ $\lambda_s < \lambda < \lambda_p$ ），其临界应力用经验公式计算：

$$\sigma_{cr} = a - b\lambda$$

（3）对于小柔度杆或粗短杆（ $\lambda \leqslant \lambda_s$ ），其失效是强度不足所致，用压缩强度公式计算：

$$\sigma_{cr} = \sigma_s$$

【例 10-1】 有一矩形截面的压杆如图 10-6 所示，下端固定，上端自由。已知 $b = 20$ mm，$h = 40$ mm，$l = 1$ m，材料为钢材，$E = 200$ GPa，试计算此压杆的临界力。

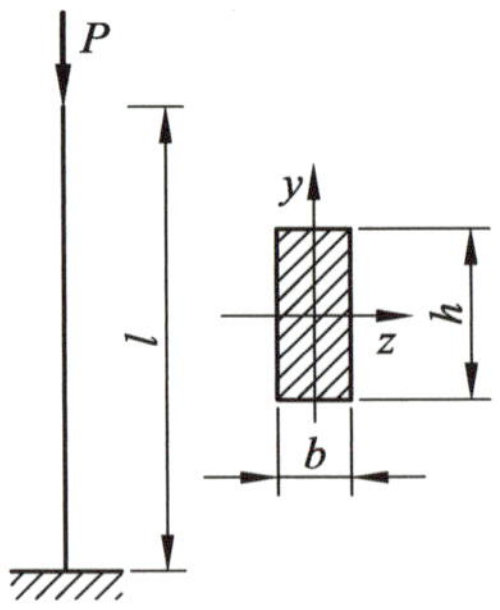

图 10-6

解：（1）求最小惯性半径 $i_{\min}$。

截面对 y 和 z 轴的惯性矩分别为

$$I_y=\frac{hb^3}{12}=\frac{40\times 20^3}{12}=26\,667\ \text{mm}^4$$

$$I_z=\frac{bh^3}{12}=\frac{20\times 40^3}{12}=106\,667\ \text{mm}^4$$

因 $I_{\min}=I_y$，故压杆易绕 y 轴弯曲而失稳，其最小惯性半径为

$$i_{\min}=\sqrt{\frac{I_{\min}}{A}}=\sqrt{\frac{26\,667}{40\times 20}}=5.774\ \text{mm}$$

（2）求柔度 λ。

因为 $\mu=2.0$，则

$$\lambda=\frac{\mu l}{i}=\frac{2\times 1\times 10^3}{5.774}=346.4>\lambda_{\text{p}}=100$$

（3）用欧拉公式计算临界应力。

$$\sigma_{\text{cr}}=\frac{\pi^2 E}{\lambda^2}=\frac{3.14^2\times 200\times 10^3}{346.4^2}=16.434\ \text{MPa}$$

（4）计算临界力 P_{cr}。

$$P_{\text{cr}}=\sigma_{\text{cr}}\cdot A=16.434\times 20\times 40=13\,147.2\ \text{N}\approx 13.1\ \text{kN}$$

10.3 压杆稳定性校核

为了保证压杆不失稳，必须对其进行稳定性计算。这种计算与构件的强度或刚度计算有本质上的区别，因为它们对保证构件的安全所提出的要求是不同的。在压杆稳定计算时，其临界力和临界应力是压杆丧失稳定的极限值。为了保证压杆有足够的稳定性，不但要求作用于压杆上的轴向荷载或工作应力不超过极限值，而且还要考虑留有足够的安全储备。因此，压杆的稳定条件为

$$P\leqslant\frac{P_{\text{cr}}}{[n_\omega]}\quad\text{或}\quad\sigma\leqslant\frac{\sigma_{\text{cr}}}{[n_\omega]}$$

式中，$[n_\omega]$为规定的稳定安全系数。

若令 $n_\omega=\dfrac{P_{\text{cr}}}{P}=\dfrac{\sigma_{\text{cr}}}{\sigma}$ 为压杆实际工作的稳定安全系数，可得压杆的稳定条件为

$$n_\omega=\frac{P_{\text{cr}}}{P}\geqslant[n_\omega]$$

或

$$n_\omega=\frac{\sigma_{\text{cr}}}{\sigma}\geqslant[n_\omega]\tag{10-7}$$

规定的稳定安全系数$[n_\omega]$的确定是一个既复杂又重要的问题，它涉及的因素很多。$[n_\omega]$的值，在有关的设计规范中都有明确的规定，一般情况下$[n_\omega]$可采用如下数值：

金属结构中的钢制压杆：$[n_\omega] = 1.8 \sim 3.0$

矿山设备中的钢制压杆：$[n_\omega] = 4.0 \sim 8.0$

金属结构中的铸铁压杆：$[n_\omega] = 4.5 \sim 5.5$

木结构中的木制压杆：$[n_\omega] = 2.5 \sim 3.5$

按式（10-7）进行稳定计算的方法，称为安全系数法。利用该式可解决压杆的三类稳定性问题：

（1）校核压杆的稳定性。

（2）设计压杆的截面尺寸。

（3）确定作用在压杆上的最大许可荷载。

下面举例说明安全系数法的具体应用。

【例 10-2】 如图 10-3（a）所示的螺旋千斤顶，螺杆旋出的最大长度 $l = 400$ mm，螺纹直径 $d = 40$ mm，最大起重量 $P = 80$ kN，螺杆材料为 45 号钢，$\lambda_p = 100$，$\lambda_s = 60$，$[n_\omega] = 4.0$，试校核螺旋杆的稳定性。

解：（1）计算柔度。

$$i = \sqrt{\frac{I}{A}} = \sqrt{\frac{\pi d^4/64}{\pi d^2/4}} = \frac{d}{4} = 10\ \text{mm}$$

查表得 $\mu = 2.0$，则

$$\lambda = \frac{\mu l}{i} = \frac{2.0 \times 400}{10} = 80$$

（2）计算临界力。

因 $\lambda < \lambda_p = 100$，且 $\lambda > \lambda_p = 60$，故螺旋杆为中长杆，应用经验公式计算其临界应力。

查表 10-2 可得，$a = 578$ MPa，$b = 3.744$ MPa，则

$$\sigma_{cr} = a - b\lambda = 578 - 3.744 \times 80 = 278.48\ \text{MPa}$$

螺杆的临界力为

$$P_{cr} = \sigma_{cr} \cdot A = 278.48 \times \frac{3.14 \times 40^2}{4} = 349\ 771\ \text{N} \approx 350\ \text{kN}$$

（3）校核压杆的稳定性。

$$n_\omega = \frac{P_{cr}}{P} = \frac{350}{80} = 4.375 > [n_\omega]$$

故压杆的稳定性是足够的。

【例 10-3】一根 25a 号工字钢的支柱，长 7 m，两端固定，材料是 Q235A 钢，$E = 200$ GPa，$\lambda_p = 100$，$[n_\omega] = 2.0$，试求支柱的安全荷载$[P]$。

解：（1）计算柔度 λ 。

由于支柱为 25a 号的工字钢，查型钢表可得：$i_x = 10.2$ cm，$i_y = 2.4$ cm，$I_x = 5\ 020$ cm^4，$I_y = 280$ cm^4，故

$$\lambda_x = \frac{\mu l}{i_x} = \frac{0.5\times7\times10^3}{10.2\times10} = 34.3$$

$$\lambda_y = \frac{\mu l}{i_y} = \frac{0.5\times7\times10^3}{2.4\times10} = 145.8$$

（2）计算临界力 P_{cr}。

因 $\lambda_y > \lambda_x$，故按以 y 轴为中性轴的弯曲进行稳定性计算。

又因 $\lambda_y > \lambda_p$，则用欧拉公式计算得

$$P_{cr} = \frac{\pi^2 EI_y}{(\mu l)^2} = \frac{3.14^2\times200\times10^3\times280\times10^4}{(0.5\times7\times10^3)^2} = 450.7 \text{ kN}$$

（3）计算支柱的安全荷载$[P]$。

$$[P] = \frac{P_{cr}}{[n_\omega]} = \frac{450.7}{2} = 225.4 \text{ kN}$$

由计算结果可知，只要加在支柱上的轴向压力不超过$[P] = 225.4$ kN，支柱在工作过程中就不会失稳。

【例 10-4】一两端铰支压杆，材料为 Q235A 钢，截面为圆形，作用于杆端的最大轴向压力 $P = 70$ kN，杆长 $l = 2\ 500$ mm，稳定安全系数$[n_\omega] = 2.5$，试计算压杆的直径。

解：（1）求临界力 P_{cr}，由稳定条件得

$$P_{cr} \geqslant P[n_\omega] = 70\times2.5 = 175 \text{ kN}$$

（2）计算压杆直径 d，由于压杆直径未确定，故无法计算压杆的柔度，所以也就不能正确判定是用欧拉公式计算，还是用经验公式计算。因此，在试算时可先用欧拉公式确定压杆直径，再检查是否满足其适用条件。

由欧拉公式得压杆的临界压力为

$$P_{cr}=\frac{\pi^2 EI}{(\mu l)^2}\geqslant 175\times 10^3\ \text{N}$$

$$\frac{3.14^2\times 200\times 10^3\times \dfrac{\pi d^4}{64}}{(1\times 2\,500)^2}\geqslant 175\,000$$

解得 $d\geqslant 57.98$ mm，取 $d=58$ mm。

（3）验算正确性。

$$i=\sqrt{\frac{I}{A}}=\sqrt{\frac{\pi d^4/64}{\pi d^2/4}}=\frac{d}{4}=14.5\ \text{mm}$$

$$\lambda=\frac{\mu l}{i}=\frac{1\times 2\,500}{14.5}=172.41>\lambda_p=100$$

故应用欧拉公式计算是正确的。

10.4　提高压杆稳定的措施

提高压杆的稳定性应从影响压杆临界力和临界应力的各种因素如压杆的截面形状和尺寸、压杆的长度、杆端约束情况及压杆的材料性质等方面着手。

1. 合理地选择截面形状

由细长杆临界力和临界应力的欧拉公式以及中长杆临界应力的经验公式可知对于细长杆，临界力 P_{cr} 的大小与截面惯性矩 I 有关，I 越大，P_{cr} 就越大，压杆越稳定；而 σ_{cr} 的大小与 λ 及 E 有关，E 值越大，λ 值越小，σ_{cr} 就越大，压杆抵抗失稳的能力越强。

因此，对于一定长度和支承方式的压杆，在横截面面积及材料一定的情况下，应尽可能使材料分布远离截面形心，以增大截面惯性矩，减小其柔度。如图 10-7 所示，采用空心截面将比实心截面更为合理。

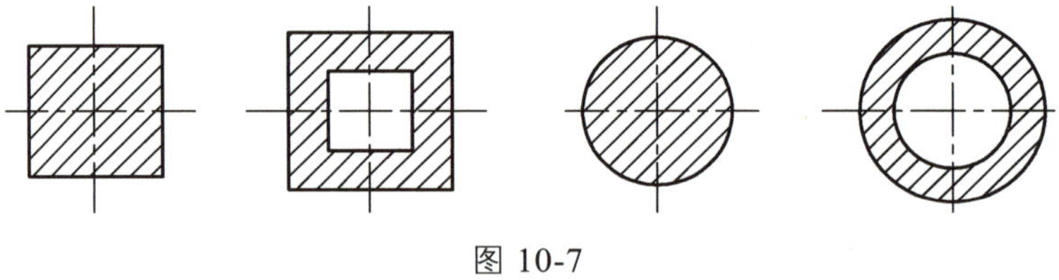

图 10-7

另外，压杆的失稳总是发生在柔度 λ 较大的纵向平面内。因此最理想的设计应该是使各个纵向平面内有相等或近似相等的柔度。根据 $\lambda=\dfrac{\mu l}{i}$ 可知，当压杆在截面两个主轴方向的约束情况不同时，应采用绕主轴惯性半径不同的截面形状，如矩形或工字形截面，使压杆在两个主轴方向有相等或近似相等的稳定性，即所谓的等稳定设计。

2. 减少压杆的长度，改善压杆两端的约束条件

由 $\lambda=\frac{\mu l}{i}$ 可知，λ 与 μl 成正比，要使柔度 λ 减小，就应尽量减小杆件的长度，如果工作条件不允许减小压杆的长度，可以在压杆中间增加约束或改善杆端约束来提高压杆的稳定性。

3. 合理选择材料

对于细长杆，材料对临界力的影响只与弹性模量 E 有关，而各种钢材的 E 值很接近，约为 200 GPa，所以选用合金钢、优质钢并不比普通碳素钢优越，且不经济。对于中长杆，临界力与材料的强度指标有关，材料的强度越高，σ_{cr} 越大。所以选用高强度钢材，可提高其稳定性。

本章小结

本章对细长杆和中长杆承压能力进行分析与计算，以解决工程中受压构件的稳定性问题。

1. 压杆稳定问题的实质是压杆直线平衡状态是否稳定的问题。

2. 临界力 P_{cr} 是压杆从稳定平衡状态过渡到不稳定平衡状态的极限荷载值。压杆在临界力作用下，把横截面上的压应力称临界应力 σ_{cr}。

（1）对大柔度杆（或细长杆）$\lambda \geqslant \lambda_p$。

$$P_{cr} = \frac{\pi^2 EI}{(\mu l)^2}$$

$$\sigma_{cr} = \frac{\pi^2 E}{\lambda^2}$$

（2）对中柔度杆或中长杆（$\lambda_s < \lambda < \lambda_p$）。

$$\sigma_{cr} = a - b\lambda$$

$$P_{cr} = \sigma_{cr} A$$

（3）对小柔度杆或粗短杆（$\lambda \leqslant \lambda_s$）。

$$\sigma_{cr} = \sigma_s$$

属强度问题。

3. 压杆稳定计算，常用安全系数法，其稳定条件为

$$n_\omega = \frac{\sigma_{cr}}{\sigma} \geqslant [n_\omega]$$

校核压杆稳定问题的一般步骤是：

（1）计算压杆柔度。根据压杆的实际尺寸和支承情况，分别算出在各个弯曲平面内弯曲时的实际柔度，即

$$\lambda = \frac{\mu l}{i}, \quad i = \sqrt{\frac{I}{A}}$$

（2）计算临界力。根据实际柔度恰当地选用计算临界应力的具体公式，并计算出临界应力 σ_{cr} 或临界力 P_{cr}。

（3）校核稳定性。按稳定性条件进行稳定性计算。

4. 提高压杆稳定性的措施：

（1）合理选择截面形状。

（2）减少压杆长度，改善压杆两端的约束条件。

（3）合理选择材料。

课后训练

班级：____________ 学号：____________ 姓名：____________ 成绩：____________

1. 什么是压杆的稳定平衡状态和非稳定平衡状态？

2. 什么是大、中、小柔度杆？它们的临界应力如何确定？

3. 什么是柔度？它的大小由哪些因素确定？

4. 有两根材料、截面尺寸及支承情况均相同的压杆，仅知长压杆的长度是短压杆长度的两倍。试问在什么条件下才能确定两压杆临界力之比？为什么？

5. 由 Q235A 钢制成的 20a 工字钢压杆，两端为铰支，杆长 $L = 4$ m，弹性模量 $E = 200$ GPa。试求压杆的临界力和临界应力。

6. 千斤顶的最大承重量 $P = 150$ kN，丝杆直径 $d = 52$ mm，长度 $L = 500$ mm，材料是 45 号钢。试求丝杠的工作稳定安全系数。

课堂小测

班级：__________ 学号：__________ 姓名：__________ 成绩：__________

1. 三根圆截面压杆，其直径均为 $d = 160$ mm，材料均为 Q235A 钢，$E = 200$ GPa，$\sigma_s = 235$ MPa，已知压杆两端均为铰接，长度分别为 L_1、L_2、L_3，且 $L_1 = 2L_2 = 4L_3 = 5$ m。试求各杆的临界力。（50 分）

2. 有一木柱两端铰支，其横截面为 120 mm × 200 mm 的矩形，长度 $L = 4$ m，木柱的弹性模量 $E = 10$ GPa，$\lambda_p = 112$，试求木柱的临界应力。（50 分）

能力提升

班级：___________ 学号：___________ 姓名：___________ 成绩：___________

1. 如图 10-8 所示截面，若压杆两端均为铰支，压杆会在哪个平面内失稳（即失稳时，横截面绕哪根轴转动）？

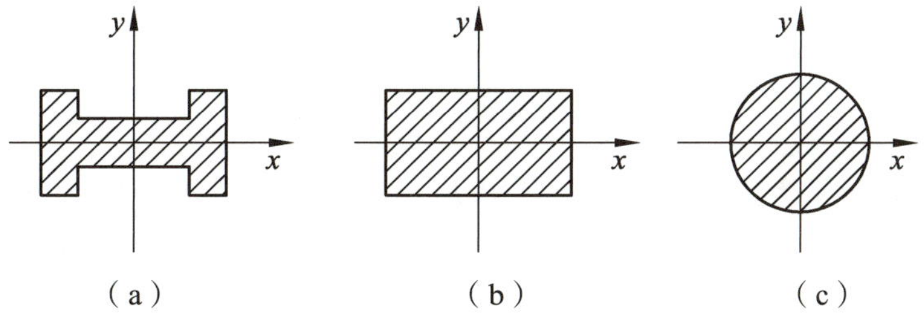

图 10-8

2. 如图 10-9 所示三根细长压杆，材料及横截面均相同，试判断哪一根最容易失稳，哪一根最不容易失稳？

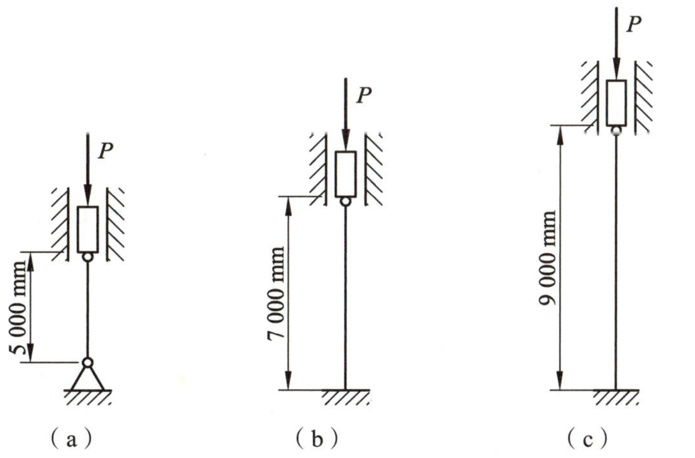

图 10-9

3. 已知柱的长端为铰支，下端为固定，柱的外径 $D = 200$ mm，内径 $d = 100$ mm，柱长 $L = 9$ m，材料为 Q235A 钢，$[\sigma] = 160$ MPa，试求柱的许用荷载$[P]$。

4. 两端铰支的工字钢受轴向压力 $P = 400$ kN 作用，杆长 $L = 3$ m，$[\sigma] = 160$ MPa，试选定工字钢型号。

5. 材料为 Q235A 钢的压杆，直径 $d = 80$ mm，$\sigma = 240$ MPa，$[\sigma] = 160$ MPa，长度 $L = 2.2$ m，两端铰支，试求此杆的稳定安全系数。

6. 图 10-10 所示为简易起重机，其中 BD 杆为 20 号槽钢，材料为 Q235A 钢，起重机的最大起重量是 $P = 40$ kN。若$[n_{\omega}] = 5.0$，试校核 BD 杆的稳定性。

7. 如图 10-11 所示托架中，$Q = 70$ kN，杆 AB 的直径 $d = 40$ mm，两端为铰支，材料为 Q235A 钢，$E = 200$ GPa，$[n_{\omega}] = 2.0$，横梁 CD 为 20a 工字钢，$[\sigma] = 140$ MPa。试校核托架是否安全。

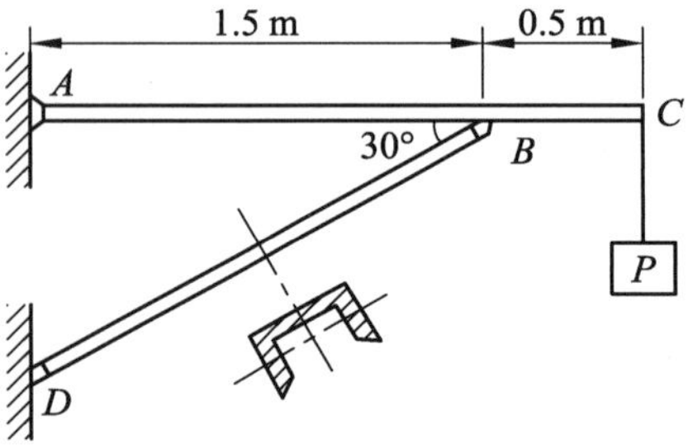

图 10-10

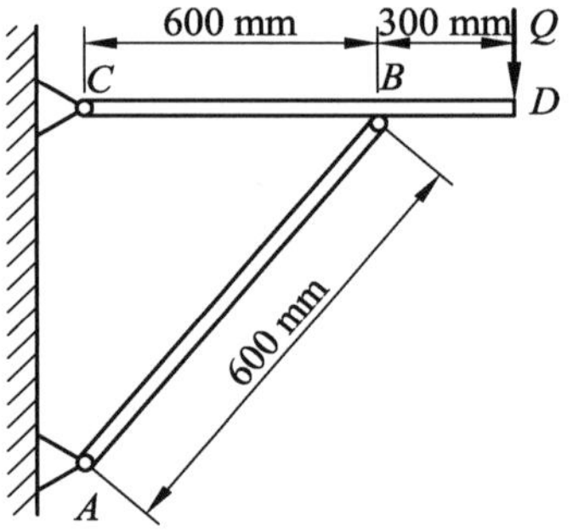

图 10-11

参考文献

[1] 杨树宇，王秀丽. 工程力学[M]. 北京：中国铁道出版社，2013.

[2] 孔七一. 工程力学[M]. 北京：人民交通出版社，2019.

[3] 杜建根. 建筑力学[M]. 北京：中国铁道出版社，2002.

[4] 黄孟生. 工程力学[M]. 北京：中国电力出版社，2019.

[5] 王海容. 工程力学（Ⅰ）[M]. 北京：中国水利水电出版社，2011.

[6] 冯立富，贾坤荣，吴守军，杨帆. 工程力学教程[M]. 西安：西安交通大学出版社，2020.

[7] 吴明军，赵朝前. 建筑力学[M]. 重庆：重庆大学出版社，2013.

[8] 鲍东杰，杨江波. 建筑力学[M]. 北京：中国电力出版社，2016.

[9] 刘明晖. 建筑力学[M]. 3版. 北京：北京大学出版社，2017.

[10] 束德林. 工程材料力学性能[M]. 3版. 北京：机械工业出版社，2021.